国家级职业教育规划教材
全国技工院校煤矿技术专业教材（中级技能层级）

掘进与支护

（第二版）

人力资源社会保障部教材办公室组织编写
单世东　主编
纪晓峰　主审

中国劳动社会保障出版社

简介

本教材为全国技工院校煤矿技术专业国家级规划教材，由人力资源社会保障部教材办公室组织编写。教材结构合理、内容丰富、语言清晰、图文并茂，符合技工院校煤矿技术专业的教学特点和教学要求。主要内容包括岩石性质与工程分级，巷道地压与断面，钻眼爆破，岩石平巷施工，巷道支护，上、下山掘进，硐室与交岔点施工，综合机械化掘进，煤巷、半煤岩巷掘进及特殊掘巷法等。教材配有电子课件，可通过职业教育教学资源和数字学习中心（http://zyjy.class.com.cn）下载。

本教材由单世东任主编，魏德权、李耀永、樊国华、许波参加编写，纪晓峰任主审。

图书在版编目(CIP)数据

掘进与支护/单世东主编．-- 2 版．-- 北京：中国劳动社会保障出版社，2017

全国技工院校煤矿技术专业教材．中级技能层级

ISBN 978-7-5167-3048-5

Ⅰ.①掘… Ⅱ.①单… Ⅲ.①巷道掘进-中等专业学校-教材②巷道支护-中等专业学校-教材 Ⅳ.①TD263.2②TD353

中国版本图书馆 CIP 数据核字(2018)第 014433 号

中国劳动社会保障出版社出版发行

（北京市惠新东街 1 号 邮政编码：100029）

*

三河市潮河印业有限公司印刷装订 新华书店经销

787 毫米×1092 毫米 16 开本 11.5 印张 256 千字

2018 年 1 月第 2 版 2025 年 7 月第 5 次印刷

定价：22.00 元

营销中心电话：400-606-6496

出版社网址：http://www.class.com.cn

前　言

全国中等职业技术学校煤矿技术专业教材自出版以来，在学校的教学中发挥了重要作用。近年来，随着我国煤炭工业的发展，煤矿企业对从业人员的知识水平和职业能力提出了更高的要求。为了适应这些变化，满足学校的人才培养需求，我们组织了一批教学经验丰富、实践能力强的一线教师和行业、企业专家，在充分调研的基础上，对现有教材进行了修订。

在体系结构上，新版教材仍然按“综合机械化采煤”“综合机械化掘进”“煤矿电气设备维修”和“煤矿机械设备维修”四个专业方向设计，包括《采煤概论（第二版）》《矿井通风与安全（第二版）》《液压支架与泵站（第二版）》《煤矿电工学（第二版）》《综合机械化采煤工艺（第二版）》《采煤机（第二版）》《综采运输机械（第二版）》《掘进与支护（第二版）》《综合机械化掘进机械（第二版）》《综合机械化掘进工艺（第二版）》《煤矿供电（第二版）》《煤矿电气设备维修技能训练（第二版）》《煤矿机械（第二版）》和《煤矿固定设备维修技能训练（第二版）》。

在内容上，新版教材根据煤炭工业的现状和发展趋势，以及企业的岗位需求做了调整和更新，例如，在相关教材中增加了煤矿环境保护与治理的内容，以及来源于实际生产的案例、技能训练和例题，同时，严格执行国家最新技术标准，体现了行业的新知识、新技术、新工艺、新设备。

在表现形式上，新版教材充分考虑学生的认知规律，注重利用图表、实物照片和案例辅助讲解知识点和技能点，增加教材的亲和力，为学生营造生动、直观的学习环境，激发学生的学习兴趣。

本套教材的修订得到了山东、江苏、河北、河南、山西等省人力资源社会保障部门及有关院校的大力支持，在此，我们表示诚挚的谢意！同时，恳切希望广大读者对教材提出宝贵的意见和建议。

人力资源社会保障部教材办公室

目 录

第一章 岩石性质与工程分级

学习目标

掌握岩石的性质，了解岩石的工程分级。

巷道掘进工程，就是从岩体上把部分岩石破碎下来，形成设计所要求的井筒、巷道及硐室等空间，接着对这个地下空间进行维护，防止岩体继续破碎或垮落。所以，巷道掘进的主要任务是破碎岩体和防止岩体破碎。为了有效、合理地进行破岩与井巷维护，就要对岩石与岩体的物理力学性能有所了解，并在此基础上制定出岩石的工程分级方法，以便为设计、施工和成本计算提供依据。

第一节 岩 石 性 质

岩石是在地质作用下形成的一种或几种矿物组成的集合体。每种矿物具有一定的内部结构和比较固定的化学成分，同时也具有一定的物理性质和形态。

研究岩石性质时，常用到岩石、岩块和岩体这三个术语。一般认为：岩块是指从地壳岩层中切取出来的小块体，岩体是指地下工程周围较大范围的自然地质体，岩石则是岩块和岩体的泛称。

岩石的性质是多方面的，这里只介绍与巷道掘进有关的主要性质。

一、岩石的物理性质

1. 非均质性和各向异性

岩体是地质体的一部分。按组成结构不同，岩体可分为两类：一类为层状岩体，如沉积岩及其变质岩；另一类为块状岩体，如岩浆岩及其变质岩。

煤矿中所见到的岩体多属于层状岩体，如页岩、砂页岩、砂岩、石灰岩等。这类岩体由形状不同、颗粒大小不同、分布不均的矿物质和岩石碎屑胶结而成，而胶结物的胶结力又强弱不等，成岩过程中和成岩后的各种构造运动，又使这类岩体内具有各种弱面，如层理面、节理面、断层面等。因此，由于成分和胶结物不同，以及各种弱面的存在，这类岩体表现为非均质性和各向异性。

2. 裂隙性

沉积岩体在成岩过程中，由于沉积压密、脱水作用，形成各种原生裂隙。成岩以后，由于地壳运动和外力（风化、地下水等）作用，使岩体产生错动、断裂，形成各种次生裂隙。

如上所述，天然岩体总是被这样或那样的裂隙分割成大小不等的块体，所以也可把岩体称为多裂隙体。

岩体内裂隙的数量常以孔隙度（率）表示：

$$n=\frac{V_1}{V}\times 100\%$$

式中 n——孔隙度（率），%；

V_1——岩体中孔隙的体积，m^3；

V——岩体的总体积，m^3。

孔隙度越大，岩体强度越低，透水性越好，则越不稳定。

3. 重度和密度

单位体积岩石所具有的重量，即作用在单位体积岩石上的重力，称为重度（容重），用 γ 表示：

$$\gamma=\frac{G}{V}$$

式中 γ——岩石的重度（容重），N/m^3；

G——岩石的重量，N；

V——岩石的体积，m^3。

单位体积岩石所具有的质量，称为密度，用 ρ 表示：

$$\rho=\frac{M}{V}$$

式中 ρ——岩石的密度，kg/m^3；

M——岩石的质量，kg；

V——岩石的体积，m^3。

在地球引力作用条件下，岩石的重度和密度的关系为：

$$\gamma=\rho g$$

式中 g——重力加速度，9.81 m/s^2。

国际单位制中，通常用密度表示单位体积岩石的质量，一般不用重度表示。

4. 岩石的碎胀性

岩石破碎以后的体积将比整体状态时增大，这种性质称为岩石的碎胀性。岩石的碎胀性可用岩石破碎后处于松散状态时的体积与岩石破碎前处于整体状态时的体积之比来衡量，该值称为碎胀系数，即：

$$K=\frac{V_1}{V}$$

式中　K——岩石的碎胀系数；

V_1——岩石破碎膨胀后的体积，m^3；

V——岩石破碎前处于整体状态时的体积，m^3。

岩石的碎胀系数与岩石的物理性质、破碎后块度大小及其排列状态等因素有关。如坚硬岩石破碎后块度较大且排列整齐时，碎胀系数较小；反之，如岩石破碎后块度较小且排列较杂乱，则碎胀系数较大。表1—1中列出了几种常见岩石的碎胀系数。在井巷掘进中选用装载、运输、提升等设备的容器时，必须考虑岩石的碎胀系数。岩石爆破所需容许膨胀的空间大小也同该岩石的碎胀系数有关。

表1—1　　几种常见岩石的碎胀系数

岩石名称	砂、砾石	砂质黏土	中硬岩石	坚硬岩石	煤
碎胀系数 K	1.05~1.2	1.2~1.25	1.3~1.5	1.3~1.5	<1.2

二、岩石的水理性质

实践表明，水能瞬时地或逐渐地改变岩石的力学性质和性态。岩石在水溶液作用下所表现出的力学、物理、化学性质称为岩石的水理性质。岩石的水理性质包括以下几个方面：

1. 岩石的溶蚀性

由于水的化学作用而把岩石中某些组成物质带走的现象称为岩石的溶蚀性。溶蚀导致岩石致密程度降低，孔隙度增大，渗透性改善，强度降低。

2. 岩石的透水性

在一定的水力梯度或压力差作用下，岩石能被水透过的性质，称为透水性。透水性反映岩石的透水能力，岩石空隙直径越大，透水性越强。根据透水性的好坏，可以将自然界的岩石分为透水层和不透水层。透水层是指能够透过地下水的岩石层，主要有砂岩层、砂砾岩层等。不透水层主要有页岩层、岩浆岩层和变质岩层。

透水性主要指标是渗透系数 K：

$$K=\frac{Q}{AI}$$

式中　Q——渗水量；

A——渗透面积；

I——水力坡度；

K——渗透系数。

影响岩石透水性的因素主要有地下水压力、岩体应力状态、孔隙发育程度和连通程度等。

3. 岩石的软化性

岩石浸水饱和后强度降低的性质，称为软化性，用软化系数（η_c）表示。η_c 定义为岩石试件的饱和抗压强度（R_{cw}）与干抗压强度（R_c）的比值，即：

$$\eta_c = \frac{R_{cw}}{R_c} \leqslant 1$$

三、岩石的力学性质

1. 岩石的强度

在外力作用下，岩石先发生变形，当外力继续增大到超过某一数值，便导致岩石破坏。但岩石破坏前的变形很小，尤其是脆性岩石的破坏是突然发生的，有时还会发生巨响，并有岩石碎块强烈弹出。

岩石发生变形破坏，是由于岩石强度小于变形时的应力所致。对于裸体巷道来说，围岩强度小于它所承受的应力时，围岩就要破坏，可能发生冒顶、片帮、底鼓等现象；围岩强度大于它所承受的应力时，巷道可以不支护而长期稳定。因此，岩石强度对于巷道掘进具有重大意义。

岩石强度与受力状态有关，岩石因受力状态不同，其强度也不同，而且相差悬殊，一般符合下列顺序：

三向等压抗压强度>三向不等压抗压强度>双向抗压强度>单向抗压强度>抗剪强度>抗弯强度>单向抗拉强度。

岩石在单向受力作用时，抗压强度大于抗剪强度，抗剪强度大于抗弯强度，抗弯强度大于抗拉强度，并且岩石的抗剪强度和抗拉强度只有抗压强度的 1/20~1/10。在外力作用下，一般都是由拉应力破坏，塑性岩石抗剪强度最小，一般由剪切应力破坏。因此，采用机械方式破岩时，最理想的情况是使岩体处于受拉伸或受剪切的状态。

2. 岩石的硬度

岩石的硬度，一般理解为岩石抵抗其他较硬物体侵入的能力。硬度与抗压强度既有联系又有区别。对于凿岩而言，岩石的硬度比岩石单向抗压强度更具有实际意义，因为钻具对孔底岩石的破碎方式多数情况下是局部压碎，所以，硬度指标更接近于反映钻凿岩石的实质和难易程度。

3. 岩石的可钻性和可爆性

岩石可钻性表示岩石被破岩工具钻碎的难易程度。岩石可爆性表示爆破破岩的难易程度。它们是岩石物理性质在钻眼或爆破的具体条件下的综合反映。

岩石的可钻性和可爆性常用工艺性指标来表示，例如：可以采用钻速、钻每米炮眼所需时间、钻头进尺（钎头在变钝以前的进尺数）、钻每米炮眼磨钝的钎头数或破碎单位体积岩石消耗的能量等，来表示岩石的可钻性；可以采用爆破单位体积岩石所消耗的炸药、爆破单位体积岩石所需炮眼长度或单位质量炸药的爆破量及每米炮眼的爆破量等，来表示岩石的可爆性。显而易见，上述工艺性指标必须在相同条件下（除岩石条件外）测定，才能进行比较。

第二节　岩石工程分级

为了提高破岩效率，合理地进行井巷维护，选择合理的钻眼爆破参数、井巷断面形状、大小及支护形式，应对小范围内的岩石加以量的区分，即围岩分类。习惯上采用“岩石分级”一词。

对于岩石分级（类）的要求是：指标明确、简单，易于掌握使用。现国内外岩石分级方法很多，用以对岩石分级的指标也很多。下面介绍常用的按岩石坚固性区分的普氏围岩分类法、锚喷支护围岩分类法以及煤巷顶板围岩稳定性分类法。

一、普氏围岩分类法

普氏是一位学者，他对大量岩石进行了测试，得出了一个重要结论：大多数岩石的坚固性在各方面的表现是趋于一致的，难破碎的岩石用各种方法都难破碎，容易破碎的岩石用各种方法都容易破碎。这就是坚固性系数的基本概念。但它属于单一指标围岩分类，既不能反映围岩的整体性和裂隙性，也不能反映不同应力作用下的围岩稳定性。普氏围岩分类法应用岩石的强度指标即“坚固性系数 f”来表示岩石破碎的难易程度，通常也称 f 为普氏系数。

f 值的求法，是用岩石的单向抗压强度 R_0（MPa）除以 10，即：

$$f=\frac{R_0}{10}$$

根据 f 值的大小，将岩石分为 10 级 15 种，这种岩石分级法来自于实践，所以提出的分级指标（坚固性系数 f 值）十分简明，采掘工程中至今仍在沿用，把 f 值作为编制各种定额的依据。普氏岩石分级见表 1—2。

表 1—2　　普氏岩石分级表

级别	坚固性程度	岩石	坚固性系数（f）
Ⅰ	最坚固的岩石	最坚固、最致密的石英岩及玄武岩，其他最坚固的岩石	20
Ⅱ	很坚固的岩石	很坚固的花岗岩类：石英斑岩，很坚固的花岗岩，硅质片岩，坚固程度较Ⅰ级岩石稍差的石英岩，最坚固的砂岩和石灰岩	15
Ⅲ	坚固的岩石	花岗岩（致密的）及花岗岩类岩石，很坚固的砂岩及石灰岩，石英质矿脉，坚固的砾石，很坚固的铁矿石	10
Ⅲa	坚固的岩石	坚固的石灰岩，不坚固的花岗岩，坚固的砂岩，坚固的大理石，白云岩，黄铁矿	8
Ⅳ	相当坚固的岩石	一般砂岩，铁矿石	6
Ⅳa	相当坚固的岩石	砂质页岩，泥质砂岩	5
Ⅴ	坚固性中等的岩石	坚固的页岩，不坚固的砂岩及石灰岩，软的砾岩	4
Ⅴa	坚固性中等的岩石	各种不坚固的页岩，致密的泥灰岩	3
Ⅵ	相当软的岩石	软的页岩，很软的石灰岩，白垩，岩盐，石膏，冻土，无烟煤，普通泥质岩，破碎的砂岩，胶结的卵石及粗砂砾，多石块的土	2
Ⅵa	相当软的岩石	碎石土，破碎的页岩，结块的卵石及碎石，坚固的烟煤，硬化的黏土	1.5
Ⅶ	软土	致密的黏土，软的烟煤，坚固的表土层，黏土质土壤	1.0

续表

级别	坚固性程度	岩石	坚固性系数（f）
Ⅶa	软土	轻砂质黏土，黄土，细砾石	0.8
Ⅷ	壤土状土	腐殖土，泥炭，轻亚砂土，湿砂	0.6
Ⅸ	松散土	砂，细小砾石，填方土，采下的煤	0.5
Ⅹ	流动性土	流砂，沼泽土，含水黄土及其他含水土壤	0.3

注：1. 将每一种岩石划分到这种或那种等级时，不只按照其名称，还必须按照岩石的物理状态，并根据它的坚固性与分级表中列出的诸岩石进行比较。一般说来，风化的、破碎的、经断层挤压过的、接近于地表的岩石，应当划分到比处于完整状态的同种岩石稍低的等级中。

2. 表中的数值，是对某一类岩石中所有岩石而言的（如页岩类、石英岩类、石灰岩类等），而不是对此类个别岩石而言的。因此，在特定情况下确定 f 值时，必须十分慎重，并且这一数值在不同情况下是不一样的。

二、锚喷支护围岩分类法

为合理选择锚喷联合支护类型，科学确定支护参数，及时指导设计与施工，根据煤矿岩石性质的特点和构造情况，我国制定了锚喷支护围岩分类（见表1—3），把围岩稳定性分为五类。

表1—3　　锚喷支护围岩分类

围岩分类		岩层描述	巷道开掘后围岩的稳定状态（3~5 m 跨度）	岩种举例
类别	名称			
Ⅰ	稳定岩层	1. 完整坚硬岩层，不易风化 2. 层状岩层，层间胶结好，无软弱夹层	围岩稳定，长期不支护无碎块掉落现象	完整的玄武岩，石英质砂岩，奥陶纪灰岩，茅口灰岩，大冶厚层灰岩
Ⅱ	稳定性较好岩层	1. 完整比较坚硬岩层 2. 层状岩层，胶结较好 3. 坚硬块状岩层裂隙面闭合，无泥质充填物	围岩基本稳定，长期不支护会出现小块掉落	胶结好的砂岩、砾岩，大冶薄层灰岩
Ⅲ	中等稳定岩层	1. 完整的中厚岩层 2. 层状岩层以坚硬岩层为主，夹有少数软岩层 3. 比较坚硬的块状岩层	能维持一个月以上稳定，会产生局部岩块掉落	砂岩，砂质页岩，粉砂岩，石灰岩，硬质凝灰岩
Ⅳ	稳定性较差岩层	1. 较软的完整岩层 2. 中硬的层状岩层 3. 中硬的块状岩层	围岩的稳定时间仅有几天	页岩、泥岩，胶结不好的砂岩，硬煤
Ⅴ	不稳定岩层	1. 易风化、潮解、剥落的松软岩层 2. 各类破碎岩层	围岩很容易产生冒顶、片帮	炭质页岩，花斑泥岩，软质凝灰岩，煤，破碎的各类岩石

注：1. 岩层描述将岩层分为完整岩层、层状岩层、块状岩层和破碎岩层4种。

（1）完整岩层：层理和节理裂隙的间距大于1.5 m。

（2）层状岩层：层与层间距小于1.5 m。

（3）块状岩层：节理裂隙间距小于1.5 m，大于0.3 m。

（4）破碎岩层：节理裂隙间距小于0.3 m。

2. 当地下水影响围岩的稳定性时，应考虑适当降低地下水水位高度。

三、煤巷顶板围岩稳定性分类法

现场常采用的分类指标包括三个强度（煤层顶板、底板岩石及煤层的单向抗压强度）、三个距离（巷道埋深、护巷煤柱宽度、直接顶初次垮落步距）和一个比值（直接顶厚度与采高之比）。将煤巷的围岩稳定性分为五类：Ⅰ类（非常稳定）、Ⅱ类（稳定）、Ⅲ类（中等稳定）、Ⅳ类（不稳定）和Ⅴ类（极不稳定）。

思考练习题

1. 岩石与岩体有何区别？
2. 岩石的主要物理性质有哪些？
3. 什么是岩石的水理性质？岩石的主要水理性质有哪些？
4. 岩石各强度之间有何关系？
5. 普氏岩石分级的实质是什么？它有何优缺点？

第二章 巷道地压与断面

学习目标

掌握地压的概念和地压产生的原因，了解地压的观测；能选择巷道断面形状和确定巷道断面尺寸。

巷道开掘后围岩将发生变形、移动、弯曲、裂缝、掉渣、冒落等一系列的变化，这种现象叫做地压现象。为了有效、合理地进行破岩与井巷维护，就要对地压的产生和观测有所了解，以便为巷道的设计、施工和维护提供依据。

第一节 地压概念与产生

一、地压的概念

地下岩体在受采动影响前称为原岩体。原岩体在未开掘巷道之前，受自重和构造作用，在其内部引起的应力，称为原岩应力。其中任何一处的岩石都受到上下、左右、前后岩石的挤压。显然，岩体中的任何一处岩石都不可能发生形变、破坏或移动。这种静止不动的状态，称为岩石的原始平衡状态。

当在岩石中开掘了巷道，岩石的原始应力平衡状态就被破坏了，如图 2—1 所示。以靠近巷道顶板的一块岩石（见图中所示小方块）为例，本来上下、左右、前后均受挤压，可是下面的岩石被掘掉了，没有向上的挤压力。由于上面的压力（受上部岩石的重力作用），岩块发生变形、移动或破碎，同时，靠近巷道帮、底部的岩石受力变化与顶板处岩块相似，破坏了原始应力平衡状态，那么，岩石将寻找新的平衡，从而引起岩体内部应力的

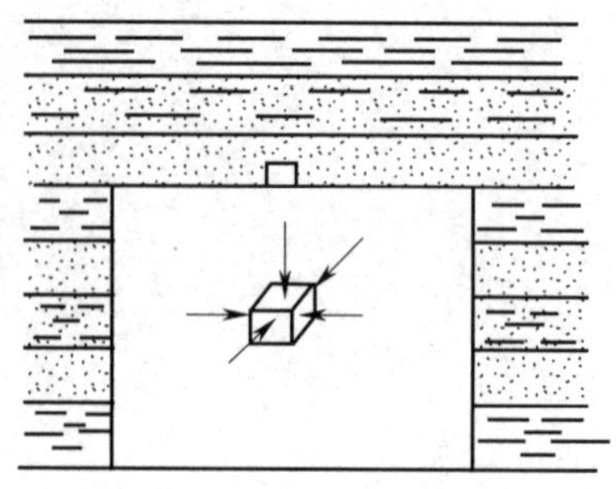

图 2—1 巷道开掘后围岩受力情况

重新布局。

由此可见，巷道掘进后，它周围的岩石将出现变形、移动、破坏、塌落、片帮、底鼓，以及支撑物的变形、插底、破坏与折损，甚至在岩体中产生一系列的动力现象，如冲击地压、断层、裂隙、褶曲等地质构造现象。人们通常把地压作用下围岩和支撑物（支架）呈现的各种力学现象，统称为地压现象（也称矿山压力显现）。由于围岩移动或破碎而作用在围岩和支撑物（支架）上的力，称为地压。

地压的大小，决定于巷道围岩的性质、巷道的断面形状和大小、开掘巷道后的时间等因素。研究地压，对于设计巷道的形状、大小、位置、支护方法，以及安全生产、降低掘进费用都有重要意义。

二、巷道顶压的产生

巷道开掘以后，暴露出来的顶板岩石，好像双支梁一样支撑上部岩石的压力。受力后的顶板梁将向下弯曲，靠近巷道顶板线的岩石因承受拉力而裂开，如图 2—2a 所示，随着裂隙的增多、扩大，岩石就将开始冒落，它的压力也将逐渐降低，而作用在巷道两帮上的压力却逐渐增加，如图 2—2b 和图 2—2c 所示。

当顶板破碎岩石继续冒落，范围逐渐扩大而形成一个拱的时候，就停止冒落，如图 2—2d 所示。这时顶板又处于新的平衡状态，巷道上部的压力通过拱顶传到巷道两帮岩石上。这个拱形顶通常称为自然平衡拱。

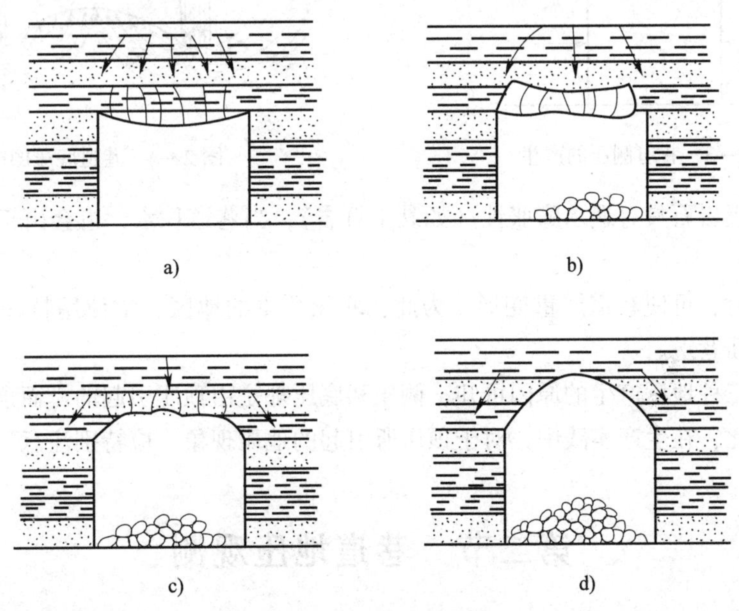

图 2—2 巷道顶压的产生

自然平衡拱的形成过程，就是顶板破碎岩石的冒落过程。在冒落过程中，为了生产安全，必须及时支撑这些冒落的岩石，这部分即将冒落的岩石作用在支架上的压力称为顶压。顶压的大小就是拱内破碎的岩石的重力。支架等支撑物支撑的就是这部分岩石的重力。

顶压的大小，决定于冒落拱的大小，而冒落拱的大小与顶板岩石的性质、巷道的宽度等因素有关。岩石松软、巷道宽度大，则冒落拱就大，顶压也大。反之，岩石坚硬，巷道狭窄，则冒落拱就小，顶压也小。所以，在坚硬岩石中掘进小巷道，只需要清除顶板浮石，不需要支护。

三、巷道侧压和底压的产生

在自然平衡拱形成过程中，巷道上部压力不断传给巷道两帮。若巷道两帮岩石坚硬，则两帮不会被压坏，若岩石松软，则巷道两帮岩石将沿如图 2—3 所示的斜面垮落，即所谓片帮。这部分垮落的岩石所产生的水平分力，就是巷道的侧压。当片帮达到一定宽度而停止时 (如图 2—3 虚线所示位置)，岩体内又处于新的平衡状态。

侧压的大小与两帮岩石的性质、巷道高度和上部压力的大小有关。巷道支护中，侧压由支架的柱腿或采用锚杆支护的帮锚来承受。

巷道产生的侧压达到新的平衡之后，新的自然平衡拱仍将上部的压力传给巷道的两帮，再传给底板。当底板岩石不坚固时，受到上面压力之后，底板鼓起（见图 2—4)，这就是底压产生的原因。

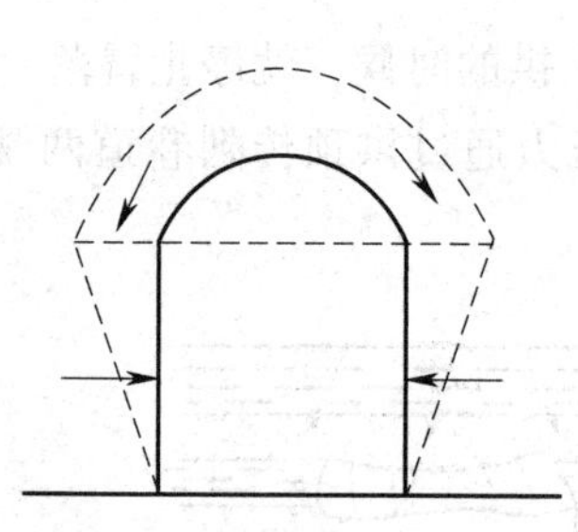

图 2—3 巷道侧压的产生

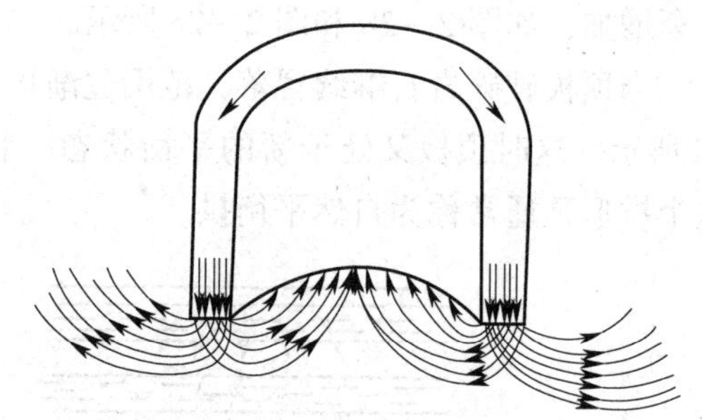

图 2—4 巷道底压的产生

有时，底板岩石具有遇水膨胀性（如黏土页岩)，当巷道积水，也会由于岩石膨胀而产生底压。

底压严重时，可使巷道严重变形。为此，底压严重的地区，常使用特殊形状断面的巷道，如圆形断面巷道。

根据以上三种地压产生的原因可知，侧压和底压都是由顶压引起的，而顶压对于生产关系更密切。因此，在生产实践中，对于顶压所引起的地压现象，应特别注意。

第二节 巷道地压观测

由于地压理论不完善，目前还不能准确进行地压计算。因此，对巷道地压的直接观测，对指导生产有重大意义。

地压的观测内容，通常有巷道周围岩体应力观测、支架压力观测和围岩移动（巷道变形）观测。

通过岩体应力观测，可以评价围岩的稳定性；通过支架压力观测，可以合理地选择支架类型；通过巷道变形观测，可以合理地选择支护形式。

一、巷道周围岩体应力观测

应力恢复法是测量岩体应力比较常用的一种方法。巷道开掘以后，周围的岩石都应处于应力状态。在应力作用下，岩石发生一定的变形。根据岩石变形的大小，即可求得应力。

应力恢复法就是把处于应力状态的围岩在测点处挖掘解放槽，人为地解除测点处的应力，而后再对解放槽加压力，使岩体恢复到应力解除的状态，然后根据施加的压力值求周边应力的大小。

应力恢复法的试测步骤如图 2—5 所示。

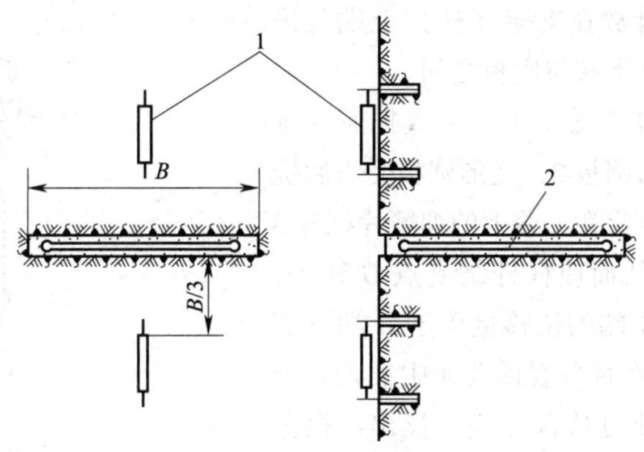

图 2—5　岩体应力试测布置

1—应变计　2—液压压力枕

1. 选择不受局部地质构造影响、有代表性的试测地点，将试测地点的岩面打平、磨光，然后安装好测量应变计。

2. 记下初始读数，取下应变计。

3. 在试点的岩面上，开凿一个宽度为 B 的直解放槽，应变计的顶端距解放槽中线为 $B/3$，槽的方向应与所测定的应力方向垂直，如图 2—5 所示。

4. 在解放槽内放入液压压力枕，并用水泥砂浆充填空隙。

5. 对压力枕加压，并通过压力枕对岩体加压，直到应变计读数恢复到岩体有应力时的初始读数为止。

6. 根据压力枕上的压力读数表读数，即可换算出岩体周边应力的大小。

二、支架压力观测

测定单体支架的压力广泛使用 ADJ 型测力计，其构造如图 2—6 所示，它的技术参数见表 2—1。

表 2—1　　ADJ 型测力计主要技术参数

型号	最大测压能力（kN）	支柱直径（mm）	杠杆放大倍数	测量灵敏度（kN）	质量（kg）
ADJ—45	441	>135	3.25	4.9	5.2
ADJ—50	490	>180	3.0	4.9	9.5

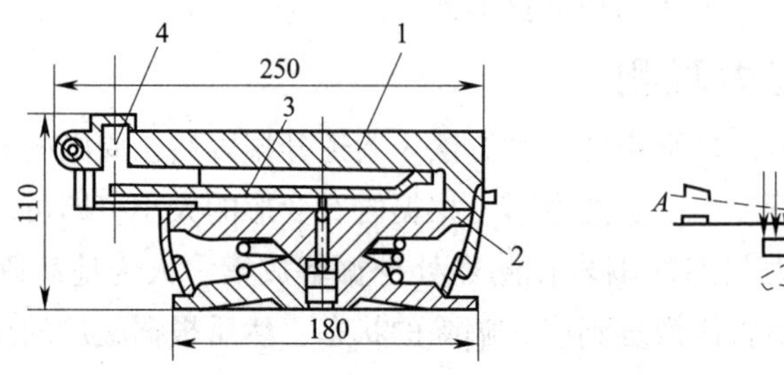

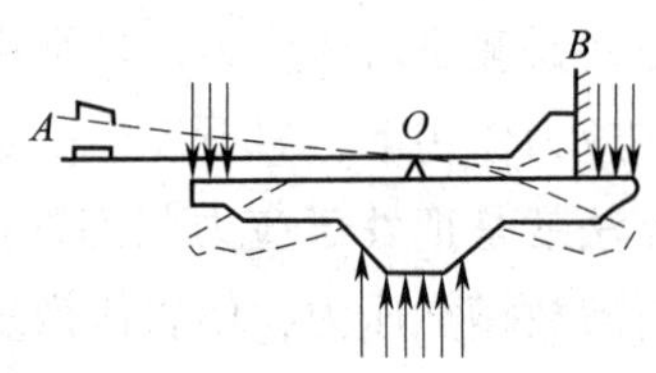

图 2—6 ADJ 型测力计

1—上盖 2—变形圆板 3—弹簧片杠杆 4—百分表插孔

观测时，把测力计放在支架（柱）上端与顶板之间，也可放在支柱下端与底板之间。

当顶板压力作用在上盖 1 上，上盖把所受压力传给中心支撑的变形圆板 2，变形圆板受力后挠曲，带动上盖下沉，固定在上盖上的弹簧片杠杆 3 的 *B* 端也随之下沉，从而使杠杆绕支点 *O* 转动，杠杆的 *A* 端被抬起。*A* 端的位移量等于 *B* 端下沉量的 3 倍或 3. 25 倍。在百分表插孔 4 中插入百分表，*A* 端的抬起高度便可从百分表上读出。根据百分表的读数，就可从预先在实验室内标定好的“杠杆 *A* 端位移量—压力”关系曲线上，求得支架所承受压力的大小。

三、巷道变形观测

观测巷道变形常使用 DDJ—3 型测杆。

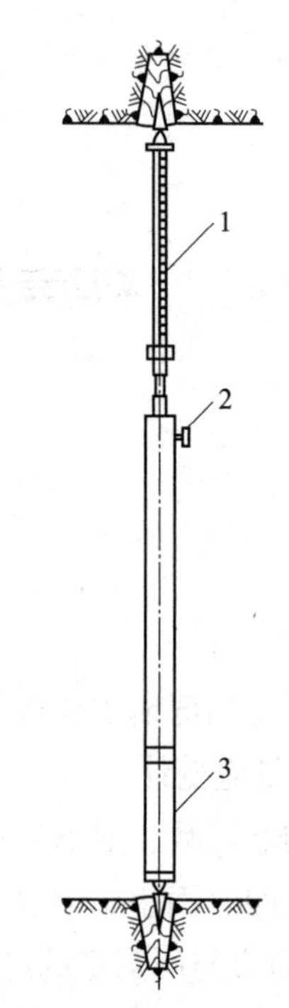

图 2—7 DDJ 型测杆的安装

1—刻度尺 2—定位螺钉 3—接长杆

观测时，先使用凿岩机在测点的顶、底板内打深 200 mm 左右的眼，顶、底板内的眼应位于同一直线上，然后插入长约 150 mm 的木楔，木锲的露头钉有铁钉，铁钉头部对准测杆（见图 2—7）。如顶、底板平整，也可不打眼，用红油漆圈点作标记。巷道变形可由测杆上的刻度读出。DDJ 型测杆上附有自动记录仪，可以自动记录顶板下沉量。

第三节 巷道断面形状

巷道是服务于地下开采、在岩体或矿层中开拓的不直接通地面的水平或倾斜通道，用于运输矿物、矸石、人员、设备器材，以及通风和敷设管线。因此，巷道是井下生产的大动脉，巷道断面设计是否合理，直接影响煤矿生产安全和经济效益。巷道断面设计的原则是：

在满足安全、生产和施工要求的条件下，力求提高断面的利用率，取得最佳经济效果。

巷道断面形状选择是否合理，直接影响生产经济效益和安全生产。合理选择巷道断面形状，主要取决于下列因素：

1. 巷道所穿过岩层的性质，也就是地压的大小和方向。

2. 巷道使用年限和用途。

3. 支架材料和支护方式。

巷道断面形状有梯形、拱形、矩形、多角形、圆形和马蹄形。

梯形巷道如图 2—8 所示，多用在稳定岩层，或中等稳定、侧压较大的岩层，掘进断面小、使用年限不长的木材支架巷道，或使用年限较长、断面小的装配式钢筋混凝土支架巷道。

梯形巷道不仅可以承受顶压，还可以承受侧压。

拱形巷道如图 2—9 所示，使用在不稳定、地压大的岩层中，或用于使用年限长（10~20年）的混凝土、砖石与金属弧形支架支护的主要巷道。

图 2—8　梯形巷道

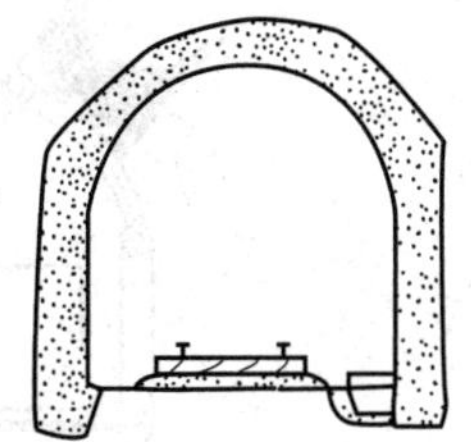

图 2—9　拱形巷道

应当指出，在坚硬稳定的岩层中，不需支护的拱形巷道，在金属矿中普遍使用。

矩形巷道如图 2—10 所示，适用于无侧压或侧压很小的岩层中，其他条件与梯形巷道相同。

多角形巷道如图 2—11 所示，多采用宽度较大、顶压较大的巷道，支架都用短结构件拼接而成，因架设比较复杂，一般很少采用。

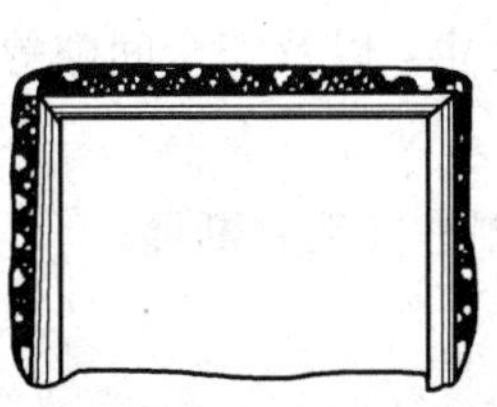

图 2—10　矩形巷道

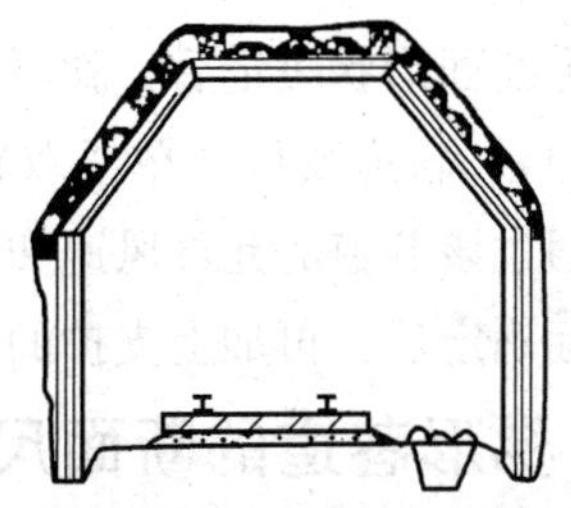

图 2—11　多角形巷道

圆形巷道和马蹄形巷道如图 2—12 所示，当岩层特别松软，顶压、侧压都很大，使用混凝土支护时，可采用圆形巷道或马蹄形巷道。

不规则形巷道如图 2—13 所示。在薄煤层沿煤层掘进时，为了不破坏顶板的稳定性，可

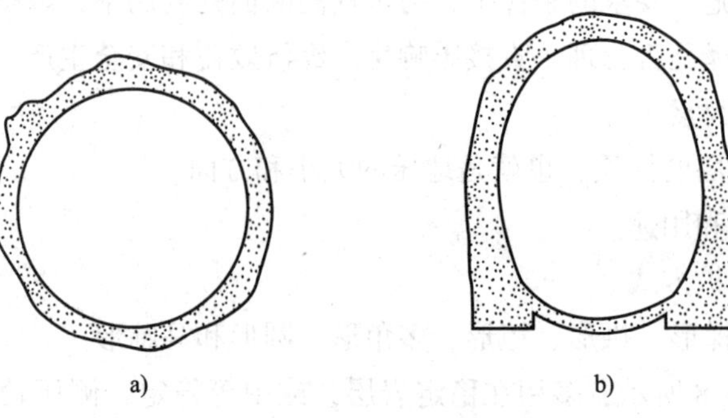

图 2—12　圆形巷道和马蹄形巷道

a）圆形巷道　b）马蹄形巷道

使用不规则形巷道，巷道断面随煤层埋藏情况而变化。

在上述各种形状的巷道中，最常用的为梯形巷道和拱形巷道。

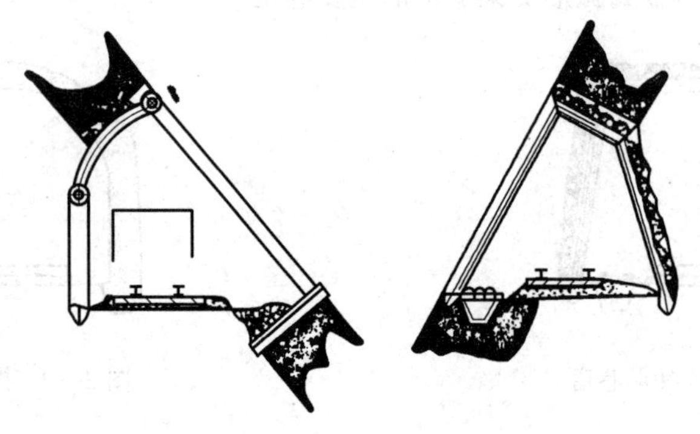

图 2—13　不规则形巷道

第四节　巷道断面尺寸

在巷道断面形状决定后，就可确定净断面的尺寸。净断面尺寸一般根据用途（如行人、通风或运输）、轨道数目（单或双轨）、运输设备的外形尺寸，以及安全间隙等来确定，最后，根据通过该巷道的允许风速加以校验。

净断面确定后，再加上支护的规格，就可确定巷道的掘进（毛）断面。

一、梯形巷道的断面尺寸

根据选用的运输设备的尺寸、轨道数目、安全间隙确定巷道断面尺寸。

1. 巷道宽度的确定

根据《煤矿安全规程》确定巷道宽度。巷道净断面必须满足行人、运输、通风、安全设施，以及设备安装、检修、施工的需要，并符合下列要求：

（1）运输巷（包括管、线、电缆）与运输设备最突出部分之间的最小间距，应当符合

表 2—2 的要求。巷道净断面的设计，必须按支护最大允许变形后的断面计算。

表 2—2　运输巷与运输设备最突出部分之间的最小间距

巷道类型	顶部（m）	两侧（m）	备注
轨道机车运输巷道		0.3	综合机械化采煤矿井为 0.5 m
输送机运输巷道		0.5	输送机机头和机尾处与巷帮支护的距离应当满足设备检查和维修的需要，并不得小于 0.7 m
卡轨车、齿轨车运输巷道	0.3	0.3	单轨运输巷道宽度应当大于 2.8 m，双轨运输巷道宽度应当大于 4.0 m
单轨吊车运输巷道	0.5	0.85	曲线巷道段应当在直线巷道允许安全间隙的基础上内侧加宽不小于 0.1 m，外侧加宽不小于 0.2 m。巷道内外侧加宽要从曲线巷道段两侧直线段开始，加宽段的长度不小于 5.0 m
无轨胶轮车运输巷道	0.5	0.5	曲线巷道段应当在直线巷道允许安全间隙的基础上按无轨胶轮车内、外轮曲率半径计算需加大的巷道宽度。巷道内外侧加宽要从曲线巷道两侧直线段开始，加宽段的长度应当满足安全运输的要求
设置移动变电站或者平板车的巷道		0.3	移动变电站或者平板车上设备最突出部分与巷道侧的间距

（2）新建矿井、生产矿井新掘运输巷的一侧，从巷道道碴面起 1.6 m 的高度内，必须留有宽 0.8 m（综合机械化采煤及无轨胶轮车运输的矿井为 1 m）以上的人行道，管道吊挂高度不得低于 1.8 m。

（3）生产矿井已有巷道人行道的宽度不符合上述要求时，必须在巷道的一侧设置躲避硐，2 个躲避硐的间距不得超过 40 m。躲避硐宽度不得小于 1.2 m，深度不得小于 0.7 m，高度不得小于 1.8 m。躲避硐内严禁堆积物料。

（4）采用无轨胶轮车运输的矿井，人行道宽度不足 1 m 时，必须制定专项安全技术措施，严格执行“行人不行车，行车不行人”的规定。

（5）在人车停车地点的巷道上下人侧，从巷道道碴面起 1.6 m 的高度内，必须留有宽 1 m 以上的人行道，管道吊挂高度不得低于 1.8 m。在双向运输巷中，两车最突出部分之间的距离必须符合下列要求：

1）采用轨道运输的巷道：对开时不得小于 0.2 m，采区装载点不得小于 0.7 m，矿车摘挂钩地点不得小于 1 m。

2）采用单轨吊车运输的巷道：对开时不得小于 0.8 m。

3）采用无轨胶轮车运输的巷道：双车道行驶，会车时不得小于 0.5 m；单车道行驶，应当根据运距、运量、运速及运输车辆特性，在巷道的合适位置设置机车绕行道或者错车硐室，并设置方向标志。

根据已知的运输设备规格、轨道数目和安全间隙，即可求得运输设备高度 h 和水平上的巷道净宽 B（见图 2—14）。

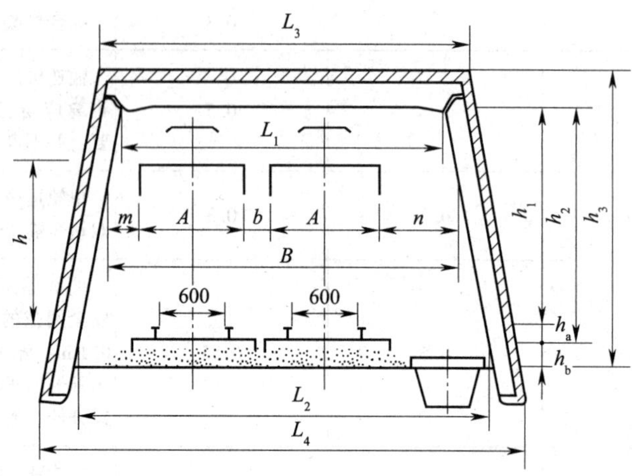

图 2—14　双轨巷道断面尺寸的确定

单轨巷道：

$$B=m+A+n$$

双轨巷道：

$$B=m+2A+n+b$$

式中　m——非人行道一侧的安全间隙；

A——运输设备最大宽度；

n——人行道宽度；

b——运输设备之间的安全间隙。

运输设备的最大宽度见表 2—3。

表 2—3　**煤矿运输设备规格**　mm

设备类型	轨距	外形尺寸			轴距
		宽	高	长	
CXK-2A 蓄电池电机车		900	1 380		
XK2.5-6/48A 蓄电池电机车		920	1 550		
XK8-6/110A 蓄电池电机车	600	1 060	1 550	4 500	1 100
XK7-6/250 架线式电机车	600	1 060	1 550	4 500	1 100
XK10-9/250 架线式电机车	900	1 360	1 550	4 500	1 100
0.5 t 矿车	600	750	1 100	1 500	
1 t 矿车	600	880	1 150	2 000	550

续表

设备类型	轨距	外形尺寸			轴距
		宽	高	长	
2 t 矿车	900	1 240	1 150		
3 t 矿车	900	1 320	1 300	3 450	1 100
斜井人车	600	1 040	1 450	4 500	
斜井人车	900	1 340	1 450	4 500	

梯形巷道两边的斜度一般为80°，根据此角和净宽度作图，就可求得巷道的上、下净宽度。也可按下述公式分别计算巷道上、下净宽度和掘进宽度（毛宽度）。

巷道上部净宽度（L_1）：

$$L_1 = B - 2\times(h_1 - h)\times 0.176\,3$$

巷道上部毛宽度（L_3）：

$$L_3 = L_1 + 2d + 100$$

巷道下部净宽度（L_2）：

$$L_2 = B + 2\times(h + h_a)\times 0.176\,3$$

巷道下部毛宽度（L_4）：

$$L_4 = L_2 + 2\times(h_b \times 0.176\,3 + d) + 100$$

式中 h_1——轨道到顶梁的高度，mm；

h——运输设备高度，mm；

h_a——道碴面到轨面的高度，mm；

d——支架腿直径，mm；

100——背板总厚度，mm；

h_b——底板至道碴面的高度，mm。

2. 巷道高度的确定

首先根据《煤矿安全规程》确定轨面到顶梁的高度 h_1：采用轨道机车运输的巷道净高，自轨面起不得低于2 m；架线电机车运输巷道的净高，在井底车场内、从井底到乘车场，不小于2.4 m；其他地点，行人的不小于2.2 m，不行人的不小于2.1 m。采（盘）区内的上山、下山和平巷的净高不得低于2 m，薄煤层内的上山、下山和平巷的净高不得低于1.8 m。

3. 巷道断面的确定

根据上述巷道的高度和宽度，则它的断面面积如下：

巷道净断面面积：

$$S = 1/2(L_1 + L_2)h_2$$

巷道毛断面面积：

$$S = 1/2(L_3 + L_4)h_3$$

式中 L_1——巷道上部净宽，mm；

L_2——巷道下部净宽，mm；

L_3——巷道上部毛宽，mm；

L_4——巷道下部毛宽，mm；

h_2——巷道净高，mm；

h_3——巷道掘进高度，mm。

4. 风速校验

为了维持良好的工作条件，保证安全生产，各巷道中的最大风速不得大于表 2—4 所列数值。

表 2—4　　巷道中的最大允许风速

巷道名称	最大风速 v_m（m/s）	备注
主要进、回风巷道	8	1. 设梯子间的井筒，风速不得超过 8 m/s 2. 修理井筒时，风速不得超过 8 m/s
输送机巷道，采区进、回风巷道	6	
采掘工作面	4	
风桥	10	
无提升设备的风井、风硐	15	
专为升降物料的井筒	12	
升降人、物的井筒	8	

巷道风速可按下式校验：

$$v = Q/S$$

式中　Q——通过巷道的风量，m^3/s；

S——巷道的净断面积，m^2。

如求出的风速大于表 2—4 的规定，就需加大巷道净断面积。

巷道中的各种管道（如压缩空气管、水管），可设于自道碴面以上 1.8 m 高的位置，如巷道高度不够，也可设于人行道一侧的下角底板上。

二、拱形巷道断面尺寸

拱形巷道常用的拱顶为半圆拱和三心拱。它们的断面尺寸的确定方法与梯形巷道基本相同。

1. 净宽度的确定

拱形巷道净宽度的确定方法与梯形巷道相同，只是非人行道一侧运输设备与墙之间的安全间隙为 200 mm。如有电缆时，其间隙应取 270 mm（见图 2—15）。

2. 净高度的确定

拱形巷道的高度由墙高和拱高两部分组成。墙高是指轨面到拱基的高度，根据运输设备类型，可按表 2—5 选取。

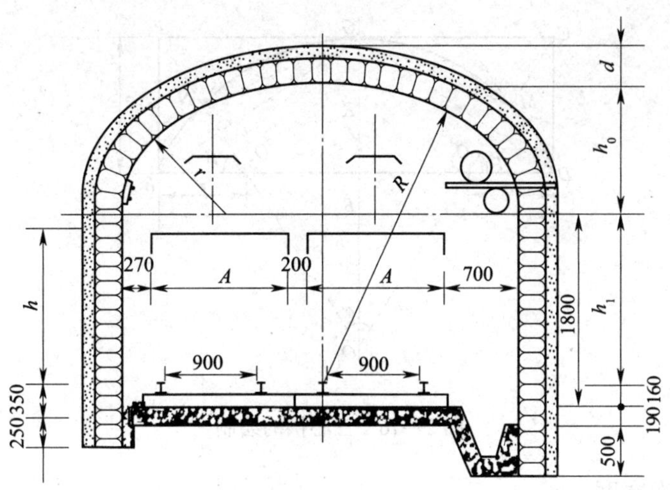

图 2—15　拱形巷道断面尺寸

表 2—5　　　　　　　　　　　　拱形巷道墙高　　　　　　　　　　　　mm

电机车类型	1 t 矿车		3 t 矿车	
	单轨	双轨	单轨	双轨
蓄电池式	1 450	1 300	1 600	1 600
架线式	1 750	1 600	1 600	1 600

拱高是指拱基到拱顶的高度。根据岩石性质，较软岩石（$f \leq 3$）常采用半圆拱。半圆拱的高度 h_0 和半径为巷道净宽 B 之半，即：

$$h_0 = B/2$$

较硬岩石（$f>3$）常采用三心拱，煤矿中三心拱的拱高一般为巷道净宽的 1/3，即：

$$h_0 = B/3$$

比较坚硬的岩石（$f>8$），拱高往往取巷道净宽度的 1/5～1/4。

三心拱的绘制如图 2—16 所示。先按巷道净宽度 B 和拱高 h_0 作矩形 $CDEF$，令巷道中心线与 CF 交于 G，连接 DG、EG，作 $\angle CDG$、$\angle CGD$、$\angle FEG$、$\angle FGE$ 的角平分线，得两交点 M、N，通过 M、N 点分别作 DG、EG 的垂线，即可求得三个圆心 O_1、O_2、O_3。分别以 O_1、O_2、O_3 为圆心，以 O_1G、O_2D、O_3E 为半径作弧，即可绘出三心拱。

在拱形巷道内，管路一定要布置在人行道一侧的上方自道碴面起 1. 8 m 以上的位置，便于清理水沟，一般不布置在底板上，以防管路损坏。

3. 净断面面积确定

半圆拱：

$$S = B(h_2 + 0.39B)$$

三心拱：

$$S = B(h_2 + 0.26B)$$

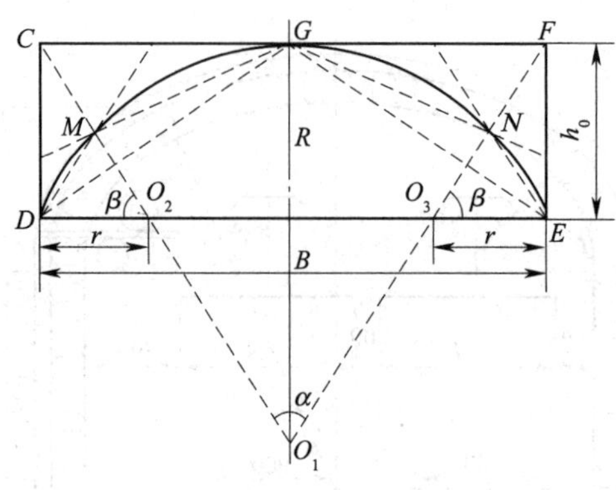

图 2—16 三心拱的绘制

式中 B——巷道净宽度，m；

h_2——由道碴面到拱基的高度，m。

净断面积确定后，仍按风速校验，校验方法与梯形断面相同。

拱形巷道毛断面的确定原则与梯形断面相同。

三、锚喷支护巷道断面尺寸

锚喷支护巷道的断面形状，主要岩巷和采区集中巷道宜采用拱形，其他巷道可选用矩形或梯形，沿煤层顶板掘进的采区巷道，为保持顶板的完整性，可选用不规则形。

锚喷支护巷道的断面尺寸，也是根据巷道用途、运输设备外缘、安全间隙和通风行人等要求确定，具体方法与前述相同。下面只介绍掘进断面的确定。

掘进断面高度：

$$h=h_0+T+C+75$$

式中 h_0——巷道净高度，mm；

T——喷覆涂层厚度（根据岩层稳定性和巷道服务年限，一般取 50~100 mm，如岩层稳定，也可不喷覆），mm；

C——托板（梁）厚度及锚杆外露之和（根据托板材料、锚杆材料，一般取 45~100 mm），mm；

75——考虑顶板移动量、锚杆安装不准确等影响因素的附加值，mm。

掘进断面宽度：

$$B=B_0+2(T+C+75)$$

式中 B_0——巷道净宽度，mm；

T——喷覆涂层厚度（根据岩层稳定性和巷道服务年限，一般取 50~100 mm，如岩层稳定，也可不喷覆），mm；

C——托板（梁）厚度及锚杆外露之和（根据托板材料、锚杆材料，一般取 45~100 mm），mm；

75——考虑顶板移动量、锚杆安装不准确等影响因素的附加值，mm。

四、巷道断面内水沟及管线布置

1. 排水沟

设计巷道断面时，应根据矿井生产时通过该巷道的排水量设计水沟。水沟通常布置在人行道一侧，并尽量少穿越运输线路，只在特殊情况下，才将水沟布置在巷道中间或非人行道一侧。

平巷水沟坡度可取 3‰~5‰，或与巷道的坡度相同，但不应小于 3‰，以利于水流畅通。

运输大巷的水沟可用混凝土浇筑，也可用钢筋混凝土预制成构件，然后送到井下铺设。服务年限短、排水量小的巷道，其水沟可不用支护。棚式支架巷道水沟一侧的边缘距棚腿应不小于 300 mm。

为了方便行人，主要运输大巷和倾角小于 15°斜巷的水沟，应铺放钢筋混凝土预制盖板，盖板顶面要与巷道碴面齐平。

常用的水沟断面形状有倒梯形、半倒梯形和矩形。各种水沟断面尺寸应根据水沟的流量、坡度、支护材料和断面形状等因素决定，常用的水沟断面尺寸见图 2—17、图 2—18 和表 2—6。

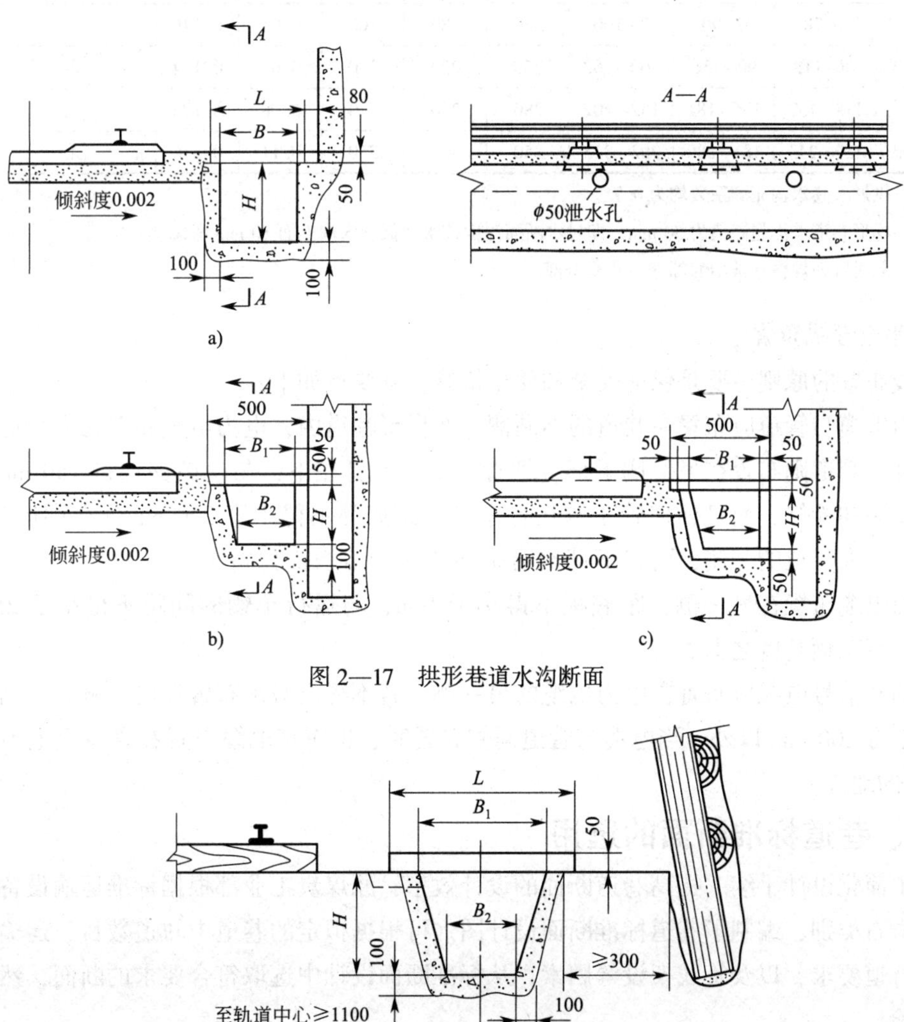

图 2—17　拱形巷道水沟断面

图 2—18　梯形巷道水沟断面

表 2—6　　拱形、梯形巷道水沟规格及材料消耗

巷道类别	支护类别	流量（m^3/h）			净尺寸（mm）			断面面积（m^2）		每米材料消耗量		
		坡度			宽 B		深	净断面	掘进断面	盖板		水沟
		3‰	4‰	5‰	上宽 B_1	下宽 B_2	H			钢筋（kg）	混凝土（m^3）	混凝土（m^3）
拱形大巷	锚喷	0~86	0~97	0~112	300		350	0.105	0.144	1.336	0.022 6	0.114
	砌碹	0~96	0~100	0~123	350	300	350	0.114	0.139	1.336	0.022 6	0.099
	锚喷	86~172	97~205	112~227	400		400	0.160	0.203	1.633	0.027 6	0.133
	砌碹	96~197	100~227	123~254	400	350	450	0.169	0.207	1.633	0.027 6	0.120
	锚喷	172~302	205~349	227~382	500		450	0.225	0.272	2.036	0.032 3	0.152
	砌碹	197~349	227~403	254~450	500	450	500	0.238	0.278	2.036	0.032 3	0.137
	锚喷	302~374	349~432	382~472	500		500	0.250	0.306	2.036	0.032 3	0.161
	砌碹	349~397	403~458	450~512	500	450	550	0.261	0.309	2.036	0.032 3	0.145
采区梯形巷道	棚式	0~78	0~90	0~100	230	180	260	0.05	0.146	无		0.093
	棚式	78~118	90~136	100~152	250	220	300	0.07	0.174	无		0.104
	棚式	118~157	136~181	152~202	280	250	320	0.08	0.195	无		0.110
	棚式	157~243	181~280	202~313	350	300	350	0.11	0.236	无		0.122

注：1. 拱形大巷水沟充满系数均为 0.75。

2. 梯形巷道水沟超高值为 50 mm，即过水断面深度按水面低于水沟上面 50 mm 考虑。

3. 此表所列规格是常用的部分，并非全部。

2. 巷道管线布置

管线布置的原则主要是保证安全和便于检修，其要点如下：

电力电缆与管道应布置在巷道的不同侧。在梯形巷道内，电力电缆布置在人行道一侧的棚腿上部；管道则布置在另一侧下部，细管在上，粗管在下，与道碴面保持 150 mm 距离，以利于安装和检修，而且任何管子与运行车辆的距离都不得小于 200 mm。在拱形巷道内，管道布置在人行道的一侧，而其下部与道碴面或水沟盖板面保持 1.8 m 和 1.8 m 以上的距离；电力电缆布置在另一侧，距底板不得小于 1 m，与运行车辆的间距不得小于 250 mm，力求布置在车辆高度之上。

电话和信号电缆应布置在电力电缆的另一侧；若不得已必须布置在同一侧时，则应在电力电缆上方 100 mm 以外。当电缆与管道同侧布置时，也应将电缆布置在管道之上不得小于 300 mm 的地方。

五、巷道标准断面的选用

为了简化设计手续、提高巷道断面的设计效率，原煤炭工业部根据标准运输设备、巷道用途及岩石类别，编制了巷道标准断面设计图。可根据拟定的巷道中轨道数目、运输设备型号、人行道要求，以及管线架设等因素，从标准断面设计中选取符合要求的断面，然后再用风速校验。

从标准断面设计中，还可知道每米巷道的材料消耗，作为备料计算的依据。

思考练习题

1. 何谓巷道地压？地压大小的影响因素主要有哪些？
2. 何谓地压现象？
3. 底压产生的原因是什么？
4. 简述巷道周围应力观测的方法及步骤。
5. 如何进行支架压力的观测？
6. 如何进行巷道变形的观测？
7. 巷道断面形状选择的影响因素有哪些？
8. 巷道断面尺寸的影响因素有哪些？
9. 巷道管线布置应注意哪些问题？

第三章 钻眼爆破

学习目标

掌握炸药和爆破的基本知识，了解钻眼机械的组成、结构和钻眼工具；能使用和操作钻眼机械，并能处理简单的故障。

井巷施工的第一步是破碎岩石，破碎岩石是巷道掘进中最主要、占时较长的工序，它直接影响巷道掘进的质量、速度和成本。常用的破岩方法有机械破岩法和钻眼爆破破岩法两种。钻眼爆破破岩法是目前国内外普遍采用的方法，其优点是操作简单、设备轻巧、适应性广、成本低，缺点是机械化程度低、劳动强度大。

第一节 钻 眼 机 械

进行爆破破岩，必须先钻出炮眼，安放炸药，然后爆破。井巷掘进中，在岩石上钻眼，主要采用冲击式钻眼法，在煤上钻眼，主要采用旋转式钻眼法。冲击式钻眼法使用的钻眼机械是凿岩机，旋转式钻眼法使用的钻眼机械则多是电钻。凿岩机按使用的动力不同，分为气动凿岩机（一般简称凿岩机或风钻）、液压凿岩机和电动凿岩机等。

一、气动凿岩机

1. 主要构造

气动凿岩机是使用压缩空气作为动力的凿岩机，通常又称为风钻。它是岩石巷道掘进时最常用的凿岩机械。

气动凿岩机由机头、缸体（机身）和机尾三部分组成，并用螺栓连为一体，如图 3—1 所示。

2. 动作原理

气动凿岩机的动作原理如图 3—2 所示，它由冲击、转钎和排粉三种动作组成。

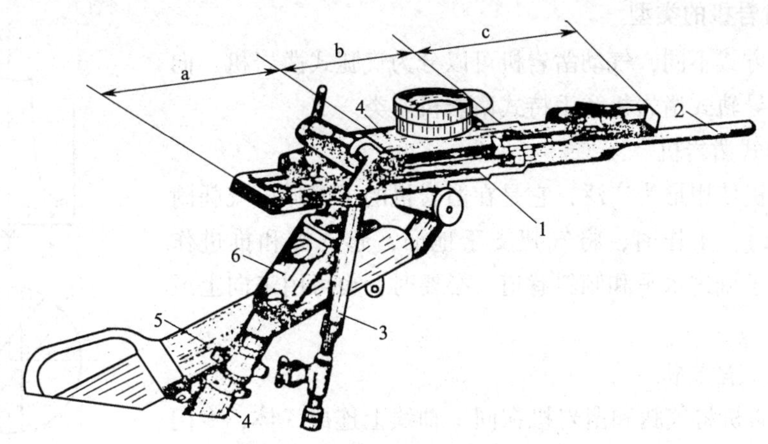

图 3—1 气腿式气动凿岩机外形

1—凿岩机 2—钎子 3—水管 4—风管 5—气腿 6—注油器

a—机头 b—机身 c—机尾

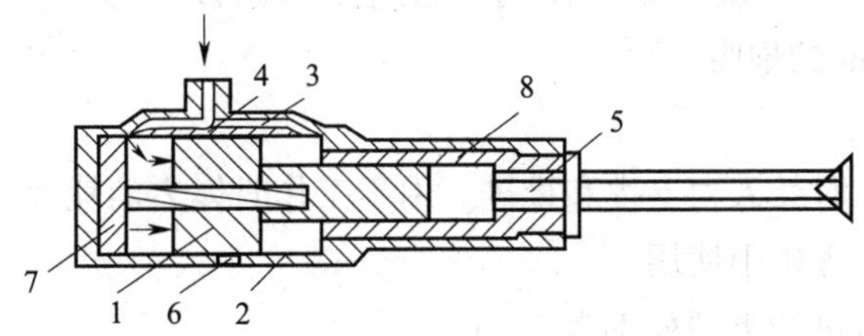

图 3—2 冲击式凿岩机动作原理

1—活塞 2—气缸 3—配气装置 4—配气阀 5—钎尾

6—排气孔 7—棘轮 8—转动套筒

当配气阀 4 堵住配气装置 3 的右方（见图示位置），压缩空气由配气装置的左方进入活塞 1 的左侧气缸，推动活塞向右移动，使活塞右移过程中，活塞左侧气缸内的气体经排气孔 6 排出。活塞这一右移冲击钎尾的过程称为冲程。冲程完毕时，活塞是处于排气孔的右侧位置，这时气缸 2 的左侧通大气，压力下降。而气缸的右侧，因为活塞挤压，气体压力上升。此时，配气阀右侧的压力大于左侧的压力，使配气阀左移，堵住左侧进气孔，压缩空气由右侧进入活塞右侧的气缸，将活塞向左推动，同时由于棘轮 7 和转动套筒 8 的关系，使钎尾转动，活塞这一左移转钎的过程称为回程。这样，活塞往返一次，就对钎尾完成一次冲击转钎动作。

眼底的排粉动作，是使压缩空气从钎尾进入钎杆中心孔，经钎头进入眼底吹出岩粉。如是湿式岩粉，则是利用压力水，经钎杆中心孔进入眼底冲洗岩粉。

3. 破岩原理

冲击式凿岩机的破岩原理如图 3—3 所示。钎子在冲击力 F 的作用下切入岩石，凿出深度为 h 的一条沟槽Ⅰ—Ⅰ，然后钎子转动一个角度 β，第二次冲击时，不但凿出第二条沟槽Ⅱ—Ⅱ，而且两条沟槽之间的三角岩块（见图中阴影部分），也由于二次冲击时产生的水平力 H 的作用而被破坏。如此循环下去，炮眼就可以逐渐加深。

4. 气动凿岩机的类型

按支持的方式不同，气动凿岩机可以分为气腿式凿岩机、向上式凿岩机、导轨式凿岩机和手持式凿岩机 4 类。

（1）气腿式凿岩机

这种凿岩机使用最为广泛，它是在凿岩机的下面加设气腿附件（见图 3—1），工作时，将气腿支于地面，起支撑和推进作用。它最适合于掘进水平和倾斜巷道。必要时，也可用来向上或向下打眼。

（2）向上式凿岩机

向上式凿岩机将气腿和凿岩机在同一轴线上连成一体，专门用于打 60°~90°的炮眼，可用于掘进反井或打巷道顶部的锚杆眼。

（3）导轨式凿岩机

这种凿岩机的质量比较大，需放在带有导轨的托盘上，连同机械推进设备一起放在台车或钻架上使用。它适用于钻直径为 60 mm 左右、深达 10 m 的炮眼。

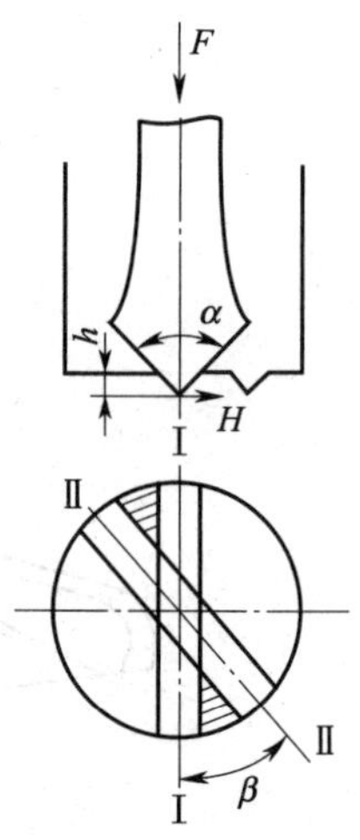

图 3—3　冲击破岩原理

F—冲击力　h—沟槽深度

β—钎子转动角度

H—水平力　α—沟槽的夹角

（4）手持式凿岩机

手持式凿岩机工作时靠人力支撑和推进。由于工作时体力消耗大、效率低，这种凿岩机目前仅在立井掘进和小煤矿中使用。

现将国产有关凿岩机的类型列于表 3—1。

为了提高凿岩速度，国内外都在研制高频（冲击次数）凿岩机，使其冲击频率达 2 500~3 500 次/min，甚至更高。但随着冲击频率增加，凿岩机振动也加大，故高频凿岩机最好放在钻架或钻车上使用。

5. 气动凿岩机的操作、使用和故障处理

（1）钻眼前的准备

1）开机前，敲帮问顶，撬掉顶、帮和工作面上浮石，引标出巷道中、腰线，检查工作面有害气体。

2）检查气压、水压是否正常，水压要低于气压，以防水进入机体。压气管连接凿岩机前，先吹净管内和接头上的泥沙。

3）检查注油器的油量，调好油阀，准备好足够的水针、钻头、钎子、机油、活扳手、管子钳等。

4）压气接通后，开小气量让凿岩机空转片刻，检查凿岩机运转和声音是否正常。

（2）开眼

1）班长按爆破说明书定好眼位，开眼时应先供气，后供水，使凿岩机轻打慢转。调整气腿与底板，使其保持 80°~85°的夹角，以减少向前推力，加大支撑力。

2）待钻进 5~10 cm 后，加大凿岩机和气腿的进气量，调整气腿和底板之间的夹角（一般 50°~60°），以加大轴向推力。

表 3—1 国产气动凿岩机

技术特性	单位	气腿式					向上式		导轨式				手持式
		YT-23（7655）	YT-24	YS-26	YTP-26	ZFI	YS-70	YSP-45（9549）	YG-35	YG-40	YGZ-70	YGZ-90	改进 01-30
机体质量	kg	24	24	26	26.5	25	25	44	35	36	85	90	28.2
最大钻眼直径	mm	34~38	34~42		36~54		38~42	35~42	45~60	40~55		60~80	43
最大钻眼深度	m	5		5		5	4	6		15	5~8	30	7
气缸直径	mm	76	70	75	95	80	70	95	100	85	110	125	65
活塞行程	mm	60	70	70	50	50	74	47	48	80	50	62	50~55
冲击功	J	>58.8	>58.8	>68.6		>58.8	54	>58.8	98	>98	98	>196	50
冲击次数	次/min	2 100	1 800	2 050	2 600	2 300	1 750	>2 700	2 650	1 600	3 000	2 000	1 800
回转转矩	N·m	>14.70	>12.74	>14.70	17.64	>14.70	11.76	>17.64	>49.00	37.24	78.40	>117.60	11.76
使用气压	$\times 10^8$Pa	4.9	3.9~5.9	4.9	3.9~5.9	4.9	4.9	4.9					4.9
耗气量	m^3/min	<3.6	<2.9	<3.5	<3	<3.5	2.4	<5	6.1	<5	7	≤11	3.85
气胶管直径	mm	25	19	25	25	25		25					19
水胶管直径	mm	19	13	13	12	13		13					13
钎尾规格（六角钢对边尺寸×长度）	mm	22.2×108	22×108	22×108	25×108	22×108	22×108	22.2×108	25.4×159	ϕ32×97	25×159	ϕ32×97	25.4×108
外形尺寸（长×宽×高）	mm	全长 628	全长 678	全长 690	680×250	全长 646	630×380×120	1 240×390×120			778×230×280		

（3）正常钻进

1）使钎子、凿岩机和气腿保持在同一垂直面上，随着钻进的同时，调节气腿长度，使气腿保持适当的轴向推力（一般 784~980 N），这时，气腿与底板的夹角不超过 50°，以免卡钎。

2）随时注意钎杆与眼壁的接触情况，当钎杆磨眼壁上方时，应减少气腿进气量，当钎杆磨眼壁下方时，应增加气腿进气量，使钎杆始终在炮眼中心位置旋转。

3）排粉给水量以流出稀糊状的岩浆为宜，水量过大会降低转速，反之，排粉不畅会造成钻头堵孔或夹钎。

4）拔钎时，可先停水，但不能停压气，先将气腿稍向后移，随之双手紧握凿岩机手把，慢慢后退即可拔出。若拔不出时，可把气腿反向前移至钎子下面，利用气腿反力顶出钎子或放大压力，强力吹出岩粉。若凿岩机卡钎严重，拔不出钎子时，可用活扳手或管子钳夹紧钎子，帮助凿岩机转动，扫眼拔钎。

（4）使用注意事项

1）凿岩机工作时要及时加油，供水要正常，操作时保持平稳，磨损零件及时更换。

2）气压要充足，工作面气压不低于 3.9×10^5 Pa，防止漏气。

气动凿岩机常见故障及处理方法见表 3—2。

表 3—2　　气动凿岩机常见故障及处理方法

故障类别	原因	处理方法
凿岩机速度降低	工作气压低	1. 核算压气管路的负荷，如超负荷，应适当减少同时工作的凿岩机或其他耗气作业 2. 消除管路漏气，检查管径及气阀规格是否太小 3. 输气胶管过长应适当截短
	气腿推力不足、伸缩不灵，机器跳动	1. 加大气腿与凿岩机的夹角 2. 检查气腿内活塞胶碗是否松脱及磨损，并清除内部杂物 3. 横臂环形胶圈磨损，缸体与柄体连接处的密封圈损坏或失丢，应及时更换 4. 架体与外管螺纹连接不紧，气腿内气管端部两个小密封胶圈损坏或丢失，应及时更换 5. 柄体手把扳机及换向阀卡死不动，应及时更换
	润滑不足	1. 注油器缺油，应立即装油 2. 注油器油路堵塞，应清洗，吹气通孔 3. 润滑油太浓或太脏，应更换
	发生“洗钻”现象	1. 水压高于气压，造成高压水倒灌机腔，破坏机体润滑，应降低水压 2. 注水系统失灵，气、水混合进入机体，应及时修理
	主要零件磨损	1. 缸体和活塞配合表面擦伤，可用油石磨光 2. 配气阀磨损，应及时更换 3. 主要零件如活塞、螺旋棒、螺母、回旋爪、转动套、钎套超磨损极限，应及时更换
不易启动	水针被撤掉	补装水针
	润滑油太浓、太多	调节适当
	水灌入机体	检查原因，及时处理

续表

故障类别	原因	处理方法
水针折断	活塞小头端部严重打堆和钎尾中心不正	更换活塞和钎子
	钎尾和钎套（转动套筒）配合间隙过大	钎套内六角对边尺寸磨损至 25 mm 就更换，否则不仅容易折断水针，而且也易损坏活塞和钎子
	水针太长	调整水针长度
	针尾大孔太浅	应重新制作
气、水联动失灵	水压过高	降低水压至 5.9×10^5 Pa 以下
	气、水路小孔堵塞	钻通小孔
	注水阀体内零件锈蚀	清洗除锈
	水阀弹簧疲劳失效	更换零件
	密气及密水胶圈损坏或丢失	更换零件
断钎严重	管路气压太高	采取降压措施
	骤然大开车	缓慢启动
	钎子弯曲	校直钎子
	钎尾凸台的过渡圆角太小	重新制作
	钎尾有热处理裂纹	改进钎尾制作工艺

二、电动凿岩机

气动凿岩机问世至今已有 100 多年历史，它噪声大、效率低、压气成本高和设备重的缺点，早为人们所熟知。近年来，各种电动凿岩机相继问世，有取代气动凿岩机的趋势。

电动凿岩机的突出优点是省电，它的电能利用率高达 50%～60%，而气动凿岩机仅为 10%。此外，电动凿岩机的噪声低，工作面空气新鲜，无废气污染，改善了劳动条件，搬迁、维修、管理方便，全套设备质量不超过 1 t。

电动凿岩机的主要缺点是机体较重、钻速较低，尤其是硬岩，同样硬度的岩石，它的钻速只有气动凿岩机的 50%～60%，且维修工作量较大。

1. 构造与使用范围

电动凿岩机的外形结构如图 3—4 所示，它由主机（凿岩机）、水力支腿和水泵三部件组成。

水力支腿以压力水为动力，支撑凿岩机并给予钻进时的轴向推力，它可与凿岩机分体。

水泵的作用是供给凿岩机、电动机冷却和水力支腿用水，如有水压稳定的供水系统，水泵也可不备。

目前，我国已定型生产电动凿岩机有 YD-30 型（见表 3—3）和 YD-32KB 型。这些电动凿岩机都可用于有沼气和煤尘爆炸危险的矿井钻水平或倾斜岩石炮眼，尤其适用于设备简单的地方小煤矿。

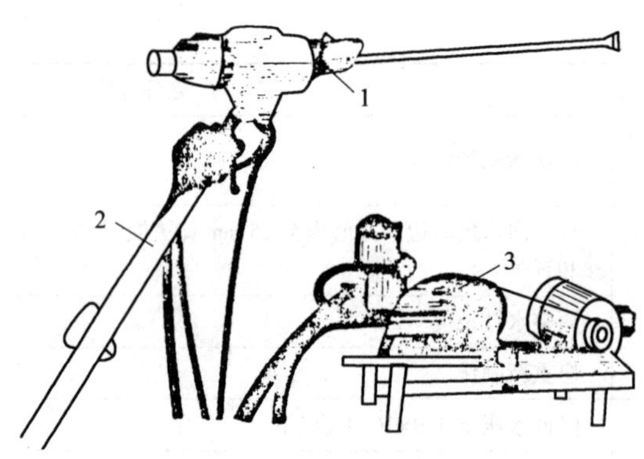

图 3—4 YD 型电动凿岩机

1—凿岩机 2—水力支腿 3—水泵

表 3—3 国产电动凿岩机技术特性

技术特性	单位	型号		
		YD-30	YD-2	YD-3
主机质量	kg	30	30	35
冲击功	J	>44	>29.4	>44
转矩	N · m	>17.64	14.70	17.64
冲击次数	次/min	1 900~2 000	2 640	2 050
电动机功率	kW	2.5	2	3
额定电压	V	380	127	127
额定电流	A		15.7	20
电源频率	Hz	50	50	50
配用电缆			UZ3×4+1×4	UZ3×4+1×4
钻眼直径	cm	35~38	34~43	34~43
最大钻眼深度	m		4	4
六角形中空钢规格	mm		22 或 25	22 或 25
钻速（f=8~12）	mm/min	>150	>150	>150
外形尺寸（长×宽×高）	mm		610×335×220	

2. 操作

（1）钻眼前准备

1）凿岩机开动前，先敲帮问顶，检查沼气，检查各操作手把是否灵活，检查各连接螺栓是否松动，加满润滑油。

2）连接凿岩机与水力支腿。

3）接通电源，空转 30 s，检查凿岩机运转和声音是否正常。

4）接通水管，开动水泵，把压力调整到规定压力（约为 9.8×10^5 Pa），水量调节到 4~10 kg/min，检查凿岩机和水力支腿的水封、通道是否漏水，支腿是否灵活。

（2）开眼

1）一名钻工站在工作面附近，掌握钎梢对准眼位，另一名钻工站在凿岩机后面，操作凿岩机和支腿。

2）开始时，缩短支腿，使支腿与底板之间的夹角保持在 80°~85°，以减小凿岩机的轴向推力，加大对凿岩机的支撑力，开小水量。

3）待钻进5~8 cm后，再开大水量，调整支腿位置（见图3—5虚线位置）以增加轴向推力。

（3）正常钻进

正常钻进时，只需单人站在凿岩机后面或侧面操作，无须人工加力，但应注意以下几点：

1）观察排粉情况并调节水量，水量随着钻眼深度增加，相应适当增加。

2）随时注意根据钻进情况调整支腿推力，推力过大容易卡钻，推力过小容易空钻。卡钻和空钻都会影响钻速。

3）保持钢钎与支腿在同一垂直面上。

4）眼深达到规定深度后，不要急于停水、停电。先停止支腿推进，让凿岩机空转，同时加大水量冲洗岩粉，然后拔钎。

5）拔钎时（见图3—6）不能停钻，一手操作凿岩机手把，另一手操作支腿手把，一边缩腿一边外拉凿岩机。当炮钎快拔出炮眼时，另一名工人托住钎梢拔出后，移向新眼位继续进行钻眼。

图3—5 开眼时的支腿位置

图3—6 拔钎

（4）收尾工作

整个钻眼结束后再停水停电，并将水管电缆盘绕好，随同凿岩机移到安全地点。

3. 常见故障处理

电动凿岩机的常见故障及处理方法见表3—4。

表3—4 电动凿岩机的常见故障及处理方法

故障类别	原因	处理方法
钻速降低	1. 钎尾尺寸不对 2. 冲击活塞气孔、气道堵塞 3. 压气活塞的活塞环损坏 4. 曲轴箱漏气 5. 缺油，运动阻力增大 6. 转钎机构失灵 7. 电动机运转不正常 8. 支腿推力过大或过小	1. 更换钎子 2. 清洗冲击活塞气孔、气道 3. 更换活塞环 4. 更换纸垫 5. 加油 6. 检修 7. 检修 8. 调整推力
冲击活塞阻力增大	1. 选用润滑油牌号不对 2. 进气阀芯上的进油孔被堵 3. 油箱缺油 4. 润滑油不清洁 5. 清洗不彻底	1. 应选用25号汽油机油 2. 拆开清洗 3. 油箱加满 4. 更换新油 5. 提高清洗质量

续表

故障类别	原因	处理方法
转钎无力或不转钎	1. 装配质量不好,转钎轴卡死 2. 棘丝装反,棘爪面磨圆 3. 塔形弹簧或复位弹簧断裂 4. 转钎轴断裂	1. 重装 2. 重装,更换棘爪 3. 更换弹簧 4. 更换转钎轴
电动机运转不正常	1. 电压低 2. 电缆过长,线路压降大 3. 电源频率低 4. 变压器容量不够 5. 电动机故障	1. 调到额定电压 2. 缩短电缆 3. 提高电动机电源频率 4. 应选用自身装有 5 kV · A 干式变压器的综合保护装置 5. 送修
电动机启动不起来	1. 传动件或控制开关损坏 2. 漏电、断电 3. 综合保护装置故障	1. 送修 2. 检修 3. 检修

三、液压凿岩机

液压凿岩机是以循环高压油为动力，驱动钎杆、钎头，以冲击回转方式在岩体中凿孔的机具。液压凿岩机一般安装在凿岩台车的液压钻臂上工作，可凿任何方位的炮孔，凿孔直径通常为 30~65 mm，适用于凿岩爆破法掘进的矿山井巷、硐室和隧道的凿孔作业，是一种新型、高效的凿岩机具。

液压凿岩机按操作方式可分为支腿式和导轨式两种，其中导轨式应用最广。导轨式液压凿岩机在凿岩台车钻臂的推进器上沿导轨推进凿岩。

由于油压比气压大得多，通常都在 10 MPa 以上，并有黏滞性，几乎不能被压缩，也不能膨胀做功，而且油可以循环使用，因此，液压凿岩机的构造与气动凿岩机的基本部分既相似，又有许多不同之处。液压凿岩机主要由冲击机构、转钎机构、蓄能机构和排屑机构等组成。

第二节 钻 眼 工 具

一、凿岩机钎子

钻眼工具是安装在钻眼机械上用以破碎岩石的工具，在凿岩机上使用的叫钎子。如图 3—7 所示，钎子由活动钎头 1 和钎杆 3 组成。钎杆后部的钎尾 6 插入凿岩机的转动套筒内，是直接承受冲击力与回转力矩的部分。钎尾前的钎肩 5 起限制钎尾进入凿岩机头的作用，并便于卡钎器卡住钎子，防止钎子从机头内脱出。钎杆中央有中心孔 4，用以供水冲洗岩粉。活动钎头与钎杆多采用锥形梢头 2 与钎头上的锥窝楔紧连接，锥度多取 1 : 8，即锥体角约为 3°30′。这种钎头与钎杆可以拆开的钎子，称为组合钎子。还有一种整体钎子，整体钎子与组合钎子的区别就在于它的钎头与钎杆是不能分开的，钎头直接在钎杆上锻制出来。

整体钎子的特点是传递冲击能量损失小，但钎头修磨时，钎子搬运工作量大。组合钎子可以更换钎头，可以提高钎杆的利用率，钎头修磨时可减少钎杆搬运量，并有利于专门工厂研制高质量的硬质合金钎头，以适用不同岩性和凿岩机对针头的需要。现场多使用组合钎子。

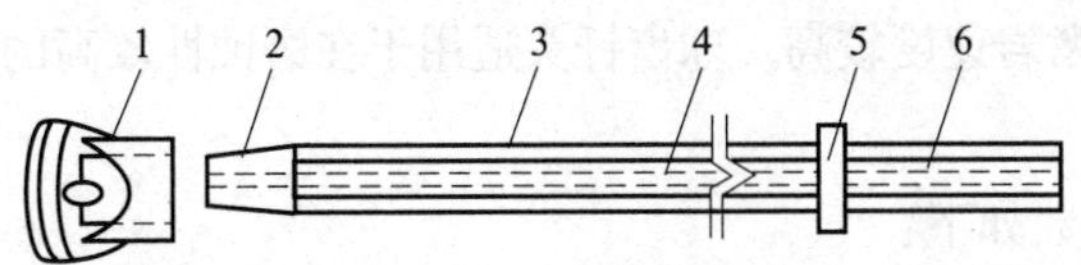

图 3—7　组合钎子

1—活动钎头　2—锥形梢头　3—钎杆　4—中心孔　5—钎肩　6—钎尾

1. 钎头

钎头是直接破碎岩石的部分，它的形状、结构、材质、加工工艺等是否合理，都直接影响凿岩效率和本身的磨损。

（1）钎头形状

钎头的形状较多，但是常采用的是一字形钎头和十字形钎头。成批生产的一字形钎头和十字形钎头，一般都镶有硬质合金片（见图 3—8a 和图 3—8b）。近年来，镶硬质合金齿的球齿钎头（见图 3—8c）已开始使用。

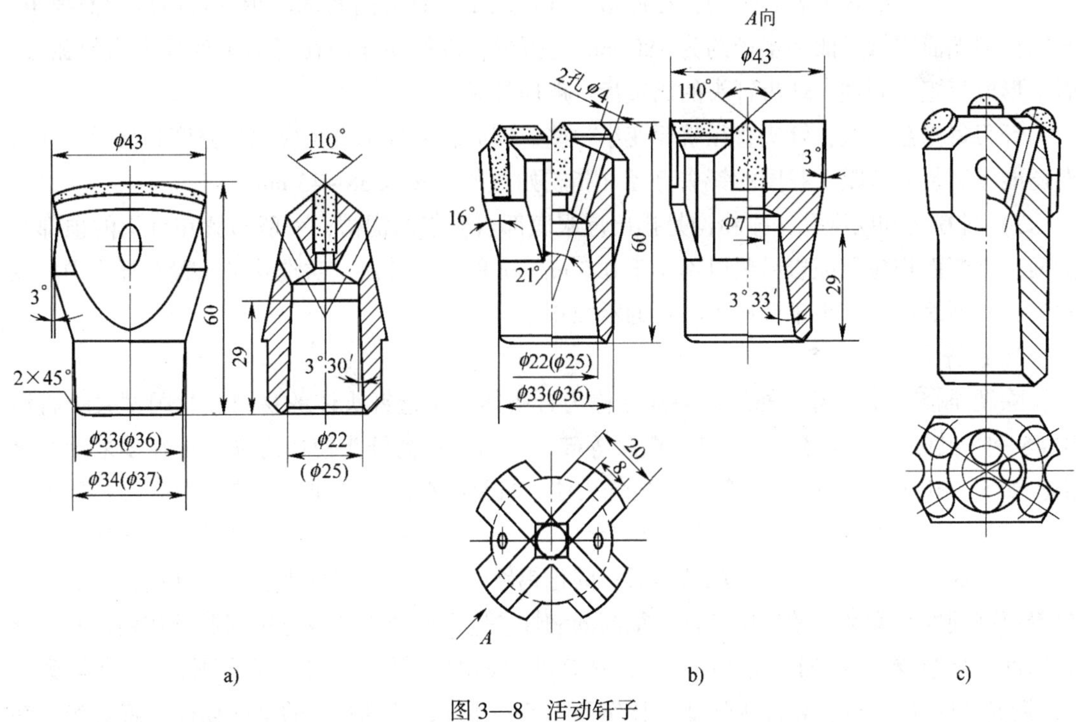

图 3—8　活动钎子

a）一字形钎头　b）十字形钎头　c）球齿钎头

一字形钎头的冲击力集中，凿入深度大，凿速较高，制造和修磨工艺简单，应用较广泛。一字形钎头的缺点是：凿裂隙性岩石时容易夹钎，直径磨损较快，有时凿出的炮眼不圆，开眼困难。

十字形钎头基本上能克服上述缺点，但与一字形钎头比较，其凿速一般较低，而且合金片用量大，制造与修磨工艺比一字形钎头复杂。

球齿钎头是近年来在我国开始使用的一种新型钎头。它是在钎头体上镶嵌几颗球形或锥球形硬质合金齿而成。它的优点是：可根据炮眼底面积合理布置球齿，使冲击能量在眼底均匀分布，以提高破岩效率，凿岩时开眼容易、不易夹钎、炮眼较圆、重复破岩少，岩屑呈颗粒状、较粗、粉尘少，耐磨、凿岩速度较高。球齿钎头适用于在磨蚀性较高的硬脆岩层中凿眼。

（2）钎头结构

钎头结构的主要参数如下：

1）刃角。刃角即钎头两个刃面的夹角。刃角小，易凿入岩石，凿眼速度快，但容易磨钝和碎裂；刃角大，可提高钎刃强度和耐磨性，却增加了钎刃凿入岩石的阻力，使凿眼速度降低。实践经验表明，软岩中刃角可以小些，以提高凿眼速度；硬岩中刃角应大些，目的在于减轻磨损和防止崩刃。实际上，刃角只在90°~120°变化，且多为110°。对于球齿钎头而言，在坚硬、磨蚀性较高的岩石中，宜采用球齿，在中硬或中硬以上、中等磨蚀性的岩石中，宜采用锥球齿。

2）隙角。隙角即钎头体两侧的侧角。它的作用是减少钎头与眼壁之间的摩擦和避免钎头卡在眼内拔不出来。钎头必须有隙角，但不能太大，否则会产生崩角和加剧钎头径向磨损。我国镶合金片钎头的隙角都是3°，球齿钎头隙角为7°左右。

一字形钎头的钎刃若是平的，在冲击荷载作用下，直刃的两端因承受弯曲应力而掉角。所以钎刃端面需做成曲率半径约为180 mm的弧形，以便使作用在钎刃上的反力指向弧心，而不形成弯矩。同理，球齿钎头的周边齿一般向外倾斜30°~35°。

钎刃每修磨一次，钎头直径就要变小一些。因此，新钎头直径应保证修磨到最后，炸药卷还能顺利装入炮眼。我国的钎头直径（指初始直径）多取38~43 mm。

3）排粉沟和吹洗孔。排粉沟是排出炮眼底部岩粉浆的沟槽，一般布置在钎头的顶部和侧面，其断面积应保证岩粉浆以不小于0.5 m/min的速度外流。吹洗孔可布置在钎头中心或两旁，其断面积不应小于钎杆中心孔的断面积。

（3）钎头材料

除硬质合金片（齿）外的钎头部分称为钎头体。制造钎头体的材料，我国过去一直沿用45钢，其缺点是容易产生胀裂、断腰等破坏。为了提高钎头使用寿命，现在多采用合金钢，如55SiMnMo、40MnMoV等来制造钎头体。虽然材料成本增加，但使用寿命大大提高。

镶焊在钎头上的硬质合金为钨钴类合金。它是将碳化钨粉末和钴粉末按一定比例配合混匀，压制成型，然后在高温下烧结而成。碳化钨硬度很高，但脆性大，它在硬质合金成分中起着提高硬度和耐磨性的作用。钴有很高的韧性，它在硬质合金成分中起黏结作用，并可提高韧性。烧结成的这种钨钴硬质合金，具有碳化钨的高硬度（仅次于金刚石）、高耐磨性（比钢高50~100倍）、高抗压强度（比钢高1.5~2倍），又具有钴的良好韧性。将它镶焊在钎头上，可以大大提高钎头的耐磨性和凿眼速度。

通常，硬质合金的含钴量大，韧性增大，硬度及耐磨性降低；含钴量小，硬度和耐磨性增高，韧性降低。同等含钴量的碳化钨，晶粒细则耐磨性好，晶粒粗则韧性好。

2. 钎杆

钎杆是承受活塞冲击力并将冲击力与回转力矩传递到钎头上去的细长杆体，在冲击时还会由于横向振动产生弯曲应力。故在凿岩过程中，钎杆承受着冲击疲劳应力、弯曲应力、扭转应力及矿坑水的侵蚀。

钎杆断面形状通常有中空六角形与中空圆形两种，而以中空六角形 *B*22、*B*25（*B* 指边到边尺寸，单位为mm）使用最多，中空圆形 *D*32、*D*38（*D* 指直径，单位为 mm）多用于重型导轨式凿岩机上。

用于制造钎杆的钢材称为钎钢。过去我国使用的是中空碳 7（ZKT7）和中空碳 8（ZKT8）等碳素工具钢，疲劳强度低，易产生裂纹，易折断，寿命较短。近十年来，开始推广使用中空合金钢，其钢种有中空 8 铬（ZK8Cr）、中空 55 硅锰钼（ZK55SiMnMo）、中空 35 硅锰钼钒（ZK35SiMnMoV）、中空 40 锰钼钒（ZK40MnMoV）等。它们具有强度高、抗疲劳性能好、耐磨蚀等优点，虽然价格较贵，但使用寿命要比碳素工具钢提高 3~5 倍，且提高了凿岩速度。所以，中空合金钢的使用场合越来越多。

3. 钎尾

钎尾（见图 3—9）是承受与传递能量的部位，钎尾规格和淬火硬度对凿岩速度有很大的影响。钎尾的长度与断面积应与配用的凿岩机转动套筒相适应。气腿式凿岩机钎尾长度一般为 108 mm。钎尾长度的偏差，国内外都一致规定为 ±1.0 mm，过长使活塞冲程缩短，降低了冲击功，过短使活塞冲击无力，都会降低凿岩速度。钎尾端面应平整，并垂直于钎杆中心轴线，以保证凿岩机活塞与钎尾完全对准冲击，使活塞冲击荷载均匀地分布在钎尾整个承载面上，这对于有效传递冲击荷载和延长机具寿命都很重要。如果因凿岩机转动套筒与钎尾的配合间隙偏大等原因而发生偏心碰撞，则除了使钎杆产生有害的横向振动与弯曲应力外，还将导致活塞与钎尾因承受集中荷载而破坏。钎尾的淬火硬度应略低于凿岩机活塞硬度，以保证两者具有较长的寿命。钎尾端面硬度一般控制在 49~55HRC。钎尾的中心孔预扩大到规定的深度，以保证水针顺时针插入钎尾，并在钎尾转动时不致将水针磨断。

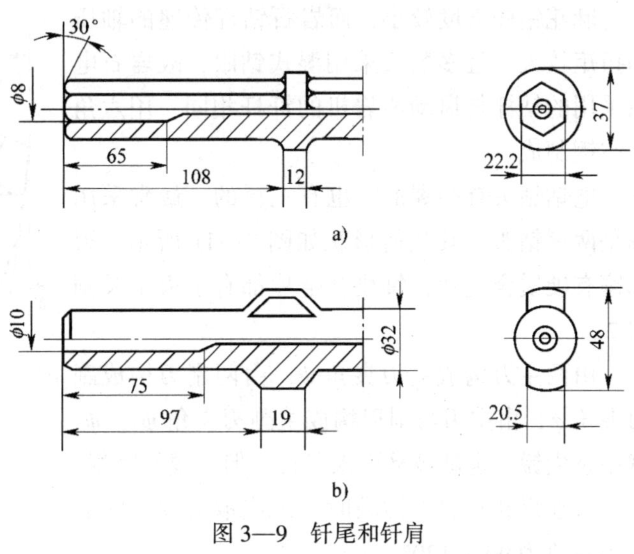

图 3—9　钎尾和钎肩
a）用环形钎肩的钎尾　b）用耳形钎肩的钎尾

4. 钎肩

钎肩形状有两种，六角形钎杆用环形钎肩，圆形钎杆用耳形钎肩，如图 3—9 所示。向上式凿岩机用的钎子没有钎肩，因机头内有限定钎尾长度的砧柱。

二、电钻钻具

煤电钻的钻具（见图 3—10）由钻头 1 和麻花钻杆 4 组成。钻杆前部的方槽 2 和尾孔 3 是用来插入钻头的，钻头插入后从尾孔上的小圆孔中插入销钉固定钻头。麻花钻杆尾部 5 车成圆柱形，用以插入电钻的套筒内。套筒前端有两条斜槽，可以卡紧在麻花螺纹上，以传递回转力矩。

煤电钻的麻花钻杆，是用菱形断面或矩形断面的 T7、T8 钢在加热状态下扭制而成。螺

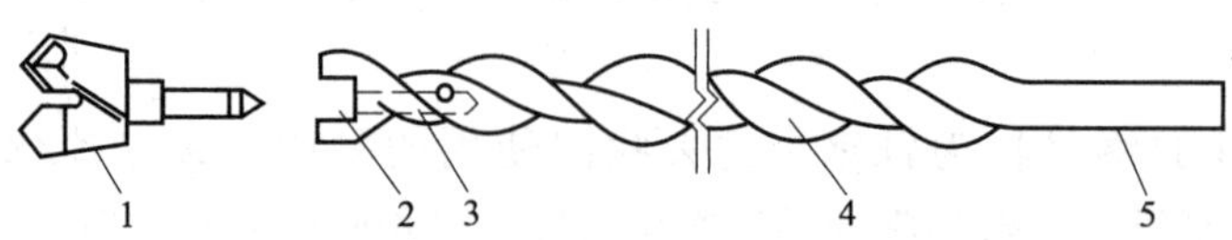

图 3—10 煤电钻钻具

1— 钻头 2—方槽 3—尾孔 4—麻花钻杆 5—尾部

纹方向与钻头旋转方向一致，所以麻花钻杆除了传递轴压和扭矩外，还能利用螺旋沟槽排出钻屑。

麻花钻杆强度较小，而岩石钻杆传递的轴压和扭矩较大，且多数又采用湿式钻眼，故岩石电钻采用的钻杆与风动凿岩机的钎杆相同，用六角中空钢制成。

电钻钻头有两翼的，也有三翼的。最常采用的是两翼钻头。其几何形状如图 3—11 所示，刃部镶有硬质合金片，每块合金片都有主刃 1 及副刃 2。

由两主刃构成主刃夹角 ψ，由两副刃构成副刃夹角 φ，由主刃与副刃构成主副刃夹角 ψ_1。ψ_1 越小越尖锐，也就越易压入岩石，但也越易磨损。因此，在煤和软岩中钻眼时，ψ_1 应取大些，它的大小一般为 90°~120°。

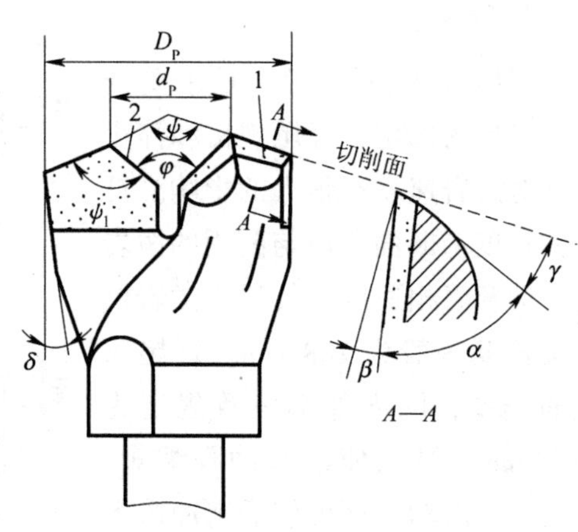

图 3—11 电钻钻头几何形状

1—主刃 2—副刃

从一个钻刃的剖面上（见图中 A—A 剖面）可以看出钻刃和切削面构成的几个角度如下：

刃角 α：α 越大，钻刃就越坚固耐磨；α 越小，钻刃就越锐利，越易压入岩石，但强度降低，磨损快。一般钻煤的钻头，α 取 60°最普遍，钻硬煤或岩石的钻头，α 可大至 90°。

后角 γ：它是为减少钻刃与眼底岩石之间的摩擦而设的。后角大则摩擦小，但钻翼的强度降低，所以后角不宜过大，一般为 5°~20°，但当前角 β 为负值时，后角可增大到 30°。

前角 β：如果 $\alpha+\gamma < 90°$，则 β 为正值；如果 $\alpha+\gamma > 90°$，则 β 为负值。钻煤时 β 约为 15°，而钻岩石时 β 可为 0°或负值。

为了减小钻头侧面与炮眼之间的摩擦，钻头体还应设有隙角 δ。

如图 3—12 所示为国产电钻钻头，从图中可以看出，岩石电钻的钻头刃角大，前角为负值，主副刃构成的几个角度均较大，还有两翼特厚、钻头体强度大等特点。另外，两刃尖（主、副刃所形成的顶尖）距中心不等，这样刃尖在孔底就可划出两条沟槽，能更有效地破碎岩石。在主刃和副刃上还磨出沟槽，使钻刃呈断续状，以便充分利用岩石的剪切破坏。钻头与钻杆用螺纹连接。

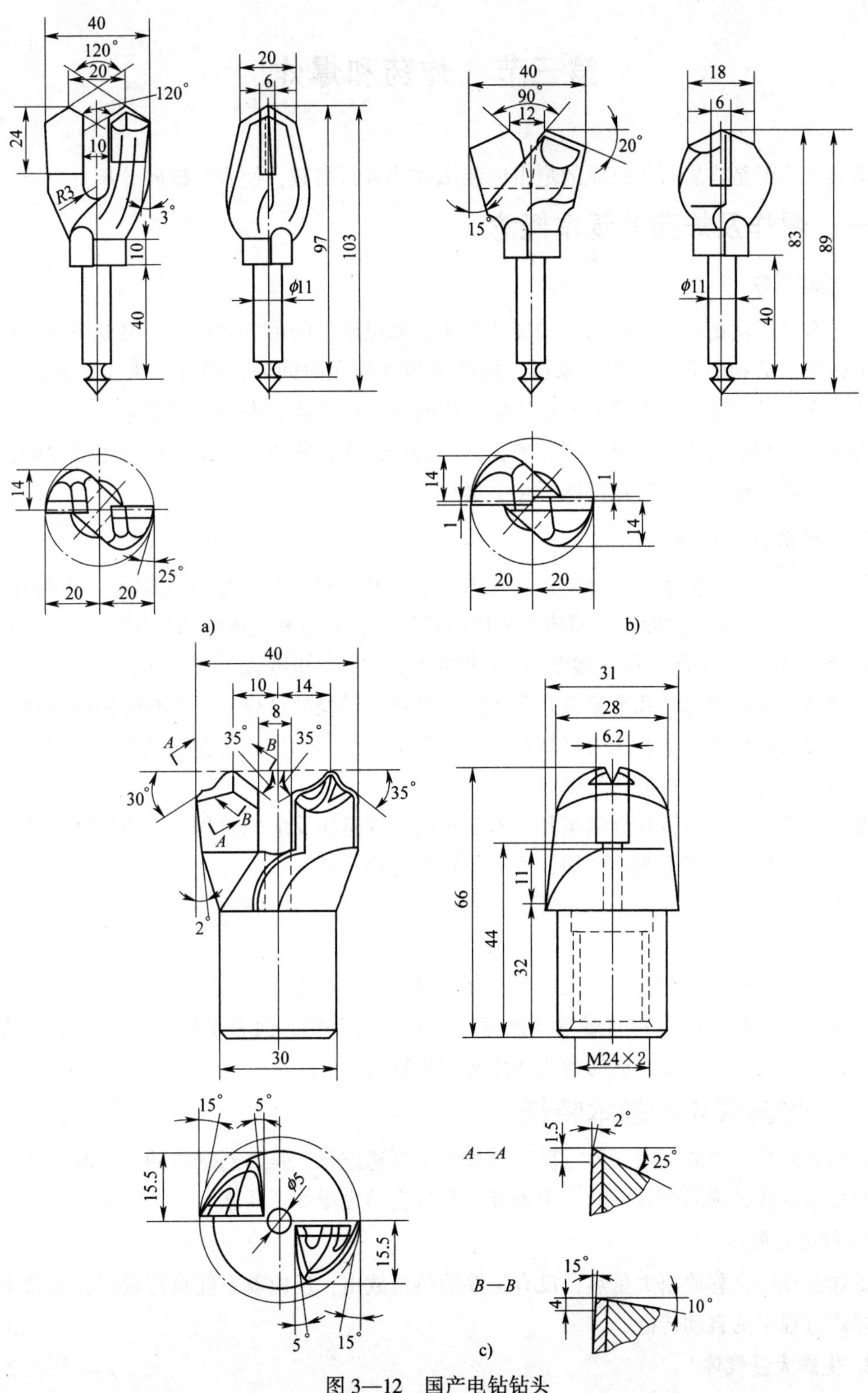

图 3—12 国产电钻钻头

a）煤层用钻头 b）软岩用钻头 c）岩石电钻用钻头

第三节　炸药和爆炸

爆破工作就是在岩石上打完的炮眼内装填炸药进行爆破，使岩石破碎分离。

一、爆炸及炸药的基本概念

1. 爆炸现象

人们常常喜欢把自然界中的一些突变现象，如煤矿中的沼气和煤尘等突变事故，用爆炸这一术语来概括和形容。从狭义来讲，爆炸是指在极短时间内，释放出大量能量，产生高温，并放出大量气体，在周围介质中造成高压的化学反应或状态变化的现象。

爆炸时，物质的化学成分不改变的，称为物理爆炸，物质的化学成分急速变化的，称为化学爆炸。煤矿中常见的爆炸都属于化学爆炸。

2. 炸药及其爆炸形式

凡是能迅速自行传播化学反应，并放出大量的热和气体的物质称为炸药。炸药有固体、液体（胶体）、气体三种形态。固体炸药使用最广泛，液体和气体炸药使用较少。

炸药的爆炸形式有三种：爆燃（迅速燃烧）、爆炸和爆轰（爆震）。

爆燃是指炸药以每秒几十米至几百米的速度进行燃烧的过程，并伴有微弱的响声。燃烧与外界压力关系很大，随着压力提高，燃速显著增加，例如黑火药在空气中慢慢燃烧，但在有限容器中燃速增加，可能转为爆炸。

爆炸是指炸药以每秒几百米至几千米变化的速度迅速反应的过程。反应速度与外界条件关系不大，爆炸点的压力突然增加，可以导致附近物体破坏。

爆轰是指炸药以每秒几千米的不变速度反应的过程，矿用炸药基本上是以这种形式出现的。

从本质来说，爆轰和爆炸并无不同之处，爆轰是等速爆炸的一种特殊形式，往往把二者统称为爆炸。爆炸（爆轰）与爆燃（速燃）具有很大差别，前者是以冲击波压缩炸药层而传播的，后者是以热传导扩散的形式在炸药中传播的。

二、炸药爆炸的基本特征

放出大量热、生成大量气体、反应过程必须高速进行，是炸药爆炸的三个基本特征，也是任何化学爆炸必须同时具备的三个条件，常称它们为爆炸三要素。

1. 放出大量热

爆炸过程中会释放出大量热，没有足够的热量放出，反应就不能自行延续，也就不可能出现爆炸过程中的自动传播。

2. 生成大量气体

炸药爆炸放出的热量必须借助气体介质才能转化为机械功。气体具有很大的可压缩性和膨胀系数，因此能在爆炸瞬间形成巨大的压缩能，并可在膨胀过程中将能量迅速转变为机械功，使周围介质受到破坏。

3. 反应过程必须高速进行

爆炸反应与一般化学反应的显著区别还在于反应过程的高速度。只有这样，爆炸反应的气体产物在尚未膨胀之前就被加热到 2 000～3 000 ℃的高温，使之达到数千甚至数万兆帕的高压。一般燃料，例如煤，在空气中燃烧可放出 8 918 kJ/kg 的热量，这比炸药爆炸时放出的热量（2 900～6 300 kJ/kg）多得多，然而却不能形成爆炸，原因在于一般燃料的燃烧过程进行缓慢，以致反应放出的能量大部分散失在空气中而无法达到较高的能量密度。相反，炸药爆炸反应速度极高，一个普通的小药卷在 10^{-6}～10^{-4}s 即反应完毕。因此可以认为，爆炸反应所放出的能量绝大部分聚集在爆炸前药包所占据的体积内，故其能量密度很高。

三、炸药及其分类

炸药是具备上述三要素的物质。确切地讲，炸药是在一定条件下，无须外界供氧，能够发生快速化学反应，放出能量，生成气体产物，显示爆炸效应的化合物和混合物。炸药的主要元素是碳、氢、氧、氮。炸药爆炸的过程也就是炸药中氢、碳原子的氧化过程。氧化时所需要的氧并不取自周围空气，而是炸药本身就含有的，这是炸药和燃料的重要区别。另外，炸药具有燃料所没有的高能量密度，单位体积的炸药放出的热量远比燃料多得多。

1. 按组成分类

炸药按其组成不同，可分为单质炸药和混合炸药。

（1）单质炸药

单质炸药是各组成元素以一定的化学结构存在于同一分子中的炸药。

（2）混合炸药

混合炸药是由两种或两种以上分子组成的混合物。工业炸药多为混合炸药，它可以根据对炸药性能的要求调配不同的组分。

2. 按用途分类

炸药按其用途不同，又可分为起爆药、猛炸药和发射药（火药）。

（1）起爆药

这类炸药的特点是在很小的外界能量（如加热、火焰、摩擦、机械冲击等）作用下就能爆炸，故常用作雷管的起爆药。起爆药有雷汞、氮化铅、二硝基重氮酚等。由于二硝基重氮酚的原料来源广，生产工艺简单、安全，成本较低，而且具有良好的起爆性能，所以从20 世纪 60 年代以后，我国在工业雷管中基本都用它作为起爆药。

（2）猛炸药

这类炸药对外能的敏感程度比起爆药低，但爆炸威力很大，主要用作起爆器材的加强药和作为改善炸药性能的附加成分。

（3）发射药（火药）

在军事上，常利用火药稳定燃烧时产生的推力发射火箭、炮弹等；在工业上，发射药主要用来制造起爆器材，如用黑火药做导火索药芯等。

第四节 矿 用 炸 药

一、煤矿炸药分类

煤矿炸药是一种爆炸混合物，由两种以上不相联系的物质组成。一种是含氧多的物质，另一种是可燃物质，称为混合炸药。

煤矿不同于其他部门，具有水、沼气、煤尘爆炸危险，对炸药有以下特殊要求：

- 保证运输、保管和使用安全，理化性能稳定，储存期不变质或自动爆炸。
- 爆炸生成有害气体少。
- 有足够的爆炸威力，能被普通工业雷管引爆。
- 品种多，适用于各种条件，价格低廉。

煤矿炸药可分为两大类：硝铵类炸药和硝化甘油类炸药。硝化甘油类炸药因为使用不安全而且有毒，在有煤尘沼气爆炸危险的地点禁止使用。硝铵类炸药是煤矿使用的主要炸药。

硝铵类炸药中，煤矿井下多采用铵梯炸药（见表3—5），近年来研制使用抗水浆状硝铵炸药和乳化炸药。

1. 铵梯炸药

铵梯炸药的成分为硝酸铵、梯恩梯、木粉、石蜡和沥青、食盐。

硝酸铵是铵梯炸药的主要成分，其本身就是一种感度很低的弱炸药。硝酸铵为白色晶体，易吸潮变硬结块，在密封容器中迅速加热到260~280 ℃时，即可发生爆炸。

梯恩梯是敏感剂，用以提高铵梯炸药的感度。梯恩梯本身是一种猛炸药，为淡黄色有毒片状结晶，不溶于水，在空气中可以平静燃烧，但在密闭状态或大量燃烧时，会转变为爆炸。

木粉是松散剂，又是可燃剂，用以延缓炸药结块并改善炸药爆炸性能。

石蜡和沥青是抗水剂，又是可燃剂，用以阻滞硝酸铵吸潮并改善炸药的爆炸性能。

食盐是消焰剂，本身不参加爆炸反应，能阻滞沼气的爆炸反应。

表3—5　铵梯炸药的成分和主要性能

炸药名称	成分及含量(%)						爆力(cm^3)	猛度(mm)	殉爆距离(cm)	含水量(%)	使用期(月)	备注
	硝酸铵	梯恩梯	木粉	食盐	石蜡	沥青						
一号岩石铵梯	82±1.5	14±1.0	4±0.5				>350	>13	>6	>0.3	6	限用于无沼气或煤尘爆炸危险地点
二号岩石铵梯	85±1.5	11±1.0	4±0.5				>320	>12	>6	>0.3	6	
二号抗水岩石铵梯	85±1.5	11±1.0	4±0.5		0.4	0.4	>320	>12	>4/3	>0.3	6	
三号抗水岩石铵梯	86±1.5	7±1.0	3.2±0.5		0.5	0.5	>320	>12	>3/2	>0.3	6	

续表

炸药名称	成分及含量(%)						爆力 (cm^3)	猛度 (mm)	殉爆距离 (cm)	含水量 (%)	使用期 (月)	备注
	硝酸铵	梯恩梯	木粉	食盐	石蜡	沥青						
一号煤矿铵梯	68±1.5	15±0.5	2±0.5	15±1			>290	>12	>6	>0.3	4	一号、二号限用于低沼气矿井。三号可用于高沼气矿井
二号煤矿铵梯	71±1.5	10±0.5	4±0.5	15±1			>250	>10	>5	>0.3	4	
三号煤矿铵梯	67±1.5	10±0.5	3±0.5	20±1			>540	>10	>4	>0.3	4	
一号抗水煤矿铵梯	68.5±1.5	15±0.5	1±0.2	15±1	0.25	0.25	>290	>12	>5/3	>0.3	4	
二号抗水煤矿铵梯	72±1.5	10±0.5	2.2±0.5	15±1	0.4±0.1	0.4±0.1	>250	>10	>4/3	>0.3	4	
三号抗水煤矿铵梯	67±1.5	10±0.5	2.6±0.5	20	0.2	0.2	>240	>10	>3/2	>0.3	4	加入轻柴油（3.4±0.5）%
二号煤矿铵油	78.2±1.5		3.4±0.5	15±1			230	>8	3/2	0.3		
一号煤矿铵沥蜡	81±1.5		7.2±0.5	10±0.5	0.9±0.1	0.9±0.1	240	>8	3/2	0.3		

注：殉爆距离项内，分子表示浸水前的殉爆距离，分母表示浸水后的殉爆距离。

铵油炸药和铵沥蜡炸药中，不含高价的梯恩梯，主要成分是硝酸铵，另外加入价低的石蜡、沥青、轻柴油，所以价廉、加工方便、使用安全，广泛用于露天爆破。

2. 浆状炸药

浆状炸药的主要成分为硝酸铵，也属于硝铵类炸药。浆状炸药是以氧化剂（硝酸铵）水溶液、敏感剂（梯恩梯）和胶凝剂（皂角胶、木薯胶、田薯胶）为基本成分的混合炸药。浆状炸药外观呈浆状，因此得名。

近年来，煤炭系统研究了用雷管起爆的小直径浆状炸药，适用于煤矿井下无沼气、煤尘爆炸危险的工作面。

这种炸药的主要优点有以下几方面：

（1）抗水性强，具有塑性，因此炮眼装药密度大。

（2）密度大，一般为 1.1~1.6 g/cm^3，可使炮眼装药量增加，从而减少炮眼数。

（3）安全性好，由于炸药中含有大量的水，对火花、冲击、摩擦不敏感。

（4）生产工艺简单，使用时可用泵输送。

但是，浆状炸药还存在组织成分复杂、爆轰感度低、成本高的问题。

3. 乳化炸药

乳化炸药是近年来发展起来的新品种，它抗水性好，爆炸性能好，有害气体少，成本低，能抗管道效应，可用于深孔爆破，成分中不含猛炸药，故有生产、运输、使用过程安全可靠、原料广泛等优点，很值得推广使用。经徐州某矿井下岩巷、半煤岩巷掘进实验表明，乳化炸药爆破效果良好，尤其是岩巷掘进，炮眼利用率一般都在 85% 以上。

乳化炸药是硝酸盐（硝酸铵、硝酸钠）和其他添加剂组成的水相溶液与矿物油及其他可燃剂组成的油相溶液，经过乳化和敏化（珍珠岩为敏化剂）制成，其中水相溶液一般占80%~90%，见表3—6。由于乳化炸药生产工艺不完善，限制了大量生产和使用。现有厂家把塑料袋装药改成纸壳硬装药卷，颇受用户欢迎。

表3—6　　乳化炸药的成分和性能

成分和性能	乳化炸药的品种				
	乳化二级煤矿	乳化三级煤矿	乳化岩石型	乳化岩石型（ϕ25 mm）	乳化高威力
硝酸铵(%)	60.7	48~56.0	62.7~63.3	62.7~63.3	62.7~63.3
硝酸钠(%)	12.0	12.0	12.0	12.0	12.0
尿素(%)	0.5~2.0	0.5~2.0	0.5~2.0	0.5~2.0	0.5~2.0
高氯酸铵(%)	2.0	2.0	2.0	4.0	4.0~8.0
水(%)	12.0	12.0~13.0	11.0~12.0	11.0~12.0	11.0~12.0
乳化剂(%)	1.0~1.2	1.0~1.2	1.0~1.2	1.0~1.2	1.0~1.2
机油(%)	1.0	0.7~1.5	1.0	1.0	1.0
珍珠岩(%)	4.0	3.5~4.0	4.0	4.0	4.0
石蜡(%)	3.3	2.3~3.0	3.0~3.3	3.0~3.3	3.0~3.3
密度(g/cm^3)	1.0~1.2	1.0~1.2	1.0~1.2	1.0~1.2	1.0~1.2
殉爆度 cm	≥2.0	≥2.0	≥3.0	≥3.0	≥3.0
爆速(m/s)	≥3 100	≥3 000	≥3 200	≥3 500	≥4 500
猛度(mm)	≥12.0	≥12.0	≥12.0	≥12.0	≥18.0
爆力(cm^3)	≥290	≥240	≥290	≥290	≥00

4. 水胶炸药

水胶炸药是一种含水炸药，其常态呈凝胶状，它是由硝酸铵为主的水溶液作为氧化剂，以硝酸甲胺外加胶凝剂、密度调节剂和交联剂等制成的含水炸药。其组成和结构与浆状炸药大致相同，由于它具有很多粉状工业炸药无法比拟的优点，因此发展特别迅速。

水胶炸药出现于20世纪50年代中期，60年代后已发展完善，得到广泛使用。它抗水性强、密度高、威力大、生产使用安全，尤其可做成小直径（50mm以下）药卷，作为各种矿山爆破用药。水胶炸药已逐渐取代硝化甘油系炸药和铵梯炸药，成为工业炸药的重要品种之一。

水胶炸药与浆状炸药的主要差别在于它所采用的敏化剂为水溶性的硝酸甲胺和硝酸三甲胺等，这样的敏化剂分散均匀，提高了药卷的起爆感度，降低了爆轰的临界直径，从而可制成小直径的对雷管敏感的药卷。其制造工艺与浆状炸药相似。

水胶炸药分为岩石水胶炸药和煤矿许用水胶炸药。岩石水胶炸药具有爆炸威力大，抗水性能好，运输、保管和使用安全，对机械作用、火花均不敏感，有毒气体少，生产工艺简单，价格低廉等优点。岩石水胶炸药为高威力炸药，适用于地面爆破，尤其适用于有水、岩石坚硬的深孔爆破。煤矿许用水胶炸药与岩石水胶炸药的组成成分、特点、加工过程基本相同，只是在组分中加入一定量的食盐、氯化铵等消焰剂，制成对瓦斯安全性不一样的煤矿许用水胶炸药，共分五级，常用的有一、三级煤矿许用水胶炸药。

5. 被筒炸药

以二号煤矿铵梯炸药的药卷做药芯，装入直径42 cm的石蜡筒内，在药卷与纸筒间填满粉状食盐，再封口成单个药卷，这样制成的炸药称为被筒炸药。

被筒炸药消焰剂含量可高达药芯质量的50%，当被筒炸药爆炸时，被筒内的食盐变成一层细粉状的帷幕，将爆炸点笼罩起来，使之与瓦斯隔离，具有相当高的安全性，可用于高瓦斯矿井和煤与瓦斯突出矿井中。但是，由于被筒炸药价格高，威力小，所以多数应用于爆炸堵塞的溜煤（矸）眼和煤仓。

二、煤矿炸药的主要性能

为了根据不同的爆炸条件，选用适用的炸药，检查炸药的质量，保证储、运、使用中的安全，必须了解炸药的有关性能，这些性能为爆力、猛度、爆速、殉爆度和感度。

1. 爆力（威力）

爆力是指炸药爆炸后在介质内部产生的对介质整体的压缩、破坏和抛移，通常用铅铸扩孔值（cm^3）表示。炸药爆炸生成的气体越多、放热量越多，则爆力越大。

2. 猛度

猛度是指炸药破坏与其相接触的物体的能力，这种破坏作用是爆炸产物猛烈冲击的结果。破坏作用的程度，决定于炸药初冲量的猛烈程度。因此，猛度就是炸药爆炸时初冲量的猛烈程度，可用炸药的冲量或爆速表示，通常用铅柱压缩值（mm）表示。

如上所述，炸药的爆力是表示总的破坏能力，即做功的能力；猛度则是炸药的局部破坏能力，即冲击的猛烈程度。在爆破作业中，对于硬岩，应采用猛度大的炸药；对于软岩或煤层，应采用猛度小、爆力大的炸药。

3. 爆速

爆速是炸药起爆后，整个炸药包完成爆炸过程的速度，即爆轰波沿炸药传播的速度，以m/s表示。

在一定范围内，随着炸药卷的直径和密度的增加，爆速相应增加。但是，当药卷的直径超过一定极限值，爆速不再增加，往往由于密度过大，会出现拒爆，即所谓“压死”现象。

4. 殉爆度

殉爆是指一个炸药卷（主药卷）爆炸时，带动不相接触的相邻炸药（副药卷）爆炸的现象。殉爆度是指连续三次出现殉爆的两个炸药包之间的最大距离。

殉爆度的大小，反映了炸药对爆炸能的感度，是检查炸药质量是否合格的标准之一。

殉爆度除决定于炸药本身的性能外，还受炸药卷的密度、药量、药卷直径和外壳等影响。如主药卷的密度、药量、直径大，有坚固的外壳，则殉爆度可以增大。

5. 感度

感度是指炸药在外界能量的作用下爆炸的难易程度。

外界能量对炸药作用的主要形式有热感度、机械感度、起爆感度和静电感度。

（1）热感度

热感度是指炸药对明火和温度的敏感程度。有些炸药在明火作用下只发生燃烧，而有些炸药遇火即爆炸，所以炸药都应防火。温度的增加使炸药分解加快，可能导致爆炸或燃烧，这种事故不乏其例。因此，炸药储存都应有良好的通风设施。

(2) 机械感度

机械感度是指炸药对冲击、摩擦作用的敏感程度。炸药在冲击、摩擦作用下，往往引起爆炸，所以炸药在生产、储运和使用过程中，应防止冲击。

(3) 起爆感度

起爆感度就是上述的殉爆度。

(4) 静电感度

炸药大都是绝缘质，它的颗粒间和其他物体的摩擦都能产生静电，其电压可达到数百到数千伏。在静电放电时的火花作用下，引起炸药爆炸的难易程度称为静电感度。经验表明，静电是爆炸事故的重要隐患之一，但又往往被人们忽视。因此，在搬运使用炸药时要轻拿轻放，减少摩擦，炸药用设备要良好接地。

第五节　起爆材料

一、雷管

雷管是爆破工程的主要起爆材料，它的作用是产生起爆能，引爆各种炸药及导爆索、传爆管。雷管分为火雷管和电雷管两种。煤矿井下起爆均采用电雷管，所以本节只介绍电雷管。

电雷管分为瞬发电雷管和延期电雷管，延期电雷管又分为秒延期电雷管和毫秒延期电雷管。

1. 瞬发电雷管

瞬发电雷管（见图 3—13）由管壳、起爆药、加强药、加强帽及电点火装置等组成。管壳过去多用铜制，现绝大多数已改用纸制圆筒。起爆药用二硝基重氮酚。加强药的作用是增加雷管的起爆威力，我国多用黑索金。由于纸筒是无底的，故在下层加强药中加少许石蜡，使它钝化，用以代替管底。在底部还有圆锥形或半球形的聚能穴。加强帽由金属薄板冲压而成，其作用是配合管壳封闭雷管内的装药，减少起爆药的暴露面积，防止起爆药受潮，并可在雷管中形成一个密闭小室，以利于起爆药爆炸时增长压力，从而提高雷管的起爆能力。

电点火装置有两种形式。一种是在两个脚线的末端焊上一段长约 4 mm 的桥丝，桥丝直接插入松装的二硝基重氮酚中，称为直插式。它没有加强帽，这对雷管的起爆能力不太有利，故往往需要将起爆药量增大些。另一种是引火头式，桥丝周围涂有引火药并制成圆珠状的引火头（可由氯酸钾、木炭、二硝基重氮酚、骨胶制成），桥丝在电流作用下发热，点燃引火头，火焰穿过加强帽中心孔，使起爆药爆炸。点火装置插入管壳后，灌硫黄或用聚乙烯封固。这种电雷管通电后就立刻爆炸，故称瞬发电雷管。

2. 秒延期电雷管

通电后还要经过一段延期时间才爆炸的电雷管称为延期电雷管，延期时间以秒为单位计量的，称为秒延期电雷管。

秒延期电雷管的构造（见图 3—14a）与瞬发电雷管基本相同，所不同的是，在引火头与起爆药之间装有一段精制的导火索作为延期药，用精制导火索的长度来控制延期秒量。

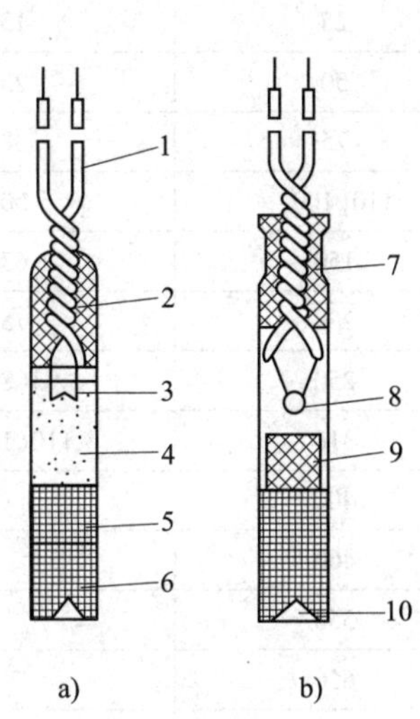

图 3—13 瞬发电雷管构造

a）桥丝插入起爆药的直插式电雷管 b）引火头式电雷管

1—脚线 2—硫黄封口 3—桥丝 4—起爆药

5—加强药 6—钝化加强药 7—塑料塞

8—引火头 9—加强帽 10—聚能穴

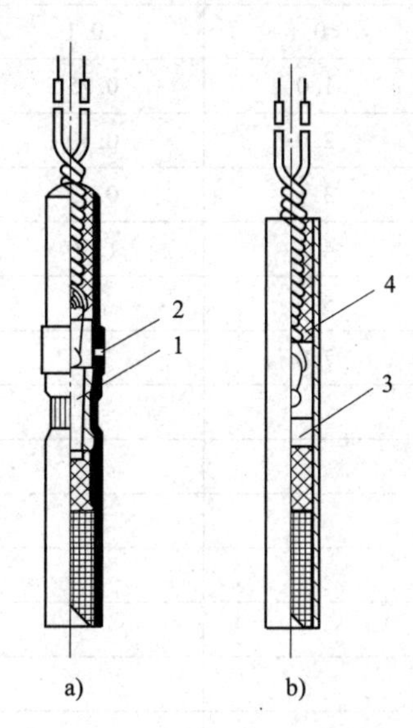

图 3—14 延期电雷管构造

a）秒延期电雷管 b）毫秒延期电雷管

1—导火索 2—排气孔 3—延期药 4—延期内管

为使导火索燃烧时所产生的气体及时排出，以免压力升高而影响燃速，在电引火头周围的管壳上开有排气孔。为防止受潮，排气孔用蜡纸密封。

3. 毫秒延期电雷管

毫秒延期电雷管与秒延期电雷管的不同之处就在于延期药的组分与延期秒量。毫秒延期电雷管的延期时间更精确，是以毫秒为单位来计量的。

国产毫秒延期电雷管的构造如图 3—14b 所示。延期内管的作用是固定和保护延期药，并作为容纳延期药燃烧时产生的气体的空间，以保证延期药在压力基本不变的情况下稳定燃烧。

毫秒延期电雷管常用的延期药配方有两种：

（1）硅铁、铅丹、硫化锑、硅藻土。

（2）过氧化钡、硫化锑、硅藻土。

毫秒延期电雷管各段的延期时间，通过调节药量和硅铁颗粒的大小来控制。硅藻土在延期药中起吸收剂的作用，它吸收延期药燃烧时产生的大量气体，减小气体压力，保证延期秒量稳定。

国产延期电雷管的延期时间见表3—7。

表3—7　国产延期电雷管的延期时间

段别	延期时间(s)			延期时间(ms)	
				毫秒延期电雷管	
	秒延期电雷管	$\frac{1}{4}$秒延期电雷管	半秒延期电雷管	第一系列	第二系列
1	<0.1	<0.1	<0.1	<13	<4
2	1.0	0.25	0.5	25	13
3	2.0	0.50	1.0	50	25
4	3.1	0.75	1.5	75	38
5	4.3	1.00	2.0	110(100)	50
6	5.6		2.5	150	63
7	7.0		3.0	200	75
8				250	93(88)
9				310	110(100)
10				400	
11				460	
12				550	
13				650	
14				760	
15				880	
16				1 020	
17				1 200	
18				1 400	
19				1 700	
20				2 000	

注：括号内数字为煤矿许用毫秒雷管的延期时间。

准许在有沼气或煤尘爆炸危险的工作面使用的电雷管称为煤矿许用电雷管。煤矿许用电雷管必须在爆炸箱内进行引爆安全性的检验。目前实际情况是，瞬发电雷管、毫秒延期电雷管第一系列的前五段和第二系列的九段均作煤矿许用电雷管使用。

上述各种电雷管都有可能因杂散电流影响而发生早爆，造成事故。杂散电流在井下多由设备漏电、三相不平衡产生，它有时可能沿岩石或金属传播得相当远。这时位于两点（如岩石与铁轨、岩石与积水或岩石上相隔一定距离的两点）之间的电压，有可能达到使雷管爆炸的数值。因此，井下爆破工作必须养成将两个线头随时扭在一起的习惯，直到连线时才可将它们解开。杂散电流严重的矿山（例如铁矿），在敷设爆破电路之前甚至要停电。我国已研制成一种抗杂散电流雷管，它的桥丝用的是直径60 μm的铜丝，单发长时通以2.8 A的电流也不会爆炸，所以具有抗杂散电流的能力。这种雷管的生产工艺与普通雷管一样，爆破网路的设计与检查也不困难，只需要用高压发爆器起爆。

二、导爆索和继爆管

导爆索是以猛炸药为药芯，外面缠绕数层纱线、纸条而制成的有两层防潮层的绳索状起爆材料。它分为普通导爆索和安全导爆索（加裹一层食盐）两类。

国产导爆索以黑索金为药芯，药量不小于 12 g/m，普通导爆索外径不大于 6.2 mm，爆速不低于 6 500 m/s，安全导爆索外径不大于 7.3 mm，爆速不低于 6 000 m/s。

导爆索起爆是先由雷管爆炸引爆导爆索，再由导爆索引起炸药爆炸。起爆炸药群时，可将导爆索敷设成网路。由于导爆索爆速很高，无论采取哪种网路形式，都能使各炸药几乎同时爆炸。为达到毫秒延期起爆的目的，可在导爆索网路中安置继爆管。

继爆管实际上是由消爆管和不带点火装置的毫秒延期雷管所组成，其结构如图 3—15 所示。对单向继爆管而言，起爆导爆索 1 爆炸的冲击波和高温气体产物通过消爆管 3 和减压室 4 后，压力和温度下降，形成一股热气流，它可以点燃延期药 5，又不致击穿延期药而发生早爆。经过若干毫秒后，延期药引爆起爆药 6 和加强药 7，从而引爆连接在尾部的导爆索 8，实现了毫秒延期起爆的目的。单向继爆管首、尾两端的导爆索不可接错，否则会拒爆。另有双向继爆管，其消爆管两端都装有延期药和起爆药，两个方向均可传爆，使用时不会因方向接错而拒爆，但消耗的材料比单向继爆管几乎多出一倍。

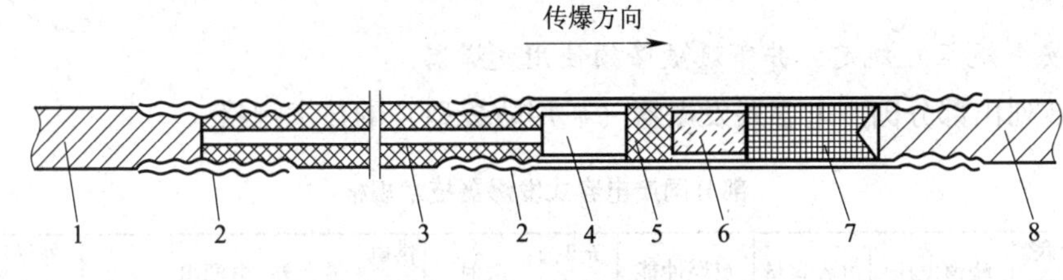

图 3—15 单向继爆管

1—起爆导爆索 2—连接套 3—消爆管 4—减压室 5—延期药 6—起爆药 7—加强药 8—导爆索

用导爆索起爆，药包内无雷管，装药与处理瞎炮时，安全性高。在炮眼内，若沿装药全长敷设导爆索，能消除间隙效应，有利于深孔爆破，不受杂散电流影响，但价格昂贵，也不能用仪表检测起爆网路的质量。

导爆索多用于露天孔爆破和硐室大爆破中。近年来，煤矿爆破作业中出现了深孔爆破等新技术，相应提出了使用导爆索起爆问题。但矿井下不准使用普通导爆索，只能使用安全导爆索。

三、导爆管

导爆管是一根内壁涂有薄层炸药的塑料软管。软管外径为 3 mm，内径为 1.5 mm，炸药可采用奥托金与铝粉的混合物或黑索金与铝粉的混合物，药量为 20 mg/m。导爆管不能直接起爆炸药，只能起传爆作用，起爆炸药仍需要一个起爆雷管。

导爆管的作用原理是：当爆枪（或导爆管、雷管）对着管腔激发时，在管腔中产生冲击波，管壁的炸药受冲击波的作用发生反应，给冲击波补充能量，从而使冲击波稳定地传播，速度达 2 000 m/s。

第六节　电雷管起爆法

电雷管起爆法简称电爆法，它利用电流通过联成网路的各个电雷管，使电雷管爆炸，从而引爆各炮孔内的炸药。

一、起爆电源

起爆电源应供给电爆网路中各雷管足够的准爆电流。最常用的起爆电源是发爆器与照明线或动力线路电源。

1. 发爆器

发爆器有发电机式和电容式两类，但现在使用的几乎都是电容式的。

电容式发爆器种类和规格很多，但基本原理大体一致，即利用晶体管振动电路将数节干电池的直流电流改变为振荡交变电流，然后经变压器升压，再经整流为直流电，给主电容器充电。当充电达到额定电压时，指示氖光灯发出红光，就可接通电爆网路，使主电容器放电而引爆雷管。

相关法规

《煤矿安全规程》规定、井下爆破必须使用发爆器。

表 3—8 列出部分国产电容式发爆器（矿用防爆型）的技术规格。

表 3—8　　部分国产电容式发爆器技术规格

型号	串联引爆能力(发)	峰值电压(V)	电容容量(μF)	点燃冲能($A^2 \cdot ms$)	充电时间(s)	限时方式	供电时间(ms)	最大外电阻(Ω)	电源电压(V)	外壳	外形尺寸：长×宽×高(mm)	质量(kg)
MFB-50	50	≥800	30×2	>18	<15	毫秒开关	4~6	170	4.5	铝	202×135×55	1.6
MFB-80A	80	950	40×2	27	<5	毫秒开关	4~6	260	6	玻璃钢	155×95×80	2
MFB-80	80	1 000	40×2	28	<30	毫秒开关	3~6	260	6	玻璃钢	195×135×49	1.8
MFB-100	100	1 800	20×4	≥18	<15	毫秒开关	4~6	320	4.5	玻璃钢	216×144×55	1.8
MFJ-100	100	900	40×2	>30	<12	毫秒开关	3~6	320	6	铝	105×80×165	3
FR_{81}-150	150	1 800~1 900	30×4	>20	<30	毫秒开关	2~6	470	4.5	铝	186×118×90	2.5

2. 照明或动力线路电源

相关法规

《煤矿安全规程》规定：开凿或者延深通达地面的井筒时，无瓦斯的井底工作面中可以使用其他电源起爆，但电压不得超过 380 V，并必须有电力起爆接线盒。

对于三相四线制的交流电，它的中线是接地的。如果装药时不慎擦破了雷管脚线绝缘皮，或裸露的接头碰到岩石或金属器件上，就与中线经大地短路。这时如果开关有少许漏电，虽然电阻很大，但由于通电时间长，也有可能使个别雷管达到发火电流而造成早爆事故。为此，电力起爆接线盒的开关应设两重，而且应尽可能放在地面，炮响以后，立即拉开并封锁起来，锁闭的钥匙必须由爆破工随身携带，不得转交别人。

二、电爆网路的连接方式及其计算

井巷掘进时，电爆网路的连接方式有串联、并联、串并联几种。

串联电路是将各雷管灌脚线连续地一个接一个连在一起，最后连到起爆母线上（见图3—16a)。这种连接法电路的总电流小，适用于发爆器起爆。母线电阻稍大，影响不太显著。电路便于用导通表检查，连线容易操作，在沼气矿井使用安全。因此它是煤矿井下最常用的连接网路。这种连接方式的缺点是一发雷管断路就会导致全部拒爆，因此在装药之前必须对全部雷管做导通检查。

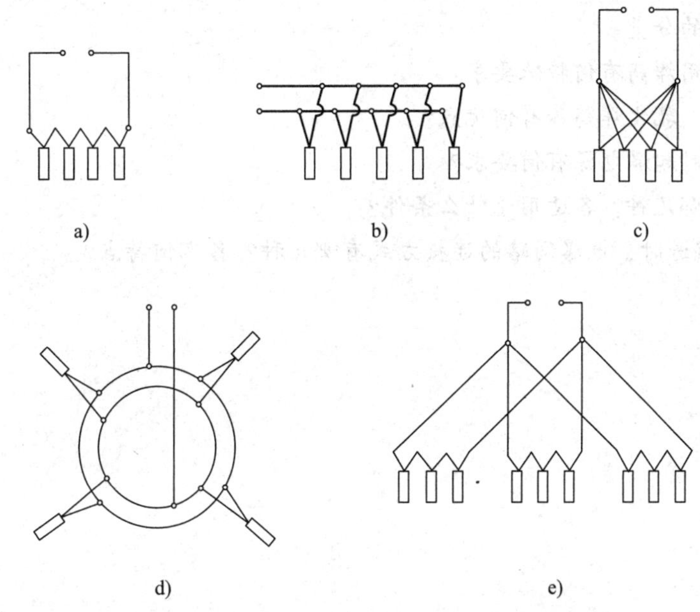

图3—16 电爆网路连接方式

a）串联 b）分段并联 c）并簇联 d）闭合反向分段并联 e）串并联

并联电路是将各个雷管的两根脚线分别连接到两根连接线上或母线上。这种连接法又可分为分段并联和并簇联两种（见图3—16b和图3—16c)。并簇联（俗名“两把抓”）的连线特别迅速方便，但需要雷管脚线稍长才能连到一起。分段并联由于连接线有一定的电阻，容易使电流分配不均，只在掘进断面特大（例如立井的开凿或延深）时才使用。使用分段并联应尽量设法减小连接线的影响，简单的办法是使用闭合反向电路（见图3—16d)。并联电路连接好后，若有个别雷管不导通，不易用仪表查出，但是它不会影响其他雷管的准爆。这种电路需要的总电流大，必须使用线路电源起爆，并且容易产生外漏火花，在沼气矿井中使用不安全。母线电阻、接头质量及电源内阻对并联电路的准爆都有较大影响，所以必须使用断面足够大的母线，并仔细接好每个接头。

串并联电路（见图3—16e）是将若干个雷管先行串联起来组成一个串联组，然后再将各组并联起来的连线方法。它的突出优点是在同样条件下能起爆的雷管数最多，缺点是连线复杂，容易出错。使用串并联电路有几个要注意的地方，首先就是各组串联的雷管数应完全相等，其次是所有并联处应尽量采用并簇联或闭合反向分段并联，此外，母线断面要大一些，接头质量要好。串并联电路一般也应使用线路电源起爆。

思考练习题

1. 凿岩机有哪些类型？
2. 简述气动凿岩机的破岩原理。
3. 凿岩机常用的钎头有哪几种？各有何优缺点？
4. 何谓炸药？炸药爆炸三要素是什么？
5. 简述炸药的分类。
6. 对煤矿使用炸药有何特殊要求？
7. 水胶炸药、乳化炸药各有何优点？
8. 煤矿爆破对起爆电源有何要求？
9. 电雷管有哪几种？各适用于什么条件？
10. 在巷道掘进时，电爆网路的连接方式有哪几种？各有何特点？

第四章

岩石平巷施工

学习目标

掌握水平岩石巷道的掘进方法，以及掘进通风与综合防尘，了解岩石的装载和转运；能编制爆破说明书、爆破图表和施工循环作业图表。

岩石平巷施工在煤矿新井建设和生产矿井的开拓工程中占有很重要的地位，一般约占井巷开拓总工程量的22%，占巷道开拓工期的40%~60%。因此，不断提高岩石平巷掘进速度，对加速煤矿建设具有非常重要的意义。

在岩巷掘进中，破碎岩石是一项主要工序，也是掘进施工的第一个主要工序。破碎岩石常用的方法有钻眼爆破破岩法和掘进机破岩法。目前岩巷掘进仍主要采用钻眼爆破破岩法。

第一节　巷道施工中的钻眼爆破破岩法

钻眼爆破破岩法简称钻爆法，这种方法采用钻眼机具在工作面布置一定数目的炮眼，然后在炮眼内装药进行爆破，把岩石破碎下来。钻眼爆破工作的好坏，对巷道掘进速度、规格质量、支护效果、掘进工效、掘进成本等都有较大的影响。

一、工作面炮眼布置

巷道掘进的爆破工作是在只有1个自由面的狭小工作面上进行的。因此，要达到理想的爆破效果，必须将各种不同作用的炮眼合理地布置在相应位置上，使每个炮眼都能起到应有的爆破作用。

掘进工作面的炮眼，按其用途和位置可分为掏槽眼、辅助眼和周边眼3类，如图4—1所示。其爆破顺序是先掏槽眼，然后辅助眼，最后周边眼，以保证爆破效果。

1. 掏槽眼

掏槽眼的作用是在工作面上先爆破，将某一部分岩石破碎并抛出，在1个自由面的基础上崩出第 2 个自由面来，为其他炮眼的爆破创造有利条件。掏槽效果的好坏对循环进尺起着决定性的作用。

掏槽眼一般布置在巷道断面中央靠近底板处，这样便于打眼时掌握方向，并有利于其他多数炮眼的岩石能借助于自重崩落。在掘进断面中如果存在有显著易爆的软弱岩层，一般应将掏槽眼布置在这些软弱岩层中。

目前常用的掏槽方式，按照掏槽眼的方向可分为 3 类，即斜眼掏槽、直眼掏槽和混合式掏槽。

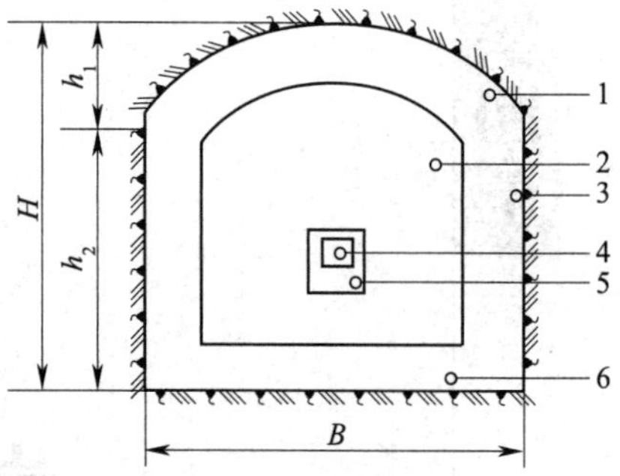

图 4—1　各种用途的炮眼名称
1—定眼　2—崩落眼　3—帮眼
4—掏槽眼　5—辅助眼　6—底眼

（1）斜眼掏槽

斜眼掏槽在巷道掘进中是一种常见的掏槽方式，其特点是掏槽眼与自由面（掘进工作面）斜交。斜眼掏槽又可分为单向掏槽和多向掏槽两种。

1）单向掏槽。这种方式由于炸药集中程度低，在均质坚硬的岩石中甚少使用，只是在有明显松软夹层时才能取得良好的爆破效果。如图 4—2a 所示的扇形掏槽就是典型实例。

2）多向掏槽。这种掏槽方式包括楔形掏槽和锥形掏槽，其中以楔形掏槽应用最为广泛。在中硬岩石中，一般都采用垂直楔形掏槽，如图 4—2b 所示。掏槽眼数根据断面大小和岩石坚固程度来决定，一般是 6~8 个，两两对称地布置在巷道断面中央偏下的位置。各对掏槽眼应同在一个水平面上，两眼底距离为 200 mm 左右，眼深要比一般炮眼深 200 mm，这样才能保证较好的爆破效果。

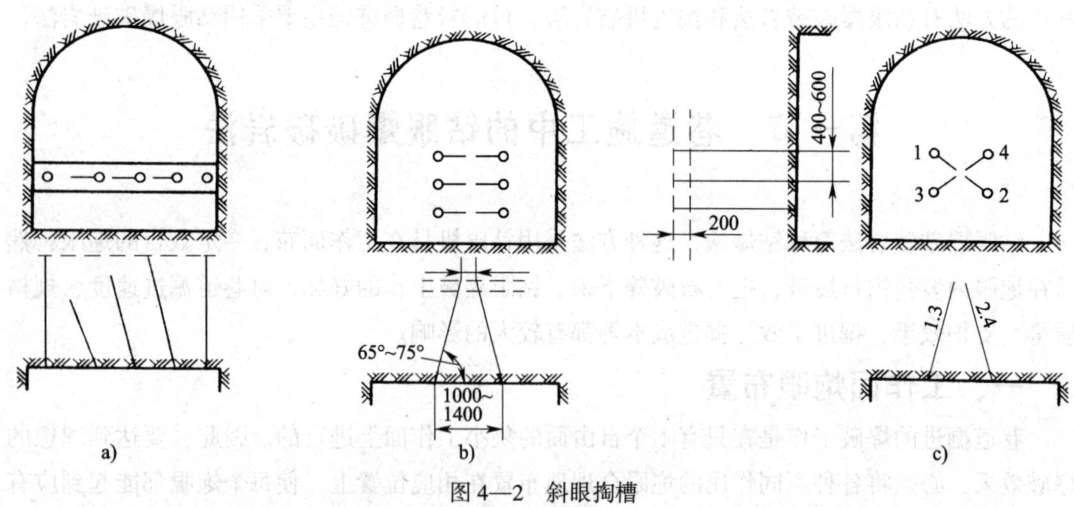

图 4—2　斜眼掏槽
a）单向掏槽　b）多向（楔形）掏槽　c）多向（锥形）掏槽

锥形掏槽所掏出的槽是一个锥体，如图 4—2c 所示。该方式因钻眼深度受到限制，而且钻眼工作很不方便，在煤矿中应用甚少。

采用斜眼掏槽时，特别是楔形掏槽和锥形掏槽，装药在槽腔的岩体内较为集中，且以工作面为自由面，每眼装药长度系数为 0.4~0.6。

斜眼掏槽的特点是：适用于各种岩层，可充分利用自由面，逐步扩大爆破范围；掏槽面积较大，适用于较大断面的巷道；但因炮眼倾斜，掏槽眼深度受到巷道宽度的限制；碎石抛掷距离较大，易损伤设备和支护，尤其当掏槽眼角度不对称时。

（2）直眼掏槽

这种掏槽方式的特点是：所有的掏槽眼都垂直于掘进工作面，各炮眼之间必须保持平行；炮眼深度不受巷道断面的限制，可用于深孔爆破，同时也便于使用高效凿岩机和凿岩台车打眼；直眼掏槽炮眼的间距很近，其中每一个装药炮眼的爆炸，都可以破坏 2 个炮眼之间的岩石；另外，直眼掏槽一般都有不装药的空眼，它起着附加自由面的作用。其缺点是：凿岩工作量大，钻眼技术要求高，一般需要的雷管段数也较多。

直眼掏槽的形式可分为直线掏槽（又称龟裂法）、螺旋掏槽和角柱式掏槽 3 种。

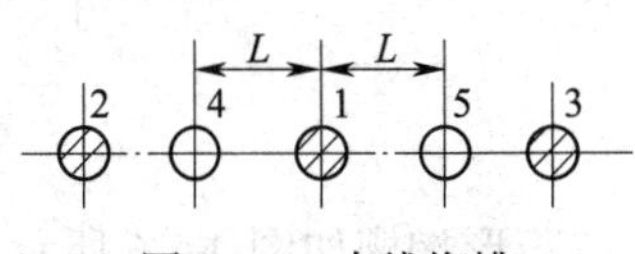

图 4—3　直线掏槽

1）直线掏槽。这种掏槽方式对打眼质量要求高，所有炮眼必须平行且眼底要落于同一平面上，否则就会影响掏槽效果（见图 4—3）。此种方式掏槽面积小，适用于中硬岩石的小断面巷道，尤其适用于工作面有较软夹层的情况。眼距为 100～200 mm，眼深小于 2 m 为宜。

2）螺旋掏槽。这种掏槽方式是围绕空眼逐步扩大槽腔，能形成较大的掏槽面积。

中心空眼为小直径的螺旋掏槽如图 4—4a 所示。其眼距：L_1 为（1～2）d，L_2 为（2～3）d，L_3 为（3～4）d，L_4 为（4～5）d，其中 d 为空眼直径。0～4 号眼眼深相同，0_1、0_2 眼加深 200～400 mm，反向装药 1～2 个药卷，以加强抛掷。这种掏槽适应于各种岩石，眼深可到 3 m，按眼序 1、2、3、4 逐个分 4 段起爆，如 0_1、0_2 孔装药时则为第 5 段起爆。

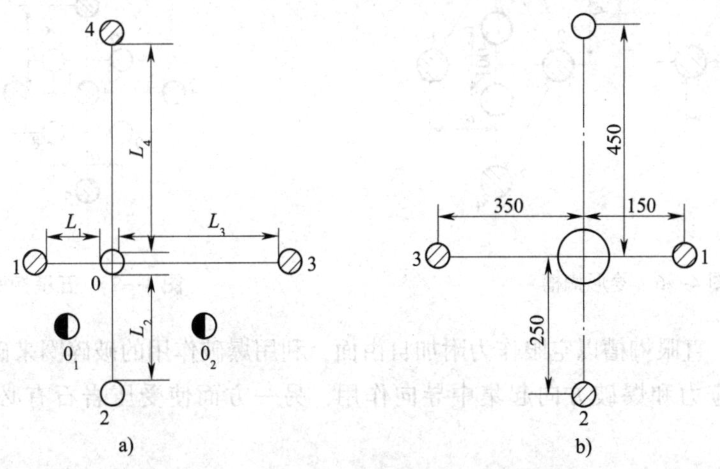

图 4—4　螺旋掏槽

a）中心空眼为小直径　b）中心空眼为大直径

中心空眼为大直径（d=100～120 mm）的螺旋掏槽如图 4—4b 所示，眼深一般不宜超过 2.5 m，可用于坚硬岩石的大、中断面巷道。

螺旋掏槽方式需要雷管段数较多，往往因现场雷管段数不够，使其使用受到限制。

3）角柱式掏槽。这种掏槽的炮眼布置方式很多，多为对称式布置，在中硬岩石中使用效果好，故采用较多。眼深在 2.5 m 以下时，经常采用的有三角柱掏槽、菱形掏槽和五星掏槽等。

三角柱掏槽的炮眼布置如图 4—5 所示。眼距为 100～300 mm，各装药孔一般可用 1 段雷管同时起爆，也可分 2 段或 3 段起爆。

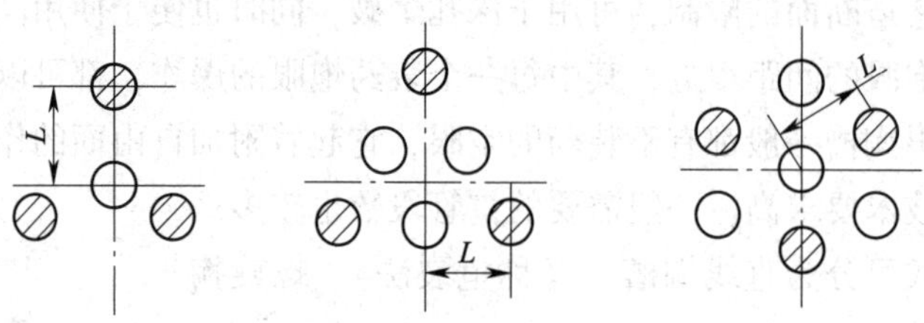

图 4—5　三角柱掏槽

菱形掏槽如图 4—6 所示。一般在 f 为 4～6 的岩石中，a 取 150 mm，b 取 200 mm；在中硬岩石中，a 取 100～130 mm，b 取 170～200 mm；在 f> 8 的坚硬岩石中，可将中心空眼改为 2 个相距 100 mm 的空眼，分 2 段起爆，1、2 号眼为第 1 段，3、4 号眼为第 2 段。这种掏槽方式简单，易于掌握，适用于各种岩层条件，效果很好。

五星掏槽如图 4—7 所示。各眼之间距离，在软岩中，a 不大于 200 mm，b 取 250～300 mm；在中硬岩层中，a 取 160 mm，b 取 250 mm。分 2 段起爆，1 号眼为第 1 段，2～5 号眼为第 2 段。

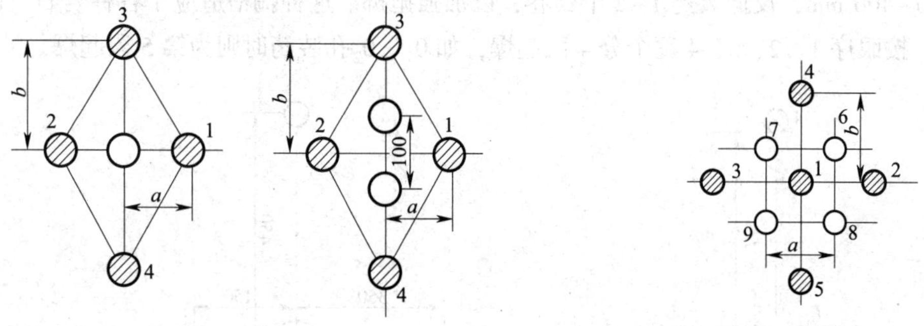

图 4—6　菱形掏槽　　　　图 4—7　五星掏槽

综上所述，直眼掏槽以空眼作为附加自由面，利用爆破作用的破碎圈来破碎岩石。空眼一方面对爆炸应力和爆破方向起集中导向作用，另一方面使受压岩石有必要的碎胀补偿空间。

（3）混合式掏槽

为了加强直眼掏槽的抛碴力和提高炮眼的利用率，形成了以直眼掏槽为主并吸取斜眼掏槽优点的混合式掏槽，如图 4—8 所示。斜眼布置成垂直楔形，与工作面的夹角为 75°～85°。装药系数不要太大，以 0.4～0.5 为宜。其起爆顺序应安排在所有垂直槽眼起爆之后，以发挥其抛碴扩槽作用。

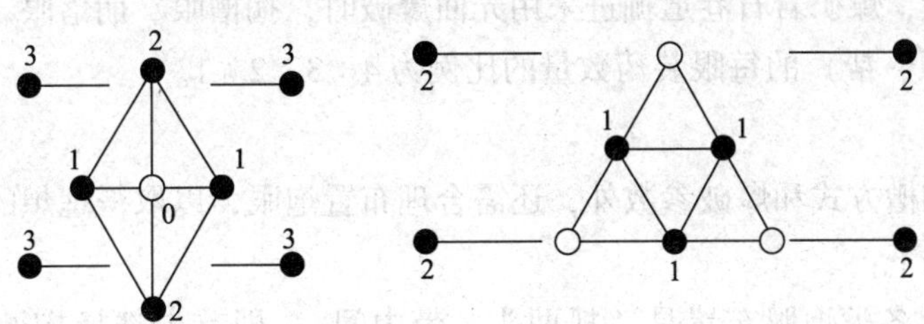

图 4—8 混合式掏槽

2. 辅助眼

辅助眼是大量崩落岩石和继续扩大掏槽的炮眼（见图 4—1）。辅助眼要均匀布置在掏槽眼与周边眼之间，其间距一般为 500~700 mm，炮眼方向一般垂直于工作面，装药系数一般为 0.45~0.60。如采用光面爆破，则紧邻周边眼的辅助眼要为周边眼创造一个理想的光面层，即光面层厚度要比较均匀，且多于周边眼的最小抵抗线。

3. 周边眼

周边眼是爆落巷道周边岩石，最后形成巷道断面设计轮廓而钻凿的炮眼。周边眼布置合理与否，直接影响巷道成型是否规整。现在光面爆破已较成熟，一般应按光爆要求进行周边眼布置。光爆周边眼的间距与其最小抵抗线存在着一定的比例关系，即：

$$K=\frac{E}{W}$$

式中 K——炮眼密集系数，一般为 0.6~1.0，岩石坚硬时取大值，较软时取小值；

E——周边眼间距，一般取 400~600 mm；

W——最小抵抗线。

按照光面爆破要求，周边眼的中心都应布置在巷道设计掘进断面的轮廓线上，而眼底应稍向轮廓线外偏斜，一般不超过 150 mm，这样可使下一循环打眼时凿岩机有足够的工作空间，同时还要尽量减少超挖量。光爆周边眼的装药量必须严格控制。煤矿巷道常遇岩层上的光爆参数见表 4—1。

表 4—1 光面爆破的周边眼爆破参数

岩层情况	岩石坚固性系数 f	炮眼直径（mm）	炮眼间距（mm）	最小抵抗线（mm）	炮眼密集系数（mm）	装药量（kg/m）
完整、稳定、中硬以上	8~10	42~45	600~700	500~700	1.0~1.1	0.2~0.3
中硬、层节理不发育	6~8	35~42	500~600	600~800	0.8~0.9	0.15~0.2
松软、层节理发育	<6	35~42	350~500	500~700	0.7~0.8	0.10~0.15

底眼负责控制底板标高。底眼眼口应比巷道底板高出 150~200 mm，以利于钻眼和防止灌水，但眼底应低于底板标高 100~200 mm。底眼眼距一般为 500~700 mm，装药系数一般为 0.5~0.7。为了给钻眼与装岩平行作业创造条件，需采用抛碴爆破，且将底眼眼距缩小为 400 mm 左右，眼深加深 200 mm 左右，每个底眼增加 1~2 个药卷。

根据实践经验，煤矿岩石巷道掘进采用光面爆破时，掏槽眼、崩落眼、控制光爆层的崩落眼和周边眼（顶、帮）的每眼装药数量的比例为4∶3∶2∶1。

4. 炮眼布置

除合理选择掏槽方式和爆破参数外，还需合理布置炮眼，以取得理想的爆破效果。炮眼布置方法和原则如下：

（1）工作面上各类炮眼布置是“抓两头，带中间”，即首先选择掏槽方式和掏槽眼位置，其次是布置好周边眼，最后根据断面大小布置崩落眼。

（2）掏槽眼通常布置在断面的中央偏下，并考虑使崩落眼的布置较为均匀和减少崩坏支护及其他设施的可能。

（3）周边眼一般布置在巷道断面轮廓线上，顶眼和帮眼按光面爆破要求，各炮眼相互平行，眼底落在同一平面上。

（4）辅助眼均匀地布置在掏槽眼和周边眼之间，以掏槽眼形成的槽腔为自由面层层布置。

二、爆破参数的确定

巷道掘进的爆破参数主要包括炮眼直径、炮眼深度、炮眼数目、单位炸药消耗量等。

1. 炮眼直径

炮眼直径应根据巷道断面大小、岩石块度要求、炸药性能和凿岩机性能综合考虑进行选择。炮眼直径大，可减少炮眼数目，炸药能量相对集中，也可提高爆破效率，但会导致钻速下降，影响爆破质量，降低围岩稳定性。

在采用气腿式凿岩机的情况下，现场多根据药卷直径确定炮眼直径。目前国内岩巷掘进均采用直径32 mm和35 mm两种药卷。因炮眼直径比药卷直径大10 mm左右，所以目前的炮眼直径多采用42~45 mm。20世纪80年代后期，我国煤矿岩巷掘进中，在断面为12 m^2的条件下应用小直径药包（ϕ25 mm和ϕ27 mm），炮眼直径为30 mm，采用统一规格钻凿锚杆眼和掘进炮眼，可提高钻眼速度，弥补了由于眼径减小而增加的炮眼数目，提高了掘进速度，而且节约了支护成本，取得了很好的综合技术经济效益，这种方法称为“三小”技术。

2. 炮眼深度

炮眼深度决定了每一掘进循环的钻眼和装岩工作量、循环进尺，以及每班的循环次数。炮眼深度主要根据岩石性质、巷道断面大小、循环作业方式、凿岩机类型、炸药威力、工人技术水平等因素来确定。单从爆破理论分析，采用中深孔（大于2.5 m）爆破最为合理，但是在我国，浅眼（1~2 m）多循环在一定时期取得了较好的成绩。从近年发展趋势来看，炮眼平均深度逐渐由浅孔向中深孔发展，一些采用台车凿眼的工作队正在向较深孔发展。合理的炮眼深度应以高速、高效、低成本、便于组织正规循环作业为原则。

我国煤矿巷道掘进中，通常是以月进尺任务和凿岩、装岩设备的能力来确定每一循环的炮眼深度。采用气腿式凿岩机时，炮眼深度以1.8~2.5 m为宜。眼深超过2.5 m后，钻眼速度则明显降低。采用配有高效凿岩机的台车时，应向深眼发展，一般眼深可达3.0 m。

3. 炮眼数目

炮眼数目的多少直接影响着钻眼工作量、爆破岩石的块度、巷道的形状等。炮眼数目取决于岩石性质、巷道断面形状和尺寸，以及炮眼直径和炸药性能等因素。合理的炮眼数目应以保证爆破效果的实现为原则，一般是先以岩层性质和断面大小进行初步估算，然后在断面图上布置炮眼，得出炮眼总数，并通过实践调整修正。

炮眼数目也可以根据单位炸药消耗量，按下式估算后，再按上述经验方法确定。

$$N=\frac{qSm\eta}{aP}$$

式中 N——炮眼数目，个；

q——单位炸药消耗量，kg/m^3；

S——巷道掘进断面积，m^2；

m——每个药卷长度，m；

η——炮眼利用率；

a——装药系数，即装药长度与炮眼长度之比，一般取 0.5~0.7；

P——每个药卷的质量，kg。

4. 单位炸药消耗量

单位炸药消耗量 q 是指爆破单位体积实体岩石所需要的炸药量，也就是工作面一次爆破所需的总炸药量 Q 和工作面一次爆下的实体岩石总体积 V 之比，即：

$$q=\frac{Q}{V}$$

这是一个很重要的参数，将直接影响到岩石块度、钻眼和装岩的工作量、炮眼利用率、巷道轮廓的整齐程度、围岩的稳定性和爆破成本等。

影响炸药消耗量的主要因素有以下几点：

（1）炸药性能

对同一种岩石，采用威力大的炸药，炸药消耗量就小；反之，炸药消耗量就增大。我国目前一般多采用岩石硝铵炸药。

（2）岩石的物理力学性质

一般讲，岩石坚固性系数 f 越大，炸药消耗量也越大，反之则越小。岩石的层理、节理、裂隙的发育程度对炸药消耗量的影响也很大，对同一种岩石来说，如层理、节理、裂隙发达（在一定限度内），炸药消耗量就会减少。

（3）自由面的大小和数目

自由面数目增多，炸药消耗量就会减少。在巷道掘进中，每爆破单位体积岩石所需克服的巷道周边阻力随断面而变化。巷道断面越小，所需克服的周边阻力越大，所需炸药消耗量也越大。随着巷道断面积的增大，巷道周边并不是成正比例地增大，所以爆破单位体积岩石所需克服的周边阻力则相对减少，故炸药消耗量也减少。

除以上因素外，还有炮眼直径和炮眼深度等。目前国内一般多按定额选用炸药，见表4—2。表中所列定额是按 2 号岩石硝铵炸药、延期电雷管制定的，若采用其他炸药时，则需根据爆力大小加以适当修正，即：

$$q'=\frac{320}{P}\times q$$

式中 P——所用炸药的爆力；

q'——改用炸药的炸药消耗量，kg/m^3；

q——标准炸药的炸药消耗量，kg/m^3。

表 4—2　　平硐、平巷炸药和雷管消耗定额

f	<1.5		2~3		4~6		8~10		12~14		15~20	
巷道断面（m^2）	普通爆破	光面爆破	普通爆破	光面爆破	普通爆破	光面爆破	普通爆破	光面爆破	普通爆破	光面爆破	普通爆破	光面爆破
<4	114 218	114 327	199 292	199 390	274 370	274 473	294 542	294 592	404 712	404 769	485 999	485 1 033
<6	96 169	96 303	160 273	160 351	224 357	244 385	251 492	251 526	323 627	323 667	389 825	389 848
<8	91 157	91 265	144 232	144 305	202 310	202 344	224 419	224 448	298 578	298 609	354 713	354 731
<10	80 139	80 244	129 209	129 279	190 294	190 312	202 371	202 416	267 520	267 546	314 654	314 669
<12	72 128	72 235	121 208	121 272	168 265	168 295	186 354	186 391	241 472	241 494	295 589	295 613
<15	66 116	66 202	104 182	104 239	148 242	148 264	163 315	163 358	212 429	212 455	256 551	256 570
<20	59 111	59 193	96 165	96 220	135 213	135 247	145 288	145 322	192 400	192 441	232 499	232 530

注：左上角数字为炸药消耗量，单位为 $kg/100\ m^2$；右下角数字为雷管消耗量，单位为个/$100\ m^2$。

三、装药结构与起爆

装药结构及起爆是控制爆破作用范围、性质和方向的重要因素，因此，在爆破工作中决不能轻视这项工作。

1. 掏槽眼和辅助眼的装药结构

根据起爆药所在位置不同，有正向装药与反向装药两种方式。

正向装药如图 4—9a 所示。先将被动药包依次装入眼内，然后装入起爆药包。所有药包和聚能穴均朝向眼底，最后用炮泥填满炮孔。若使用硝铵类炸药，这样放置可能发生残孔和残药现象。其原因是：一方面，起爆的药包对临近还未起爆的炮眼产生挤压、抛离作用，使其中某些起爆药包或被“挤死”，或被抛掷出去，因此容易造成残孔和残药；另一方面，由于起爆药包的爆轰波传播方向是由外向里传播，对眼底还未起爆的被动药包产生压实作用，使其密度增大，感度降低，以致拒爆，这种情况在装药长度较大时往往更为严重。

反向装药如图 4—9b 所示，先将起爆药包装入眼底，然后再装被动药包，最后装满炮泥，并且雷管和药包的聚能穴均朝向眼口。这样爆轰波由里向外传播，与岩石朝自由面运动方向一致，有利于反射拉伸波破碎岩石，同时起爆药包距自由面较远，爆炸气体不会立即从眼口冲出，爆炸能量能得到充分利用，因此能取得较好的爆破效果。

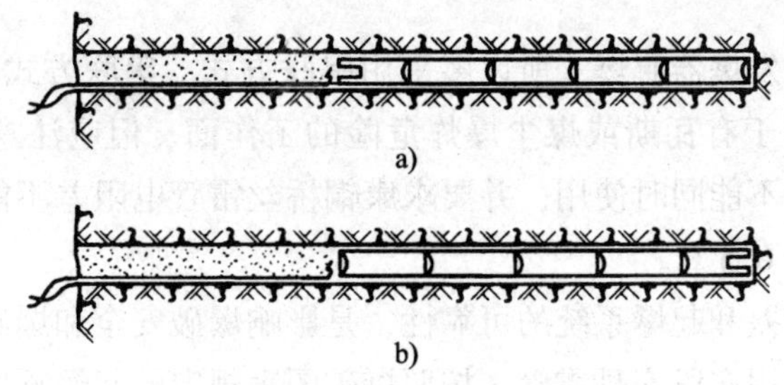

图 4—9 掏槽眼和辅助眼装药结构

a）正向装药 b）反向装药

采用粉状硝铵炸药不耦合装药，当不耦合值（炮眼直径/药包直径）为 1.12～1.76 时，会产生间隙效应，即炸药传爆中断。采用 2 号岩石硝铵炸药，当传爆长度超过 600 mm 时，则超过的药卷易产生拒爆。目前巷道掘进中一般采用的钎头直径为 42 mm，药卷直径为 35 mm，正处于产生间隙效应的范围，所以当装药长度超过 600 mm 时，应采取消除间隙效应的措施或改用其他炸药，如水胶炸药和乳化炸药就没有明显的间隙效应。

2. 周边眼的装药结构

在光面爆破中，周边眼的装药结构，在目前普遍采用直径 32～35 mm 粉状硝铵类炸药卷的情况下，可采用单段空气柱式装药结构，如图 4—10a 所示。眼口炮泥必须堵塞好，以使炸药爆炸后空气柱能起到缓冲作用，延长眼内爆生气体做功时间，将眼口部分岩石爆破下来，避免眼口出现“鼓包”现象。这种装药结构简单易行，适用于 1.5～2.0 m 深的炮眼，眼深超过 2.0 m 后效果不好。为了克服以上不足之处，可采用小直径药卷空气间隔分节装药结构，如图 4—10b 所示。两药包的间隔距离，一般不能大于该种炸药在炮眼内的殉爆距离。为了控制间隔距离，防止药包窜动，药包之间还要有间隔物。

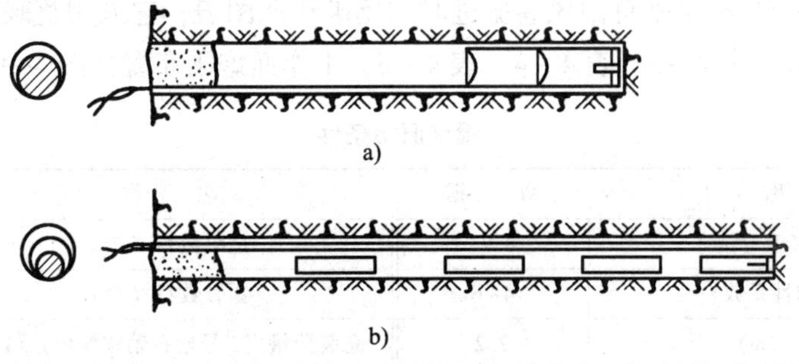

图 4—10 周边眼装药结构

a）单段空气柱式装药 b）空气间隔分节装药

为了保质保量地做好装药工作，装药之前必须吹洗炮眼，将眼中的岩粉和水吹洗干净。起爆药包必须按照规定要求制作。

炮眼的填塞质量对提高爆破效率和减少爆破有害气体也有很大作用。因此，装药完毕必须充填符合安全要求长度的炮泥并捣实。常用 1∶3 的泥沙混合炮泥，湿度为 18%～20%。这种炮泥既有良好的可塑性，又具有较大的摩擦系数。

3. 起爆方法

岩巷掘进一般采用发爆器起爆，所以多采用串联方式。串联方式连接简单，不易遗漏，便于操作和检查，可用于有瓦斯或煤尘爆炸危险的工作面。但应注意，不同种类、不同工厂、不同期出厂的雷管不能同时使用，并要求康铜桥丝雷管电阻差不能大于 0.3 Ω，镍铬桥丝雷管电阻差不得大于 0.5 Ω。

起爆方法、起爆时差和起爆系统的可靠性，是影响爆破安全和爆破效果的重要因素。煤矿巷道掘进中，最好使用多段毫秒雷管，按照爆破图表规定的起爆顺序全断面一次起爆。在有瓦斯爆炸危险的地点，只能使用总延期时间不超过 130 ms 的前五段毫秒雷管。

四、爆破说明书及爆破作业图表

爆破说明书是井巷施工组织设计中的一个重要组成部分，是指导、检查和总结爆破工作的技术文件。

爆破说明书的主要内容包括：

1. 爆破工程的原始资料，包括掘进井巷的名称、用途、位置、断面形状和尺寸，以及穿过岩层的性质、地质条件和瓦斯情况。

2. 选用的钻眼爆破器材，包括炸药、雷管的品种，凿岩机具的型号、性能。

3. 爆破参数的计算选择，包括掏槽方式、单位炸药消耗量，以及炮眼的直径、深度、数目。

4. 爆破网路的计算和设计。

5. 安全措施。

爆破作业图表是在爆破说明书的基础上编制出来的指导和检查钻眼爆破工作的技术文件，包括炮眼布置图、装药结构图、炮眼布置参数和装药参数表，以及预期的爆破效果和经济指标。

下面是某矿-250 m 水平总回风巷掘进时的爆破作业图表，它采用直眼掏槽、光面爆破。爆破作业图表内容见表 4—3、表 4—4、表 4—5，工作面炮眼布置如图 4—11 所示。

表 4—3　　爆破原始条件

名　称	数　据	名　称	数　据
巷道的掘进断面（m^2）	8.73	炮眼数目（个）	45
岩石的坚固性系数 f	4~6	雷管数目（个）	44
炮眼深度（m）	2.2	总装药量（2 号岩石硝铵炸药）（kg）	27.5

表 4—4　　装药量及起爆顺序

眼号	眼名	眼数（个）	眼深（m）	装药量				起爆顺序	联线方式	装药结构
				单孔		小计				
				卷数（个）	质量（kg）	卷数（个）	质量（kg）			
1	空眼	1	2.3							
2~5	掏槽眼	4	2.3	7	1.05	28	4.20	Ⅰ		
6~11	一圈辅助眼	6	2.2	5	0.75	30	4.50	Ⅱ		连续

续表

眼号	眼名	眼数（个）	眼深（m）	装药量				起爆顺序	联线方式	装药结构
				单孔		小计				
				卷数（个）	质量（kg）	卷数（个）	质量（kg）			
12~22	二圈辅助眼	11	2.2	5	0.75	55	8.25	Ⅲ	串联	反向装药
31、32、44、45	帮眼	4	2.2	2	0.30	8	1.20	Ⅳ		
33~43	顶部眼	11	2.2	2	0.30	22	3.30	Ⅳ		
23~30	底眼	8	2.2	5	0.75	40	6.00	Ⅴ		

表 4—5　　预期爆破效果

名　称	数　据	名　称	数　据
炮眼利用率（%）	91.0	每米巷道耗药量（kg/m）	13.8
每循环工作面进尺（m）	2.0	每循环炮眼总长度（m）	99.5
每循环爆破实体岩石（m^3）	17.5	每平方米岩体耗雷管量（个/m^2）	2.5
炸药消耗量（kg/m^3）	1.6	每米巷道耗雷管量（个/m）	22.0

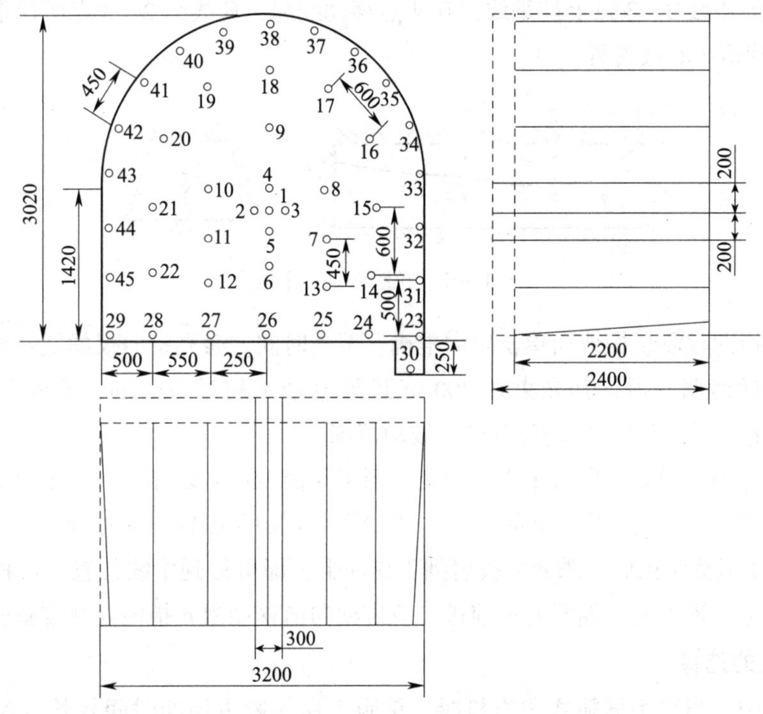

图 4—11　工作面炮眼布置

五、钻眼工作

钻眼工作必须严格按照爆破作业图表所要求的眼位、方向、深度和角度进行，并组织好凿岩机的分区、分工作业，以保证钻眼质量和提高钻眼速度。

1. 测量定位眼工作

掘进巷道时，用中线指示巷道的掘进方向，用腰线控制巷道的坡度。工作面上的炮眼布置，应以巷道中线为基准，准确地定出周边眼、辅助眼和掏槽眼的位置，并做好标志。

（1）腰线通常设在巷道无水沟侧的墙上，距轨面标高 1.0 m。腰线可用半圆仪挂在腰线上来延长，如图 4—12 所示。

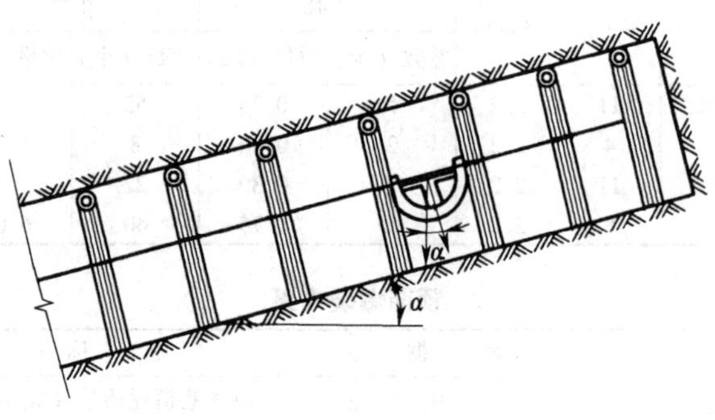

图 4—12　巷道腰线测定

（2）中线的测量有拉线法测量和使用激光指向仪测量两种方式。中心线的使用和延设最简单、方便的办法为拉线法。如图 4—13 所示，在原中线的 1 点上系线绳，拉到工作面 4 点上，同时在原中线 2、3 点上挂垂线，在 4 点移动线绳，使线绳 2、3 点所挂垂线相切，此时，4 点即为巷道中心线位置。

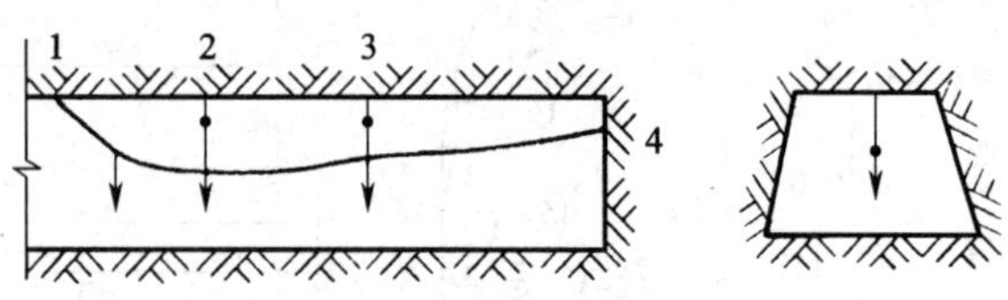

图 4—13　拉线法延伸中线

使用激光指向仪测量操作简单，定向准确，节省时间。激光指向仪的氦氖激光管光束发射角小，经望远镜调光后，其光束在 300 m 远处直径不超过 20 mm，输入电源的电压为 127 V 矿用安全电压，并且允许有±20%的波动范围。

在巷道掘进中，激光指向仪牢固地固定在距工作面 100 m 以外的巷道顶板的中心线位置上。根据巷道断面的形状和大小的不同，激光指向仪的安装方式也有区别，具体如图 4—14 所示。经调整对正后，激光束投射到工作面上，即可得到中线位置，可根据它来确定炮眼位置和巷道掘进方向。随着巷道前进，应定期向前移动激光指向仪并重新安装和校正。

2. 凿岩机的选择

巷道掘进中，当采用气腿式凿岩机时，钻眼工序一般占用的时间较长。为提高掘进速度，缩短钻眼时间，采用多台钻机同时作业是行之有效的措施。一般情况下，每台凿岩机所占的面积为 1.5~2.0 m^2，在坚硬岩石中可减到 1.0~1.5 m^2。气腿式凿岩机机动性强，辅助工时短，便于组织快速施工，因此对于月进度要求达到百米以上的工程较为适用。

凿岩台车具有效率高、机械化程度高、可打中深孔眼、钻眼质量高等优点。液压凿岩机、有独立回转机构的 TGZ 系列高效凿岩机、凿岩台车和柱齿硬合金镶焊钎头的研制和推广使用，不仅提高了凿岩效率，改善了劳动条件，而且提高了钻孔质量和岩巷掘进机械化水平。采用凿岩台车要增加辅助作业工时，难以实现钻、装工序的平行作业，因此影响了掘进

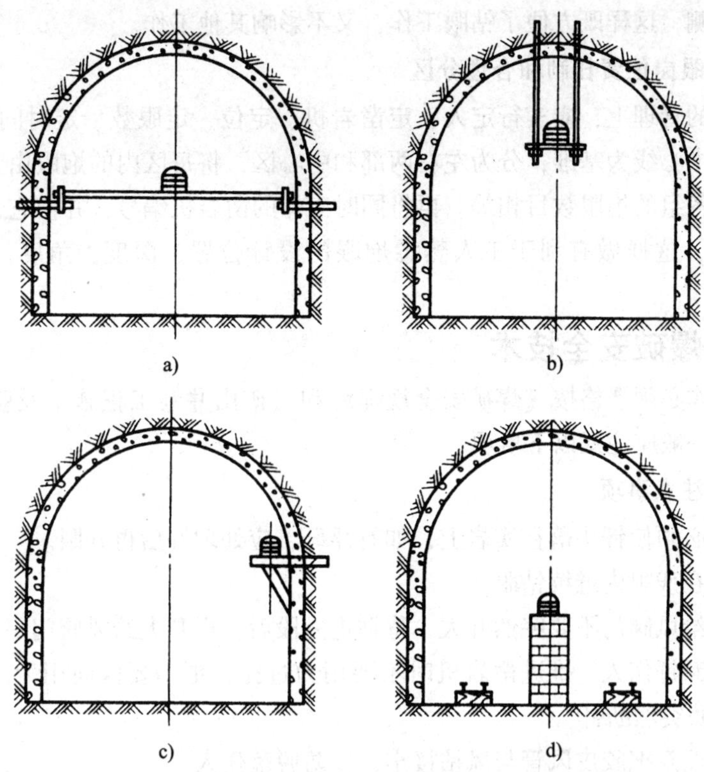

图 4—14　平巷激光指向仪的安装位置

速度的提高。但当凿岩台车的凿岩能力、机械化程度与其他工序的机械设备适应时，能达到较高的掘进速度。

3. 工作面供风、供水设备

掘进工作面同时使用风、水的设备较多，并且装卸、移动频繁。为了提高钻眼工作的效率和使各工序互不影响，必须配备专用的供风、供水设备，并且进行恰当的布置。工作面风、水管路的布置如图 4—15 所示。其主要特点是在工作面集中供风、供水，将分风、分水

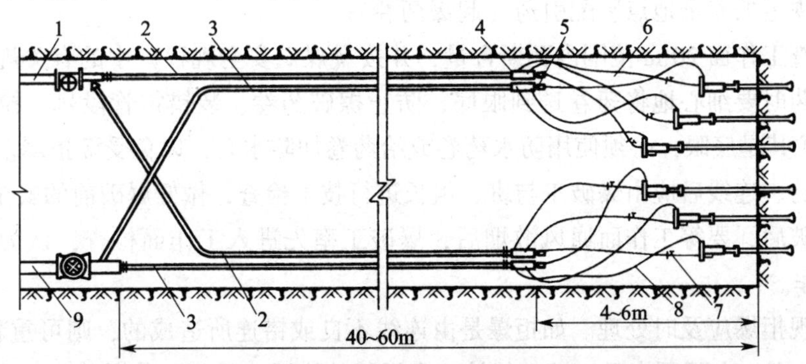

图 4—15　工作面风、水管路布置

1—供水干管（$\phi25\sim50$ mm）　2—胶皮集中水管（$\phi25$ mm）　3—胶皮集中风管（$\phi38\sim50$ mm）
4—分水器（$\phi100$ mm）　5—分风器（$\phi150$ mm）　6—胶皮小水管（$\phi12$ mm）　7—水管接头
8—胶皮小风管（$\phi18\sim25$ mm）　9—压风干管（$\phi100\sim150$ mm）

器设置在巷道两侧，这样既方便了钻眼工作，又不影响其他工作。

4. 工作面钻眼岗位责任制和合理分区

在钻眼工作的管理上，应实行定人、定凿岩机、定位、定眼数、定时间的岗位责任制。通常将工作面以中心线为基准，分为左右两部和中心区，将每区内的炮眼由上到下划分成若干组，并尽量使各组的炮眼数目相等。再将同时工作的凿岩机编号，并使它们在各自的固定区域里进行钻眼，这样做有利于工人熟悉炮眼的设计位置、深度、角度，有利于保养凿岩机。

六、钻眼爆破安全技术

钻眼爆破工作必须严格按《煤矿安全规程》和《矿山井巷工程施工及验收规范》中的有关规定执行，一般应注意以下事项。

1. 钻眼安全注意事项

（1）开眼时必须使钎头落在实岩上，如有浮矸，应处理好后再开眼。

（2）不允许在残眼内继续钻眼。

（3）开眼时给风阀门不要突然开大，待钻进一段后，再开大给风阀门。

（4）为避免断钎伤人，推进凿岩机时不要用力过猛，更不要横向用力。凿岩时钻工应站稳，应随时提防突然断钎。

（5）一定要注意把胶皮风管与风钻接牢，以防脱落伤人。

（6）缺水或停水时，应立即停止钻眼。

（7）工作面全部炮眼钻完后，要把凿岩机具清理好，并撤至规定的存放地点。

2. 爆破安全注意事项

（1）装药前应检查顶板情况，撤出设备与机具，并切断除照明以外的一切设备的电源。照明灯及导线也应撤离工作面一定距离。

（2）爆破母线要妥善地挂在巷道的侧帮上，并且要与金属物体、电缆、电线离开一定距离，装药前要试一下爆破母线是否导通。

（3）在规定的安全地点装配引药（起爆药卷）。

（4）检查工作面 20 m 范围内瓦斯含量，并按《煤矿安全规程》中的有关规定处理。

（5）装药时要细心地将药卷送到眼底，防止擦破药卷、装错雷管段号、拉断脚线。有水的炮眼，尤其是底眼，必须使用防水药卷或给药卷加防水套，以免受潮拒爆。

（6）装药、连线后应由爆破工与班、组长进行技术检查，做好爆破前的安全布置。

（7）爆破后，要等工作面通风散烟后，爆破工率先进入工作面检查，认为安全后方能进行其他工作。

（8）发现拒爆应及时处理。如拒爆是由连线不良或错连所造成的，则可重新连线补爆；如不能补爆，则应在距原炮眼 0.3 m 外钻 1 个平行的炮眼，重新装药爆破。

3. 钻眼爆破工作注意事项

（1）爆破后所形成的巷道断面应符合设计要求和相关标准，巷道的方向与坡度均应符合设计规定，光面爆破要求巷道超挖不得大于 150 mm，欠挖不得超过质量标准规定。

（2）爆破的岩石块度应有利于提高装岩生产率（一般不大于 300 mm），并要求岩石堆积状况便于组织装运，便于钻眼与装岩平行作业。

（3）对巷道围岩的振动和破坏要小，以利于巷道的维护。

（4）爆破单位体积岩石所需炸药和雷管的消耗量要低，钻眼工作量要小，炮眼利用率要达到 85%以上。

第二节 光 面 爆 破

爆破后巷道成形规整，符合设计断面轮廓要求，保持围岩稳定，不产生或很少产生炮震裂缝的控制爆破称为光面爆破（简称光爆）。应用光面爆破，不仅掘出的巷道轮廓基本符合设计要求，表面光滑，成形规整，而且便于进行锚喷支护。由于岩帮基本不受破坏，故裂隙少、稳定性高，有利于巷道的维护。所以，光爆是一种成本低、质量好的爆破方法。

一、光面爆破的种类

1. 根据施工方法分类

（1）轮廓线光爆法

此法是在巷道轮廓线上，预先打好一排不装药的密集炮眼，相邻的一排装药炮眼爆破后，将巷道与围岩切开。这种光面爆破法效果好，但钻眼量太大，费工费时，费用较高，井巷施工采用较少。

（2）预裂爆破法

此法是沿巷道轮廓线上打一排较密集的周边眼，装有少量药，首先引爆周边眼，各炮眼间形成相互连通的破裂面，使巷道围岩与应爆破下来的岩体预先切开分离，再放其他眼，以确保其他炮眼爆破不至于破坏巷道围岩的稳定。此法对周边眼装药的间距、密度等要求严格，炮眼数目较多，目前在煤矿使用较少。

（3）普通光爆法

普通光爆法又称修边爆破法。它与预裂爆破法相反，周边眼是在其他炮眼爆破后，最后起爆，是目前国内广泛应用的一种方法。它是使周边眼通过缓冲装药，并预留光面层，在其他炮眼都爆破后，再爆破周边眼的方法。根据断面不同，普通光爆法又分为全断面一次爆破光爆法和预留光面层光爆法两种。前者多用于断面积 12 m^{2}以下的巷道，后者多用于断面积 12 m^{2}以上的巷道或硐室。所谓的光面层，就是指周边眼与周边眼内第一圈辅助眼之间的岩石。预留光面层光爆法分两次爆破，即周边眼以里所有炮眼先起爆，而将顶部或顶、帮的光面层留下进行二次起爆，如图 4—16 所示。预留光面层光

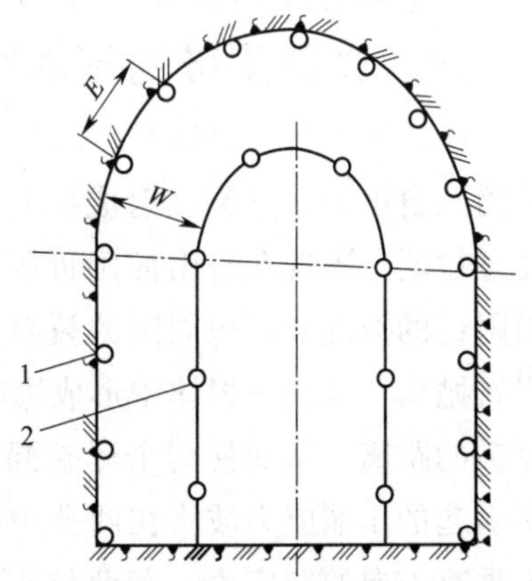

图 4—16 光面爆破周边眼布置

1—周边眼 2—周边眼内第一圈辅助眼

爆法效果好，大断面巷道常采用。

2. 根据孔深分类

（1）浅孔光爆，孔深<1. 8 m。

（2）中深孔光爆，1. 8 m≤孔深<2. 5 m。

（3）深孔光爆，2. 5 m≤孔深<5. 0 m。

（4）超深孔光爆，孔深≥5. 0 m。

二、光面爆破的优点

1. 由于光面爆破成形规整，可以消除围岩突出处的应力集中，最大限度地保持了围岩自身的强度，从而增强了围岩自身的支撑力，为锚喷支护奠定了基础。

2. 由于光面爆破大大地减少了掘进超挖量（一般普通爆破超挖量为20%~30%，而光爆的超挖量只有4%~6%），因此可以减少材料（支护材料和炸药等）消耗，从而降低了成本，加快了掘进速度。

3. 光面爆破可有效地减少顶帮上的危岩，使井巷围岩较稳定，这有利于施工和安全。同时也减少了井巷的维修量，降低了井巷的失修率。

4. 光面爆破消除了围岩的凹凸不平，从而减少了通风阻力和瓦斯聚集。

三、光面爆破效果要求

1. 眼痕率。眼痕率即爆破后周边眼在围岩上留下的半个眼痕，硬岩不小于80%，中硬岩不小于60%，软岩巷道周边成形应符合设计轮廓。

2. 两炮的衔接台阶尺寸。眼深小于3 m时，不得大150 mm；眼深为5 m时，不得大于250 mm。

3. 岩面不应有明显的炮震裂缝。

4. 巷道周边不应欠挖，平均线性超挖值应小于200 m。

四、光面爆破的基本原理

炸药在岩石中爆炸时，当药包处于自由面附近时，冲击压缩应力波自药包中心向外传播到自由面，立刻反射成拉应力波，当反射的拉应力大于该处岩石抗拉强度时，岩石便被拉断，表现在自由面附近的岩石形成一系列拉断裂缝。当最小抵抗线合适时，自由面附近的裂缝和药包周围的裂缝贯穿在一起，在爆生气体膨胀做功的作用下将已破坏的岩石抛出，从而在岩体中形成爆破漏斗。光面爆破是使两相邻的周边眼的距离小于普通爆破的距离，从而使两个爆破漏斗更靠近一些。当两个炮眼的药包同时起爆时，各药包所引起的压缩应力波将在两孔中间相遇，于是两孔连线上的岩块在压缩应力的作用下产生垂直方向的拉应力，若此拉应力超过岩石极限抗拉强度，将沿两孔连线产生裂缝。与此同时，爆生气体的膨胀压力也将在两眼连线上产生很大的集中应力，促进了裂缝的形成，最理想的眼距（在施工中一般周边眼眼距为300~500 mm）是使爆破后产生的拉应力刚好克服岩石的极限抗拉强度，并使两眼之间产生平整的拉断裂缝，从而将轮廓线以内的岩石崩落并留下眼痕。

五、光面爆破的参数

光面爆破施工方法虽有几种，但广泛使用的是修边爆破法（或称预留光面层法、缓冲爆破层法等）。其实质是通过紧靠周边眼布置的一圈辅助眼的爆破，先做出一个粗断面，给周边眼留下一个厚度（300~500 mm）比较一致的光面层，再使周边眼爆破，获得设计所要求的平整的巷道断面，周边眼的装药量、眼距、最小抵抗线，装药结构和起爆顺序等都对光爆效果有着显著的影响，必须合理地确定各有关参数和相应的技术措施。光面爆破参数见表4—6。

表4—6　光面爆破参数

岩　性	整体性很好的中硬以上岩石 $f=8\sim10$	整体性较差的中硬以下岩石 $f=6\sim8$	裂缝发育中硬以下的岩石 $f=4\sim6$
每米炮孔内的装药量（g）	200~300	100~200	10~100
周边眼间距 E（mm）	600~700	400~600	300~400
周边眼抵抗线 W（mm）	500~800	400~800	400~800
周边眼密集系数 $m=E/W$	0.85~1.20	0.70~1.00	0.50~0.80
辅助眼间距（mm）	600~1100	800~1 300	1 000~1 500
辅助眼抵抗线（mm）	400~800	700~1 000	900~1 200

注：1. 表列数值适用于使用二号岩石铵梯炸药时。

2. 用预裂光爆时，周边眼间距应减小15%~30%，而每米装药量则应增大15%~30%。

3. 用预留光爆层时，周边眼抵抗线可增大15%~30%。

4. 用延期雷管起爆时，周边眼间距要适当减小，每米装药量要适当增大。

1. 周边眼的间距与最小抵抗线

周边眼的间距和最小抵抗线的变化直接影响光面爆破的效果，周边眼间距与最小抵抗线之比称为密集系数。实践表明，当密集系数为0.8~1.0时，能得到较好的爆破效果；但在巷道曲率半径小的部位或岩石松软、破碎、节理发育带，密集系数应取0.6~0.8；巷道断面小或岩石坚硬时，密集系数取1.0~1.2为宜。

2. 装药量

为避免围岩产生裂缝，必须严格控制周边眼的装药量。光爆周边眼应采用爆速较低、密度较小、感度高和爆轰稳定的低威力炸药。由于装药量对光爆效果影响很大，故不同岩石应采用不同的装药量。具体装药量可参考表4—6。

3. 装药结构

合理选择周边眼参数的装药结构是实现光面爆破的关键。选择装药结构的目的是使药卷能均匀地分布在炮眼中，并缓冲炸药对围岩的破坏作用。装药结构方式有3种：

（1）细药卷不耦合装药

一般药卷直径32 mm，炮眼直径42 mm，其不耦合系数是1.31；而细药卷直径25 mm，其不耦合系数是1.68。实践证明，不耦合系数越大，周边眼留下的半边眼痕越多，光爆的效果越好。

（2）眼底集中空气柱装药

这种装药结构是将药卷装入眼底，再装上水泡泥，眼空内全长均留有空气柱，只在眼口用炮泥（长度不小于 300 mm）进行封堵塞紧，这种方法操作简单，效果可靠，目前浅孔爆破普遍采用。

（3）分节空气柱装药

采用眼底集中空气柱装药法，装药不宜多于两卷。若想使用周边眼多装药，应采用分节空气柱装药法，即在眼底和炮眼中间分两节或三节进行装药，需要竹片固定炮头，中间用导爆索引爆。这种装药结构具有爆生气体作用均匀、光爆效果好的优点，但装药复杂，一般中深孔、深孔光爆采用，浅孔光爆很少采用。

4. 周边眼起爆

周边眼可用瞬发电雷管或同一段毫秒电雷管起爆，实践证明，只要周边眼起爆时差不大于 100 ms，其爆破效果就比较好。

六、光面爆破的周边眼布置

光面爆破的眼位、眼深、方向应力求准确。在硬岩中，周边眼口应布置在巷道的轮廓线上，眼底不宜超过轮廓线 100 mm；在软岩中，眼口应在轮廓线以内 100 mm 处，眼底应正好落在轮廓线上，当工作面处在易冒落破碎的软岩夹层（无瓦斯）时，可在软岩夹层上加打空眼，起导向作用。

七、实现光爆的技术要求

1. 密打眼，近距离

周边眼间距为 300~450 mm，软岩取小值，硬岩取大值。

2. 重视二圈眼

二圈眼的距离也要适当加密，应为 550~650 mm，二圈眼抵抗线取周边眼间距的 1~1.25 倍，软岩取小值，硬岩取大值。

3. 钻眼操作规范

准确看线，轮尺定位；预量钎长，长钎打眼；三定（定人、定机、定位）、三点一线（钎头、机头与腿三点成一直线）打眼法；爆破质量达到准、平、直、齐。

4. 小药卷，少装药

周边眼装直径 25 mm 的小药卷，无瓦斯工作面采用不耦合反向空气柱连续装药结构，有瓦斯工作面采用不耦合正向空气柱连续装药结构。装药量为 100~150 g/m，软岩取小值，硬岩取大值。

5. 同段雷管，一次起爆

周边眼最好采用瞬发电雷管或一段毫秒电雷管，同时起爆。

6. 预留光面层，分两次起爆

二圈眼以内的全部炮眼先装药，第一次起爆，然后根据周边眼的抵抗线和岩质不同对周边眼进行装药，第二次起爆，崩下预留光面层。

第三节 掘进通风与综合防尘

在矿井生产过程中，为了准备新水平、新采区和采煤工作面，都必须掘进大量的巷道。在掘进巷道时，为了供给作业人员呼吸新鲜空气，稀释掘进工作面的瓦斯及爆破后产生的有害气体、炮烟和矿尘，并创造良好的气候条件，必须对掘进工作面进行通风。这种掘进巷道时的通风称为掘进通风。

一、掘进通风方式

巷道掘进中，大都采用局部通风机通风。通风方式可分为压入式、抽出式、混合式 3 种，其中以混合式通风效果最佳。

1. 压入式通风

压入式通风如图 4—17 所示，局部通风机把新鲜空气经风筒压入工作面，污浊空气沿巷道流出。在通风过程中，炮烟逐渐随风流排出，当巷道出口处炮烟浓度下降到允许浓度时(此时巷道内的炮烟浓度都已降到允许浓度以下)，即认为排烟过程结束。

为了保证通风效果，局部通风机必须安设在有新鲜风流流过的巷道内，并距掘进巷道口不得小于 10 m，以免产生循环风流。为了尽快而有效地排除工作面的炮烟，风筒口距工作面的距离一般以不大于 10 m 为宜。这种通风方式可采用胶质或塑料等柔性风筒。

压入式通风的优点是：有效射程大，冲淡和排出炮烟的作用比较强，工作面回风不通过通风机，在有瓦斯涌出的工作面，采用这种通风方式比较安全，工作面回风沿巷道流出，沿途一并把巷道内的粉尘等有害气体带走。压入式通风的缺点是：长距离巷道掘进排出炮烟需要的风量大，所排出的炮烟在巷道中随风流扩散，蔓延范围大，时间又长，工人进入工作面往往要穿过这些蔓延的污浊气流。

2. 抽出式通风

抽出式通风如图 4—18 所示，局部通风机把工作面的污浊空气经风筒抽出，新鲜风流沿

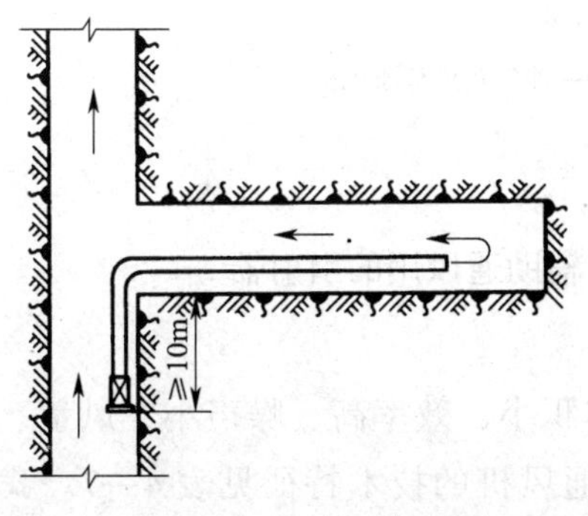

图 4—17 压入式通风

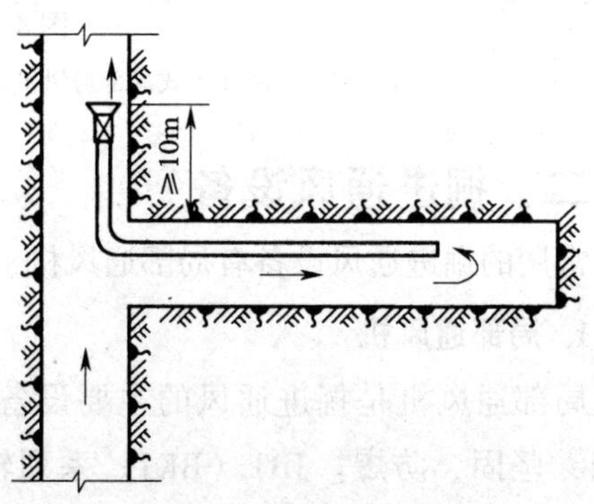

图 4—18 抽出式通风

巷道流入。风筒的排风口必须设在主要巷道风流方向的下方，距掘进巷道口也不得小于10 m。在通风过程中，炮烟逐渐经风筒排出，当炮烟抛掷区内的炮烟浓度下降到允许浓度时，即认为排烟过程结束。

抽出式通风回风流经过通风机，如果因叶轮与外壳碰撞或其他原因产生火花，有引起煤尘、瓦斯爆炸的危险，因此在有瓦斯涌出的工作面不宜采用。抽出式通风的有效吸程很短，只有当风筒口离工作面很近时才能获得满意的效果，故目前在平巷掘进中很少采用，在深竖井掘进中则用得较多。抽出式通风的优点是：在有效吸程内排尘的效果好，排出炮烟所需的风量较小，回风流不污染巷道。抽出式通风只能用刚性风筒或有刚性骨架的柔性风筒。

3. 混合式通风

这种通风方式是压入式通风和抽出式通风的联合运用。掘进巷道时，单独使用压入式通风或抽出式通风都有一定的缺点。为了达到快速通风的目的，可利用一辅助局部通风机作压入式通风，使新鲜风流压入工作面，冲洗工作面的有害气体和粉尘。为使冲洗后的污风不在巷道中蔓延而经风筒排出，可用另一台局部通风机进行抽出式通风，这样便构成了混合式通风。

混合式通风中，局部通风机和风筒的布置如图4—19所示。压入式局部通风机1的吸风口与抽出风筒抽入口距离应不小于15 m，以防止造成循环风流。吸出风筒口到工作面的距离要等于炮烟抛掷长度，压入新鲜空气的风筒口到工作面的距离要小于或等于压入风流的有效作用长度，才能取得预期的通风效果。

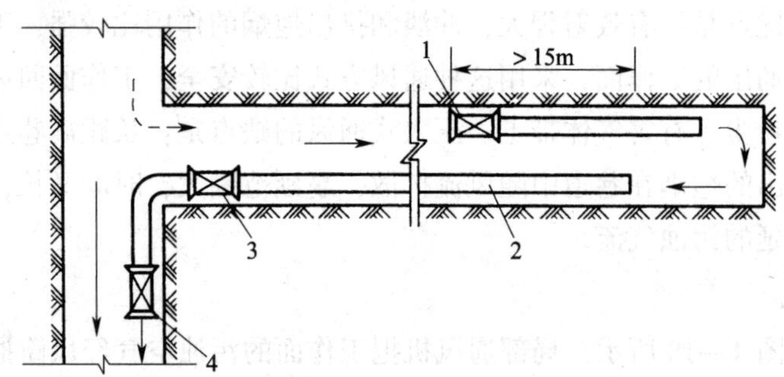

图4—19　混合式通风

1—压入式局部通风机　2—风筒　3、4—抽出式局部通风机

二、掘进通风设备

常用的掘进通风设备有局部通风机、风筒及作为辅助通风用的引射器。

1. 局部通风机

局部通风机是掘进通风的主要设备，要求其体积小、效率高、噪声小，风量、风压可调，坚固、防爆。JBT（BKJ）系列轴流式局部通风机的技术特征见表4—7。我国生产的较新型的BKJ66-1子午加速型系列局部通风机效率更高，噪声较小。该系列有多种规格。

表 4—7　　JBT 系列通风机的型号及主要技术特征

指标＼型号	JBT-41	JBT-42	JBT-51	JBT-52	JBT-61	JBT-62
外径（mm）	400	400	500. 8	600	600	600
转速（r/min）	2 900	2 900	2 900	2 900	2 900	2 900
全风压（Pa）	147. 2~735. 6	294. 3~1 471. 5	245. 3~1 177. 2	490. 5~2 354. 4	343. 4~1 569	686. 7~3 139. 2
风量（m^3/min）	75~112	75~112	145~225	145~225	250~390	250~390
电动机功率（kW）	2	4	5. 5	11	14	28
级　数	1	2	1	2	1	2
质量（kg）	120	150	175	235	315	410

2. 风筒

风筒分刚性风筒和柔性风筒两大类。常用的刚性风筒有铁风筒、玻璃钢风筒等，坚固耐用，适用于各种通风方式，但笨重，接头多，体积大，储存、搬运、安装都不方便。常用的柔性风筒有胶布风筒、软塑料风筒等。柔性风筒在巷道掘进中广泛使用，具有轻便、易安装、阻燃、安全性能可靠等优点，但容易划破，只能用于压入式通风。常用风筒规格见表4—8。近年来又研制出一种带有刚性骨架的可缩性风筒，即在柔性风筒内每隔一定距离加上了圆形钢丝圈或螺旋形钢丝圈，既可用于抽出式通风，又具有可收缩的特点。

表 4—8　　常用风筒规格

风筒名称	直径（mm）	每节长度（m）	壁厚（mm）	质量（kg/m）
铁风筒	400	2. 0，2. 5	2. 0	23. 4
	500	2. 5，3. 0	2. 0	28. 3
	600	2. 5，3. 0	2. 0	34. 8
	700	2. 5，3. 0	2. 5	46. 1
	800~1 000	3. 0	2. 5	54. 5~68. 0
胶布风筒（含胶 30%）	300	10	1. 2	1. 3
	400	10	1. 2	1. 6
	500	10	1. 2	1. 9
	600	10	1. 2	2. 3
塑料风筒	300	50	0. 3	
	400	50	0. 4	1. 28
玻璃钢风筒	700	3. 0	2. 2	12
	800	3. 0	2. 5	14

选择风筒直径的主要依据是送风量与通风距离。送风量大、通风距离长时，风筒直径要选得大些。另外，还要考虑巷道断面大小，以免风筒无法布置或易被矿车划破。选择风筒

时，除了要求技术上可行之外，还要在经济上合理。

根据现场经验，通风距离在 200 m 以内可选用直径为 400 mm 的风筒，通风距离 200～600 m 可选用直径为 500 mm 的风筒，通风距离 500～1 000 m 可选用直径为 600～800 mm 的风筒，通风距离 1 000 m 以上可选用直径为 800～1 000 mm 的风筒。

3. 引射器

引射器有水力引射器和压气引射器两种。水力引射器无电气部件，能降温、除尘、消烟，适用于瓦斯大、供风量不大的煤巷掘进，但效率较低，能力有限，只有在特定条件下考虑采用。据记载，在使用多个水力引射器串联的情况下，最大供风距离可达 700 m，工作面有效风量达 70 m^3/min。压气引射器是利用压缩空气为动力的一种通风设备，特别适用于高瓦斯、小断面巷道掘进通风。

三、掘进中的综合防尘

掘进岩石巷道时，在钻眼、爆破、装岩、运输等工作中，不可避免地要产生大量的岩石粉尘。这些粉尘极易在空气中浮游，被工人吸入体内，时间久了就易患尘肺病，严重地影响工人的身体健康。

我国煤矿在掘进工作面的综合防尘方面有丰富的经验，具体有以下做法：

1. 加强通风

通风除尘是稀释和排出工作地点悬浮粉尘，防止过量积累的有效措施。为了使空气中的含尘量符合国家标准，应合理地选择风速、通风方式进行通风，保持掘进工作面有足够的风量，使空气中的粉尘及时排出。

2. 湿式钻眼

湿式钻眼是采用一定的方式将具有一定压力的水流送到凿岩机（或煤电钻）的钻头处，用水湿润和冲洗钻眼时破碎的粉尘，其成为浆液状流出炮眼，从而达到抑制钻眼时粉尘飞扬、减少粉尘浓度的目的。湿式钻眼所用的机具种类较多，主要有风动凿岩机、中心供水湿式煤电钻、侧式供水钻具等。

3. 喷雾洒水

洒水是用水流喷洒煤、岩堆，湿润沉积在表面的矿尘，避免装岩或扒矸时粉尘飞扬。如果煤、岩堆较厚，一次洒水不能洒透，可边扒装边洒水，以煤、岩潮湿，无粉尘飞扬为好。

喷雾是借助喷雾器使水成雾状喷出。细微的水珠与浮尘碰撞，将尘粒捕获而下沉。使用掘进机时，掘进机应安装内、外喷雾装置。掘进机不带有内喷雾装置，则必须使用外喷雾装置并加除尘器。在各装载点及转载点应布置一定数量的喷雾装置，降低粉尘浓度。

4. 水炮泥和爆破喷雾

装药时使用水炮泥是降低爆破粉尘的重要措施。在爆炸冲击波的作用下，水炮泥内的大部分水被汽化，然后重新凝结成极细的雾滴，并与同时产生的粉尘相接触，形成雾滴的凝结核或被雾滴所湿润而起到降尘作用。

爆破喷雾就是在起爆后，利用喷雾器喷出的水雾对准工作面进行降尘消烟。爆破喷雾已由低压喷雾发展到高压喷雾和风水喷雾，由手动喷雾发展到冲击波自动喷雾和声控自动喷雾。

5. 净化风流

为了使空气中的含尘量符合国家标准，对局部通风机送至工作面的新鲜风流中的含尘量应采取措施控制。净化风流的做法是在矿井水平大巷的两翼、采区进风石门及工作面进风流中安装水幕。

6. 冲洗井壁巷帮

在掘进工作面起爆前后，用水冲洗岩帮和顶板，使落尘保持足够的湿度，避免落尘受振动飞扬起来。

7. 湿式除尘风机

在使用掘进机掘进时，可以使用与之配套的除尘器集中净化除尘。湿式除尘风机是除尘器与风机合为一体的设备，利用机载配套风机进行除尘。除尘设备与掘进机成为一体，随掘进机整机运输，除尘风机设置在掘进机后转载机上，抽尘口布置在切割工作机构悬臂两侧，距切割头 1.5 m 并随切割头任意运动。抽尘风筒可用伸缩负压风筒，除尘方式为湿式过滤。

8. 个体防护

井下各生产环节采取防尘措施后，仍有少量微细矿尘悬浮于空气中，甚至个别地点不能达到卫生标准，所以加强个体防护是综合防尘措施的一个重要方面。个体防尘的工具主要是口罩，所有接触粉尘的作业人员必须按要求佩戴防尘口罩。

第四节　岩石装载与转运

岩石平巷施工中，岩石的装载与转运是最繁重、最费工时的工序，一般情况下它占掘进循环时间的35%~50%。因此，做好装岩与转运工作，对提高劳动效率、加快掘进速度、改善劳动条件和降低成本有重要的意义。

一、装岩设备

装岩机按用途分类，有平巷用、斜巷用、装煤用、装岩用等；按行走机械分类，有轨轮式、履带式、轮胎式 3 种；按使用的动力分类，有电动、风动、内燃机驱动等；按工作机构分类，则种类更多，其中井下常用的有铲斗式装载机、耙斗式装载机、扒爪式装载机和立爪式装载机等。

1. 铲斗式装载机

铲斗式装载机有后卸式和侧卸式两大类，其工作原理和主要组成部分基本相同。铲斗式装载机一般包括铲斗、行走机构、操作机构、动力机构几个主要部分，工作时依靠自身质量及运动所产生的动能，将铲斗插入碎岩石堆中，铲满后将碎岩石卸入转载设备或矿车中，工作过程为间歇式。

(1) 铲斗后卸式装载机

这种装载机按动力来源不同，分为电动和风动两种，行走方式为轨轮式，工作方式为前装后卸。其型号有多种，在煤矿上使用最多的是 Z-20B 型电动铲斗后卸式装载机（见图 4—20）。装岩时，将矿车放在装岩机后 1.5~2.5 m 处，通过操纵按钮驱使装岩机沿轨道前冲，并将铲斗插入岩堆，铲斗铲满岩石后后退，并同时提起铲斗把岩石往后翻，卸入矿车，即完成了一个装岩动作。随着装岩工作面的向前推进，必须延伸轨道，延伸的方法采用短道和爬道。

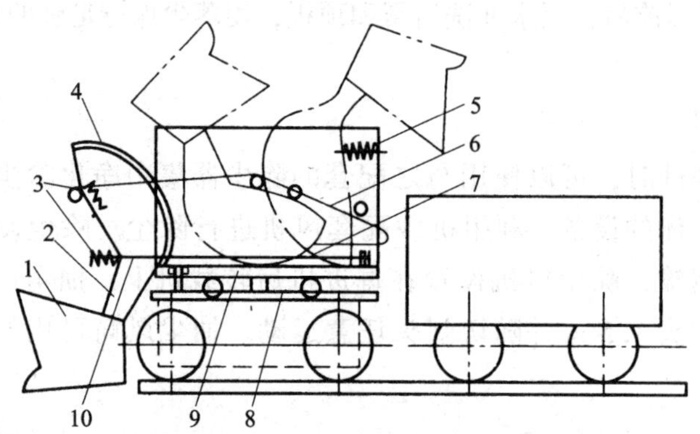

图 4—20 Z-20B 型电动铲斗后卸式装载机构造

1—铲斗 2—斗柄 3—弹簧 4、10—稳绳 5—缓冲弹簧
6—提升链条 7—导轨 8—回转底盘 9—回转台

爬道的结构如图 4—21 所示。当装载机接近工作面工作时，便可在短道前边扣上爬道。爬道后端用枕木垫起，使爬道尖端稍微向下，以便于顶入岩堆，然后用装载机碰头冲顶爬道，当爬道被顶入一段距离后，便可抽出所垫枕木，装载机便可在爬道上行驶工作。

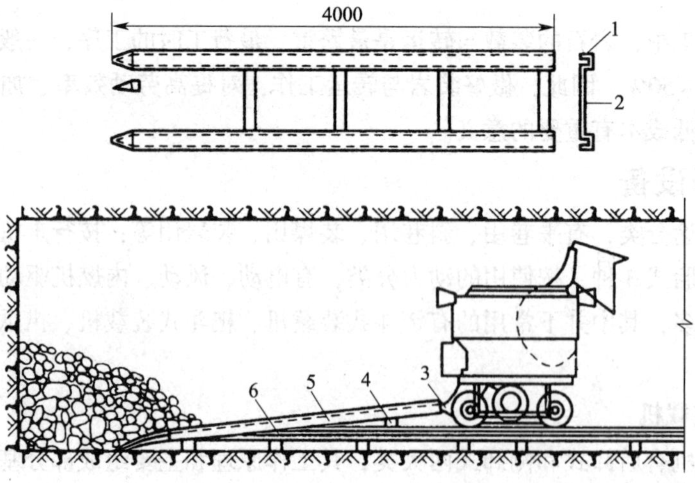

图 4—21 爬道结构及其使用情况

1—槽钢 2—扁钢连接板 3—装载机碰头 4—枕木 5—爬道 6—临时短道

铲斗后卸式装载机具有使用灵活、行走方便的特点，其结构紧凑、工作可靠、体积小。用它装岩时，前方可同时进行打眼，互相干扰小，易于实现装岩与钻眼工作平行作业。它是我国最早使用的装载机械，曾创造了不少巷道快速施工的好成绩。

（2）铲斗侧卸式装载机

这种装载机是正面铲取岩石，在设备前方侧转卸载，行走方式多为履带式。它与铲斗后卸式装载机比较，铲斗插入力大，斗容大，提升距离短，履带行走机动性好，装岩宽度受限制小，可在平巷及倾角10°以内的斜巷使用。铲斗还可兼作活动平台，用于安装锚杆和挑顶等。工作机构采用液压传动，提升能力大，提升距离小，消耗功率较小，性能稳定。司机坐在司机棚内操作，操作简便，安全可靠。电气设备均为防爆型，可用于有瓦斯或煤尘爆炸危险的矿井。

国产ZLC-60型铲斗侧卸式装载机如图4—22所示，该机适用于宽度大于4 m、高度大于3.5 m的巷道。

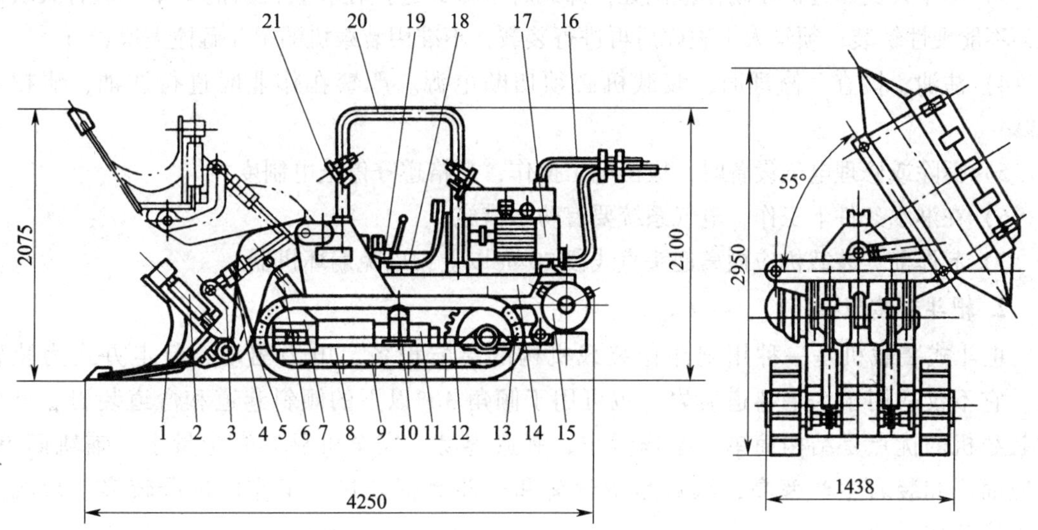

图4—22　ZLC-60型铲斗侧卸式装载机

1—铲斗　2—侧卸油缸　3—铲斗座　4—摇臂　5—拉杆　6—举升油缸　7—导轮　8—履带架　9—支重轮　10—托轮　11—张紧装置　12—驱动轮　13—履带　14—机架　15—行走部电动机　16—电缆　17—泵端电动机　18—司机座　19—操纵台　20—司机棚　21—照明灯

根据侧卸式装载机的工作特点，应将转载机布置在装载机铲斗卸载一侧的轨道上，如图4—23所示。装载机铲取的岩石直接卸到停靠在掘进工作面前部的料仓中，通过转载机再转卸到矿车中，这样可以连续装满一列矿车，提高了装岩效率。

（3）使用铲斗式装载机装岩注意事项

1）开机前必须检查机器各部件的连接情况和电气设备是否良好。检查轨道及其与两帮的距离是否符合装载机操作运行要求。操作箱距帮不足0.8 m、装载机最大工作高度与巷道顶部的安全距离不足0.2 m，以及周围有其他障碍物时不准开机。

2）装岩前应把电缆挂在电缆钩上或设专人拉电缆，司机必须站在踏板上操作，并注意

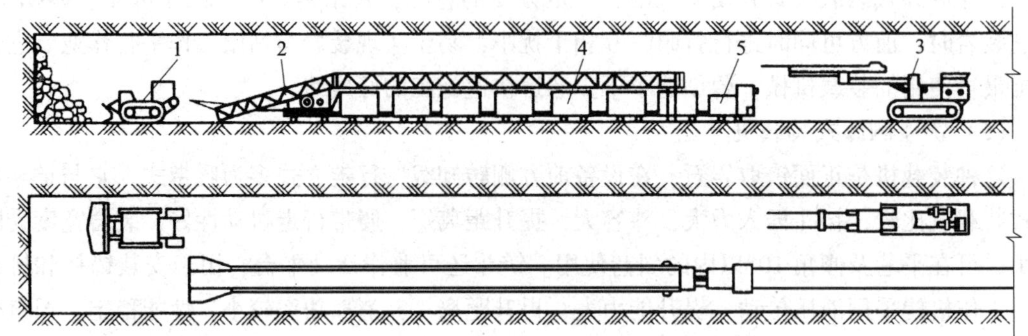

图 4—23 转载机与侧卸式装载机配套

1—侧卸式装载机 2—转载机 3—凿岩台车 4—矿车组 5—电机车

前后人员的安全，以免挤伤人员。

3）禁止人员靠近铲斗动作范围处，卸载时不得靠近挂在装载机后的矿车。遇有大块矸石，不能硬性铲装，须经人工破碎后再进行装载，不准用装载机的铲斗砸撞大块岩石。

4）注油、检查、修理时，装载机必须切断电源。严禁在作业时进行注油、清扫和检修。

5）拆除或修理电气设备时，应由电工操作，严格遵守停送电制度。

6）在淋水条件下工作，电气系统要有防水措施。

7）起爆前，装载机应撤离迎头直线段 20 m 以上，以免崩坏机器。

2. 耙斗式装载机

耙斗式装载机是一种用耙斗作装载机构的装岩设备，电力驱动，行走方式为轨轮式。它不仅适用于水平巷道装岩，也可用于倾角 30°以下的倾斜巷道和弯道装岩。耙斗式装载机的优点是结构简单、维修量小、制造容易、安全可靠、岩尘量小、铺轨简单、适应面广和装岩生产率高，缺点是钢丝绳和耙斗磨损较快、工作面堆矸较多、影响其他工序工作。

耙斗式装载机主要由绞车、耙斗、台车、槽体、滑轮组、卡轨器、固定楔等部分组成，如图 4—24 所示。

耙斗式装载机在工作前，用卡轨器将台车固定在轨道上，并用固定楔将尾轮悬吊在工作面的适当位置。工作时，通过操纵手把启动行星轮或摩擦轮传动装置，驱使主绳滚筒转动，并缠绕钢丝绳，牵引耙斗把矸石耙到卸料槽，副绳滚筒从动，并放出钢丝绳，矸石靠自重从槽口流入矿车，然后副绳滚筒转动，主绳滚筒从动，耙斗空载返回工作面，如图 4—25 所示。这样就能使耙斗往复运行进行装岩。台车需要向前移动时，用人推或用电机车顶动均可，也可借助两个滚轮同时缠绕拉紧钢丝绳，使机器向前移动。

在工作面用于悬挂耙斗尾绳的滑轮叫尾轮。尾轮是用固定楔固定的。硬岩用固定楔长度一般为 400~500 mm，由 45 钢制成的楔体和紧楔两部分组成，如图 4—26a 所示。软岩用固定楔要略长一些，一般为 600~800 mm，楔体由钢丝绳制成，一端制成绳套，另一端穿入一圆锥套内，将钢丝绳向内弯折，再铸铅合金，如图 4—26b 所示。一般楔眼位于岩堆面以上

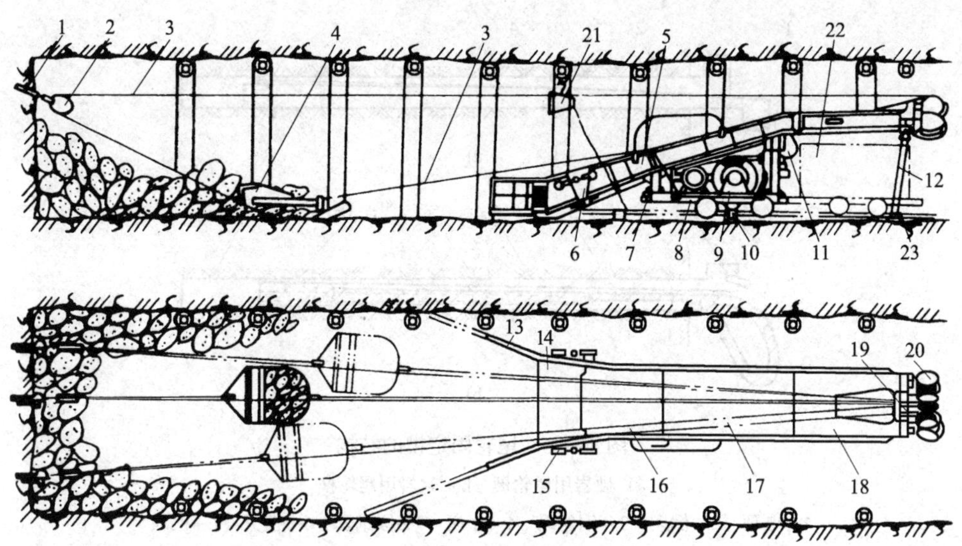

图 4—24 耙斗式装载机

1—固定楔 2—尾轮 3—钢丝绳 4—耙斗 5—机架 6—护板 7—台车 8—操纵机构 9—滚筒 10—卡轨器 11—托轮 12—撑脚 13—挡板 14—簸箕口 15—升降装置 16—连接槽 17—中间槽 18—卸载槽 19—缓冲器 20—头轮 21—照明灯 22—矿车 23—轨道

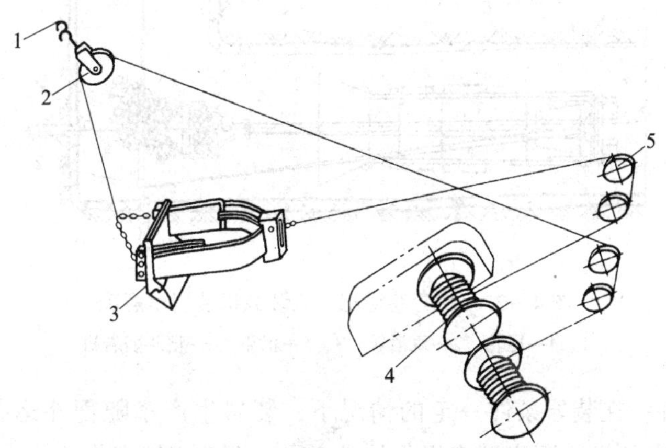

图 4—25 耙斗绳的传动系统

1—挂环 2—尾轮 3—耙斗 4—滚筒 5—导向轮

800～1 000 mm 处，小断面打 2 个眼，较大断面可打左、中、右 3 个眼，眼深比楔子长 100 mm 并向下略带一点角度，以防楔子拔出。

耙斗式装载机适用于净高大于 2 m、净断面积 5 m^{2}以上的巷道。耙斗式装载机在转弯较大的巷道中使用时，首先要在工作面设尾轮，通过在转弯处的开口双滑轮把工作面的矸石耙到转弯处，然后将尾轮 1 移动到尾轮 4 的位置，便可将矸石装入转运设备中去，如图 4—27 所示。装载机生产率随耙岩距离增加而下降，所以耙斗式装载机距工作面不能太远，以

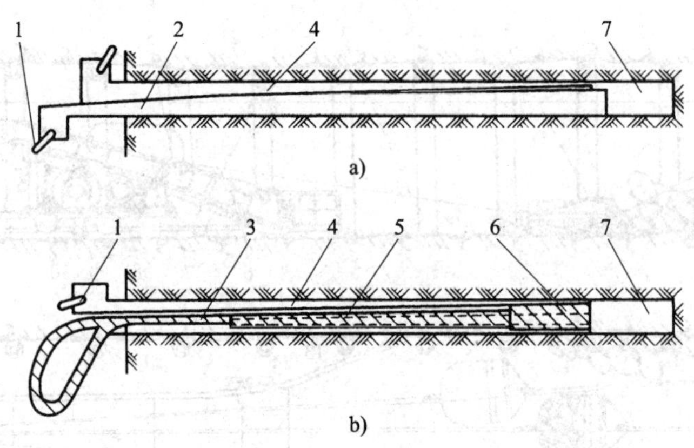

图 4—26 尾轮固定楔的结构

a）硬岩用尾轮楔 b）软岩用尾轮楔

1—圆环 2—倒楔 3—钢丝绳 4—正楔 5—圆锥套 6—楔头 7—楔眼

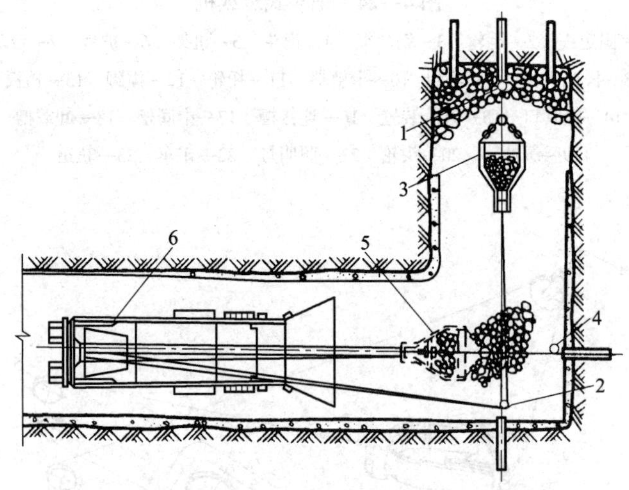

图 4—27 拐弯巷道耙斗式装载机装岩示意图

1、4—尾轮 2—双滑轮 3、5—耙斗 6—耙斗装岩机

6~20 m 为宜。另外，在装岩条件一定的情况下，装岩生产率随耙斗运行速度的增加而提高。其他影响生产率的主要因素还有操作技术水平、调车组织工作等。

耙斗式装载机操作使用中应注意以下安全事项：

（1）耙斗式装载机绞车的刹车装置必须完整、可靠。

（2）必须装有封闭式金属挡绳栏和防耙斗出槽的护栏；在拐弯巷道装岩（煤）时，必须使用可靠的双向辅助导向轮，清理好机道，并有专人负责指挥和信号联系。

（3）耙装作业开始前，甲烷断电仪的传感器必须悬挂在耙斗作业段的上方。

（4）应根据岩性条件确定固定尾轮锚杆形式，及其孔深与牢固程度。

（5）耙斗式装载机只准一人操作，必须将工作面人员及工具全部撤出，发出信号后，方准启动装载机进行装岩工作。

（6）尾槽下清道，必须通知耙斗式装载机司机及有关绞车司机停机、停车、断电后方可进行。例如，某矿开拓二队施工一石门时，副队长正在装岩，一名工人在尾槽下清道，由于耙装时用力过猛，一块大岩石从旁边掉下，砸在该工人的颈部，造成颈骨骨折。

（7）上、下山使用耙斗式装载机装岩，必须设置有效的防跑车保险装置；移动耙斗式装载机前，应对小绞车的固定、钢丝绳及其连接装置、信号、滑轮和轨道铺设质量等进行一次全面检查，发现问题及时处理。移动耙斗式装载机过程中严禁下方有人。

3. 扒爪式装载机

扒爪式装载机曾称为蟹爪式装载机，它是用扒爪作为工作机构的装载机械。这种装载机的特点是装载工作连续，生产率高。其主要组成部分有扒爪、履带行走部分、转载输送机、液压系统和电气系统等，如图 4—28 所示。

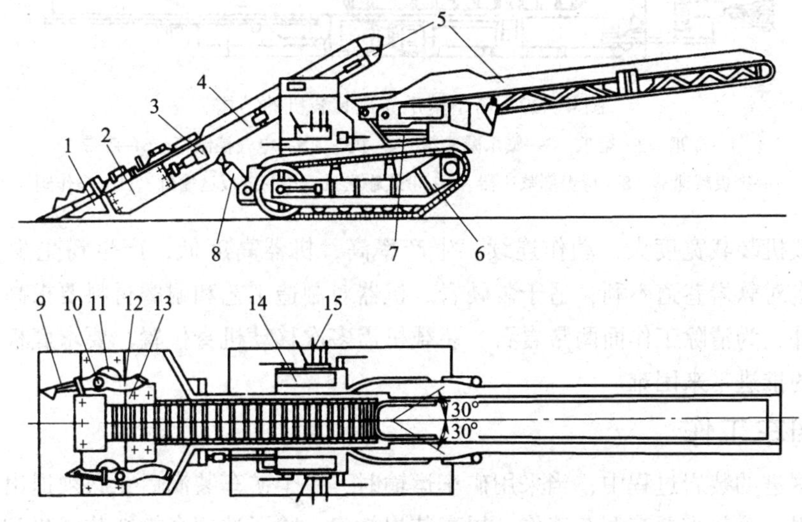

图 4—28 S-60 型扒爪式装载机

1—扒爪装载机构 2—减速器 3—液压马达 4—机头架 5—转载输送机（刮板输送机及带式输送机） 6—行走机构 7—回转台 8—升降油缸 9—耙杆 10—销轴 11—主动圆盘 12—弧线导杆 13—固定销轴 14—电气装置 15—液压操纵装置

这类装载机前端的铲板上设有一对扒爪，在电动机或液压马达驱动下，连续交替地扒取岩石，岩石经刮板输送机运到机尾的带式输送机上，而后装入运输设备。也可不设带式输送机，由刮板输送机直接装入运输设备。输送机的上下、左右摇动，以及铲板的上下摆动都由液压驱动。扒爪式装载机装岩时，其装岩平台必须插入岩堆，否则难以避免发生岩堆塌落，甚至将扒爪压死不能工作。此时，必须将机器退出，再次前进插入岩堆，方能继续装岩。此外，为清理巷道全宽范围内的岩渣，必须多次移动机身的位置，因而增加了操作的复杂性和操作时间，特别是当个别底炮未爆时，扒爪式装载机推进有困难，人工扒岩的辅助劳动仍不能避免。针对这些问题，我国研制成功一种新型蟹爪立爪装载机，用这种装载机配合皮带转载列车，曾达到岩巷独头月进成巷 1056. 8 m 的掘进速度。该机的结构如图 4—29 所示。

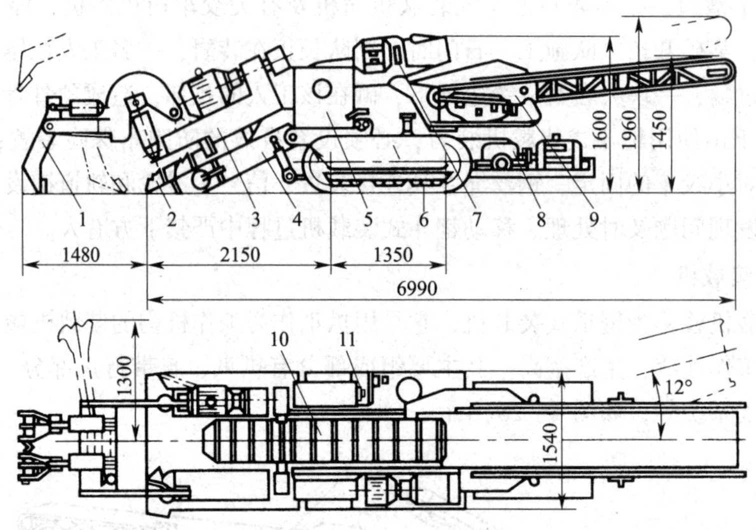

图 4—29 新型蟹爪立爪装载机的结构

1—立爪 2—蟹爪 3—蟹爪减速器 4—机头 5—电气控制箱 6—履带
7—链板减速器 8—行走部减速器 9—带式输送机 10—链板运输机 11—操作阀

这类装载机装载宽度大，动作连续，生产率高，机器高度低，产生粉尘少，但结构复杂，履带行走对软岩巷道不利，适于装硬岩。机器对制造工艺和耐磨材料要求高，维修保养要求高。此外，为清除工作面两帮岩石，装载机需多次移动机身位置，要求底板平整，否则会给装载机的推进带来困难。

二、调车工作

在巷道掘进的装岩过程中，当采用矿车运输时，一个矿车装满后，必须退出，调换一个空车继续装岩，这就需要有调车工作。提高装岩效率，除了选用高效能装载机和改善爆破效果以外，还应合理选择工作面各种调车和转载设施，以减少装载间歇时间，提高实际装岩生产率。同时，要加强装岩调车工作组织和运输工作，及时供应空车，运输重车。

1. 固定错车场调车法

如图 4—30 所示，在单轨巷道中，调车较为困难，一般每隔一段距离需要加宽一部分巷道，以安设错车的道岔，构成环形错车道或单向错车道。在双轨巷道中，可在巷道中轴线铺设临时单轨合股道岔，或利用临时斜交道岔调车。这种调车方法比较简单易行，一般可以用电机车调车或辅以人力。但错车场不能经常紧跟工作面，不能经常保持较短的调车距离，因此装载机的工时利用率只有 20%~30%，可用于工程量不大、工期要求较缓的工程。

2. 活动错车场调车法

为了缩短调车时间，将固定道岔改为浮放道岔、翻框式调车器等专用调车设备。这些设备可以紧随工作面前移，保持较短的调车距离，装载机的工时利用率可达 30%~40%。

（1）浮放道岔

浮放道岔是临时安设在原有轨道上的一组完整道岔，它结构简单，可以移动，现场可自行设计与加工。现选我国常用的几种调车设备分述如下。

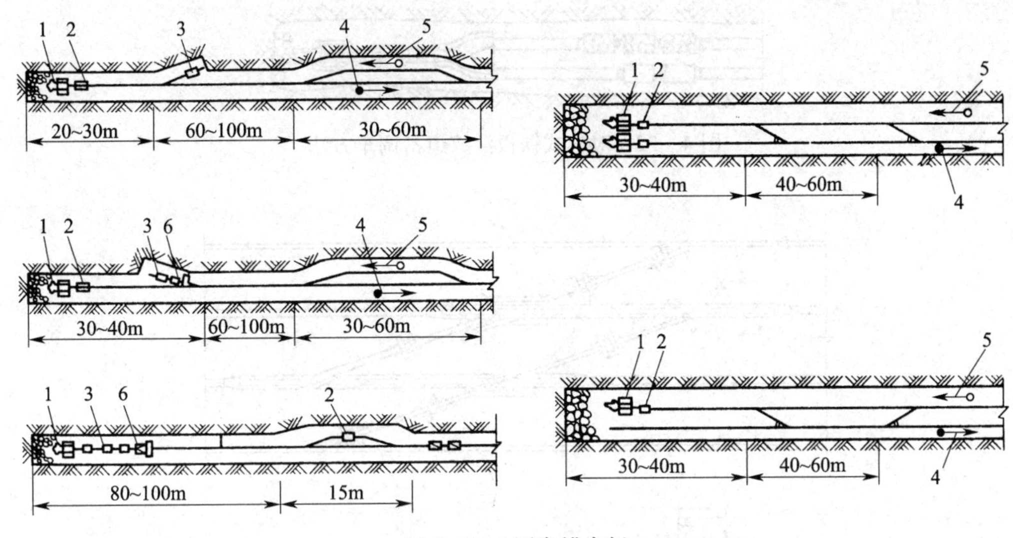

图 4—30 固定错车场

1—转载机 2—重车 3—空车 4—重车方向 5—空车方向 6—电机车

1）对称式铁板浮放道岔。如图 4—31 所示，对称式铁板浮放道岔由 8~10 mm 厚的长方形铁板 4、25 mm 方铁做的方铁轨 3、活动岔尖 1 和扣于两轨间防止道岔移动的 10 mm×90 mm×40 mm 扁铁制成的定位槽 5 组成。为了便于车辆通过，在轨条两头与铁轨接头处，制成扁平道尖，搭在原轨上，使之呈一斜坡状，使用时扣于原轨之上即成，其调车方法如图 4—32 所示。

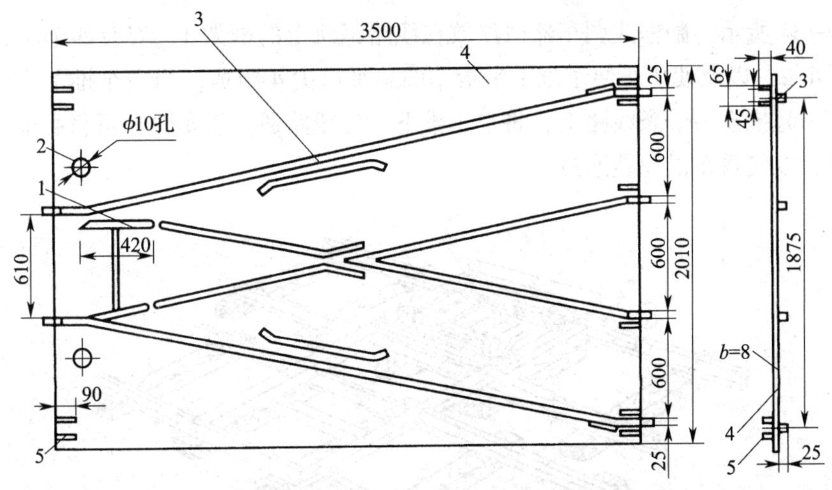

图 4—31 对称式铁板浮放道岔

1—活动岔尖 2—定位孔 3—方铁轨 4—长方形铁板 5—定位槽

2）扣道式浮放道岔。如图 4—33 所示，这种道岔是用扁铁拼焊成长槽形，以便扣在轨道上，在岔尖处焊上小块钢板将道岔连接起来，扣道两头制成斜坡状，以便通过矿车，为使车轮能通过浮放轨道，可在槽钢上割一斜槽。

图 4—32　对称式铁板浮放道岔调车方法

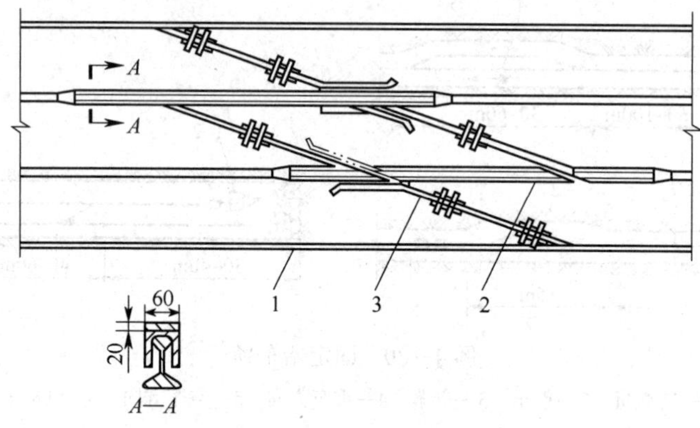

图 4—33　扣道式浮放道岔

1—轨道　2—长槽形扣道　3—渡轨

这种道岔扣在轨道上，轨面只抬高一块扁铁的厚度（20 mm），因此并不妨碍通过车辆。其渡线轨道是用螺栓连接，拆运方便。这种道岔结构简单、移动方便、坚固耐用、使用灵活，其上也可通过装载机和电机车。

（2）翻框式调车器

如图 4—34 所示，翻框式调车器由浮放在线路钢轨上的框架 1、安有四个小轮可沿框架横移的平板车 2，以及使矿车便于推上平板车的扁平道尖 4 组成。当空车推上平板车后，横向连同矿车一起推至另一条线路上，将空车推下。当线路通过重车时，可将翻框式调车器一端折翻起来，以便重车沿原轨通过。

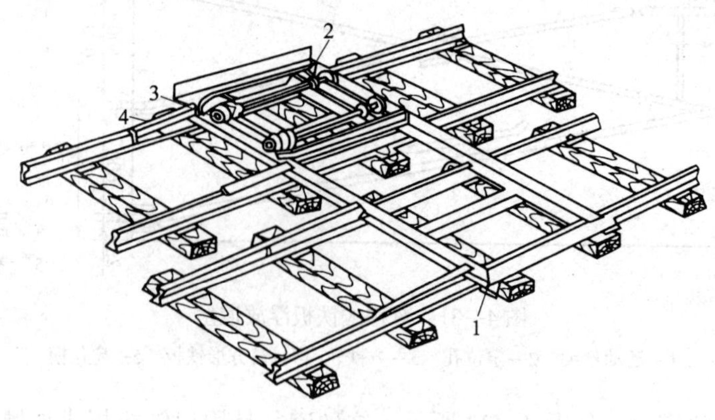

图 4—34　翻框式调车器

1—框架　2—平板车　3—小轮　4—扁平道尖

单、双轨巷利用浮放道岔和翻框式调车器调车方式如图 4—35 和图 4—36 所示。翻框式调车器一般用于单轨巷道，它具有结构简单、质量轻、移动方便的优点，特别是可以保证调车位置接近工作面，为独头巷道快速掘进创造了有利条件。

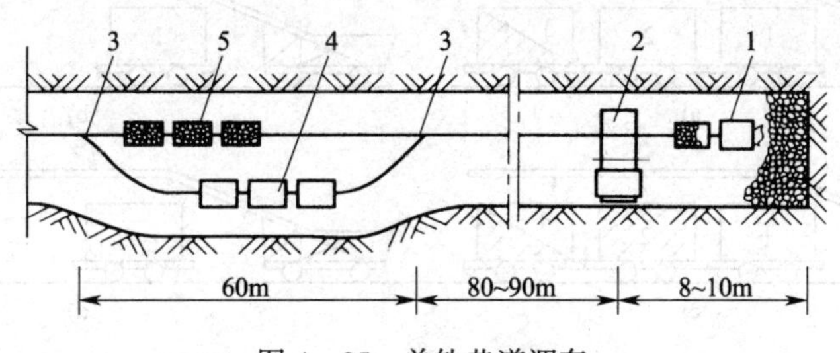

图 4—35　单轨巷道调车

1—装载机　2—翻框式调车器　3—扣道式浮放道岔　4—空车　5—重车

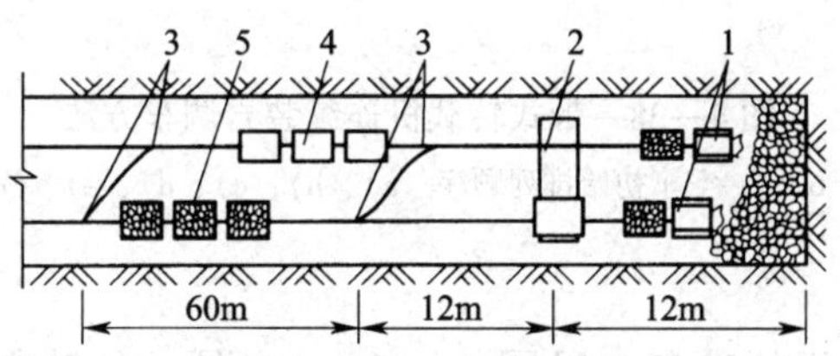

图 4—36　双轨巷道调车

1—装载机　2—翻框式调车器或风动调车器

3—扣道式浮放道岔　4—空车　5—重车

3. 利用专用转载设备调车

上述调车方法虽然可以缩短调车时间，但在调车时仍然需要停止装岩，所以装载效率仍受限制。为了进一步减少调车时间，提高装载机的工时利用率，可将装岩与运输工作组织为装载机—转载机—矿车 3 个过程的作业线，即装载机将岩石装入专用转载机，再由转载机将岩石装入矿车，如图 4—37 所示。这一作业线可以将装载机的工时利用率提高到 60% ~ 70%。转载设备有带式转载机和斗式转载机两种。带式转载机在煤矿系统中采用较多。

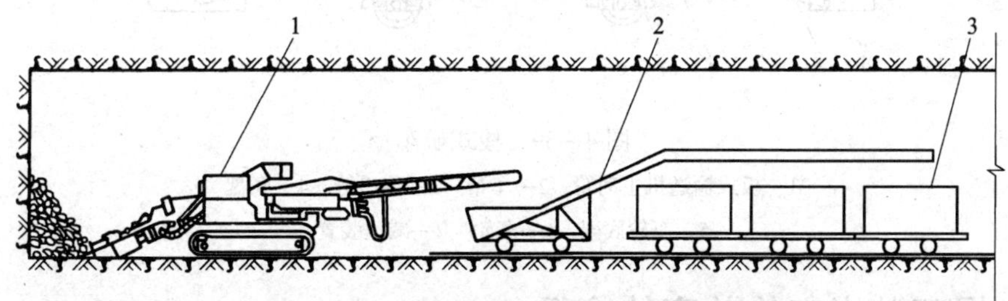

图 4—37　扒爪式装载机与悬臂式转载机转载示意图

1—扒爪式装载机　2—悬臂式转载机　3—矿车

（1）带式转载机

平巷掘进使用的带式转载机按其结构形式，可分为悬臂式、支撑式和吊挂式。装岩前，由电机车推入一组空车。采用反复调车的方法，增加连续装车的数目，缩短总的调车时间，如图 4—38 所示。

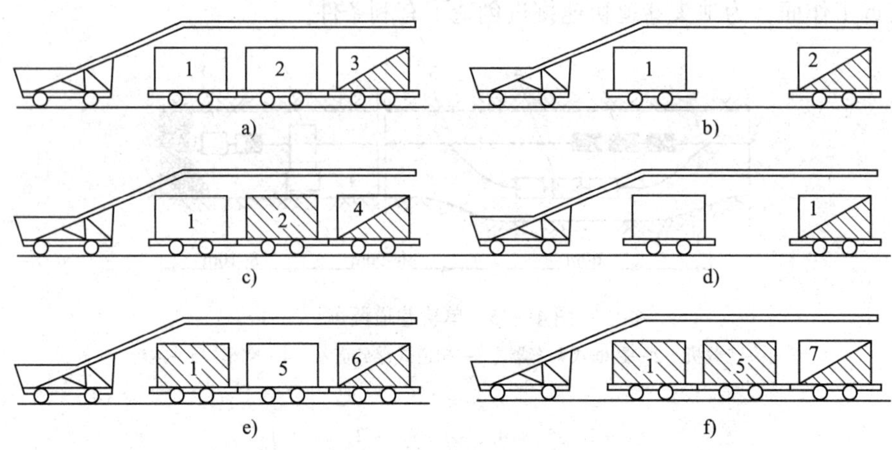

图 4—38　带式转载机连续装岩调车方法

1、2、3、4、5、6、7—空车初始排列顺序　a)、b)、c)、d)、e)、f)—调车步骤序号

(2) 梭式矿车

梭式矿车是一种大容积的矿车（见图 4—39），也是一种转载设备。根据工作面条件，可以采用 1 台梭式矿车，亦可把梭式矿车搭接组列使用，这样可以不需调车，一次将工作面岩石装完运走。

梭式矿车具有装载连续，转载、运输和卸载设备合一，性能可靠等优点，但井下使用一般需要有专门的卸载点，如溜井、矸石仓等。

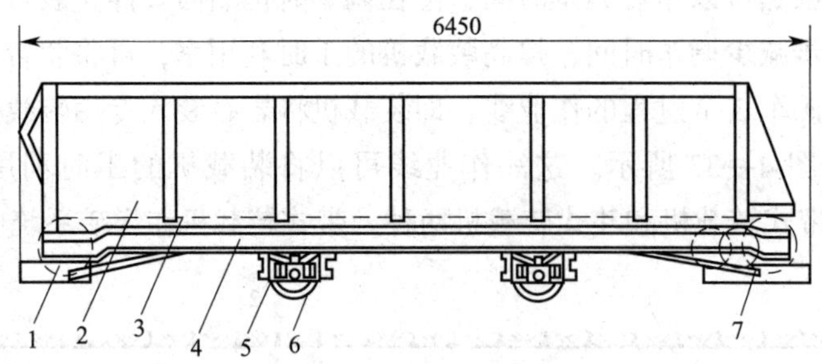

图 4—39　梭式矿车

1—板式输送机主动轮　2—车帮　3—传递链　4—底盘

5—车轮底架　6—车轮　7—减速装置

三、提高装岩工作效率的途径

装岩效率的单位是"m^3/台班"或"m^3/工"。单从巷道经济效果分析，这 2 个数值越高，成本越低。从组织观点出发考虑，工作面同时工作内容越单一，相互干扰越少，效率越高。因此，国外（如瑞典）主要着眼于人工效率，以此为目的的装岩组织工作，工作面工序单一，机械配套，人员减少，效率较高，成本较低，但是，巷道的施工速度一般不很高。

为了组织快速施工，往往要组织多工序平行作业。这样人员、设备必然增多，相互干扰增加，效率较低。但是有时为了生产或建设的总体需要，往往对某项工程组织快速施工而能获得更大的经济效益。因此，在分析装岩工作时，一定要区别这两种情况，根据具体要求，采取下列不同措施，提高装岩效益。

1. 积极推广和研究装岩、运输机械化作业线，不断提高装载机工时利用率，缩短循环中的装岩时间。

2. 积极选用和研制高效能的装载机。在现有设备中，要根据巷道断面大小选用装载机。对于双轨巷道，尽量选用大型耙斗装载机、ZC-2 型侧卸式装载机或扒爪式装载机等大型装载机。一般情况下应避免同时使用 2 台装载机或大断面选用生产力小的装载机。

3. 做好爆破工作。当岩石的块度均匀、适宜，堆放集中，且底板平整时，装载机的效率较高。如 Z-20B 型铲斗式装载机，当块度小于 250 mm 时工作效率最高。当岩石块度大于 500 mm 时，部分装载机无法正常工作。

4. 发展一机多用设备，如钻眼、装载机，钻眼、装岩、锚杆安装机，转载与运输和卸载合一的仓式列车等。

5. 加强装岩调车的组织管理工作

（1）提高装载机司机操作技术，加强作业线的维修保养，以保证装岩熟练，减少故障。

（2）严格执行工种岗位责任制，保证各工种密切配合，工序衔接迅速。

（3）保证稳定的电压或合理提高风动装载机风压。

（4）保证轨道质量，加强经常维护，提高行车速度，减少矿车掉道事故。

（5）加强调度工作，及时供应空车。

第五节　巷道施工组织与管理

一、一次成巷及其作用方式

巷道施工一般主要有两种方法，即分次成巷和一次成巷。

分次成巷就是将巷道分次做成。具体做法是：先把整条巷道掘出来，并用临时支架暂时维护，以后再进行永久支护。分次成巷的缺点是成巷速度慢，材料消耗量大，工程成本高。这种方法只有在掘进对头贯通的巷道时，为了避免发生较大误差，在贯通前 60~100 m 范围内，或亟待贯通的通风、疏水、运料及采煤巷道才允许使用。

一次成巷就是把巷道施工中的掘进、支护、水沟及铺设永久轨道、安设永久管线四个分部工程视为一个整体，在一定的距离内，前后连贯地同时施工，一次做成巷道，不留收尾工程。这种施工方式具有作业安全、施工速度快、施工质量好、节约材料、降低工程成本和施工计划管理可靠等优点。

按照掘进与永久支护的相互关系，一次成巷可分为平行作业、单行作业和交替作业三种。

1. 掘进与支护平行作业

采用掘支平行作业时，一般均用全断面一次掘进方式，适用于围岩较稳定、掘进断面大于 8 m^2的巷道。采用掘砌平行作业时的平面关系如图 4—40 所示，掘进工作面可采用金属拱形临时支架维护或锚杆临时支护。

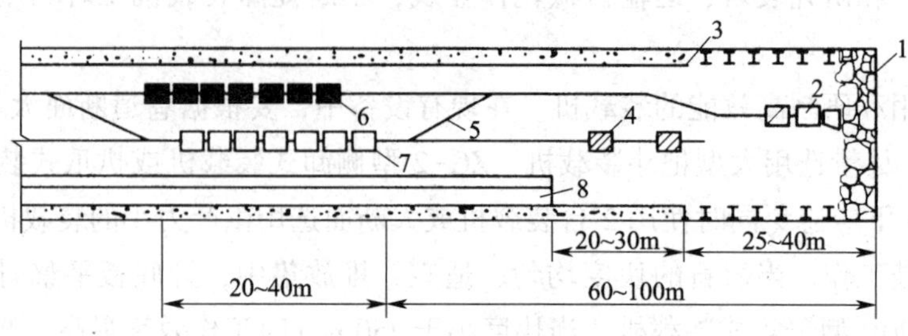

图 4—40 掘砌平行作业的平面关系

1—掘进工作面 2—装岩机 3—砌碹工作面 4—材料车
5—浮放道岔 6—重车 7—空车 8—砌筑水沟

采用掘喷平行作业时，掘进后立即安装部分或全部锚杆，并喷上一薄层砂浆或混凝土，作为临时支护，待掘进工作面推进 20 m 左右，再补打锚杆，一次喷够设计厚度。

2. 掘进与支护单行作业

这种作业方式就是先将巷道掘进一段（一般 20 m 左右）后，停止掘进，然后边拆除临时支架，边将该段巷道改换成永久支护。它常用在断面较小的巷道。当围岩稳定性较差时，可采用短段掘砌（支）的施工方法。

3. 掘进与支护交替作业

当一个综合工作队施工两条以上临近的巷道时，可在一条巷道内掘进，而在另一条巷道内更换永久支护，轮流交替完成掘进与支护。

4. 一次成巷的施工平面布置

实行一次成巷除了要正确选择施工方案外，还要合理安排分部工程与各工序间的关系，采用科学的施工组织与先进的施工管理方法，并配备一定的技术装备。

施工平面布置就是合理安排掘、支、水沟、铺轨等分部工程在时间上和距离上的相互关系。施工平面布置将随掘进方式、作业方法、永久支护的材料与结构的不同而异。图 4—41 为双轨运输大巷的平行作业施工平面布置图的一个例子，图中所示采用金属拱形临时支架，料石砌碹永久支护，还表达了其掘、砌、挖砌水沟各分部工程之间的关系。

二、一次成巷的施工组织管理工作

平巷掘进工作牵涉面较广，影响快速施工的因素很多。因此，提高掘进速度的措施也应该是多方面的改进，既要有施工操作技术方面的提高，又要进行掘进设备方面的革新，而且还必须有严密的施工组织和管理工作。同时，施工组织管理工作必须结合施工技术水平和工作面配备的掘进设备情况来考虑。

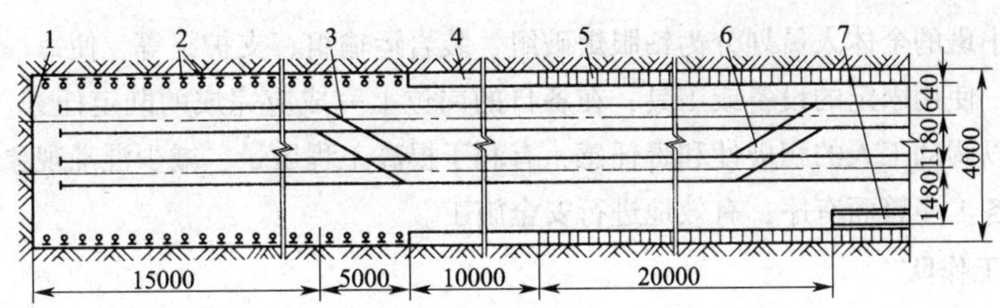

图 4—41 双轨运输大巷的施工平面布置示意图

1—掘进迎头 2—临时金属支架 3—扣道式浮放道岔

4—墙 5—拱 6—调车场 7—水沟

1. 多工序平行交叉作业

合理安排工序，组织多工序平行交叉作业，就是把打眼、装岩、支护等主要工序和其他辅助工序分主、次地进行统一安排外，尽可能使更多的工序平行交叉作业，充分利用巷道有限的空间和时间，这是缩短循环时间、实现快速掘进的重要组织措施。

例如，每次掘进循环，装岩需要 3 h，打眼需要 2 h，如装完岩再打眼，则装岩和打眼两项主要工序就需要 5 h 才能完成，而当采取措施使装岩和打眼工序实行部分平行作业时，例如采用抛碴爆破法，起爆通风后，装岩的同时即可站在前边岩堆上打顶部眼 1 h，然后待工作面矸石装完再打下部眼 1 h，这样完成装岩和打眼同样工作量的总时间就缩短了 1 h。

实行多工序平行交叉作业的安排原则应是：首先抓住占工时长的各主要工序，并为其他次要工序创造条件，使它们与主要工序平行进行。

根据各地实现快速施工的经验，平行交叉作业可在以下工序中实现。

(1) 交接班与安全质量检查平行作业。

(2) 打眼、装岩与永久支护各工序平行作业。

(3) 看中、腰线与准备打眼，敷设风、水管平行作业。

(4) 用铲斗式装载机装岩时，打工作面中部以上的炮眼与装岩平行作业，用耙斗式装载机装岩时，打左边眼与装右边矸石平行作业，打右边眼与左边装岩平行作业，打下部眼与装后边矸石平行作业。

(5) 打下部眼与工作面铺轨、清扫炮眼平行作业。

(6) 移动耙斗式装载机与延接风、水干管平行作业。

(7) 工作面打锚杆与装岩平行作业。

(8) 装药与掩护设备工具平行作业。

(9) 砌水沟与铺永久轨道平行作业。

组织多工序平行交叉作业，必须结合具体施工条件，在统一认识的基础上实现。实践表明，要真正做到各工序平行交叉作业，必须有严格的工种岗位责任制，才能避免混乱现象，有效地保证正规循环作业。

2. 工种岗位责任制

工种岗位责任制，也就是实行任务到组、固定岗位、责任到人的一项制度，即按工作性质，把每一小班的全体人员划分为钻眼爆破组、装岩运输组、支护组等，使每一个人明确在一定时间内，使用固定的设备或工具，在各自的岗位上完成应完成的既定任务。实践证明，这种制度可以调动工人的积极性和责任感，有利于提高工程质量，减少混乱现象，使各工种紧而不乱，各工序繁而有序，有效地进行安全施工。

3. 综合工作队

把掘进、支护、水沟、铺轨，以及运输、机电等辅助人员都组织在一起，以便于统一指挥，并使各组之间能密切配合施工，该组织称为综合工作队。这是一项有效的施工组织形式，是保证平行作业各工种之间配合协作的有效措施。

4. 正规循环作业和循环图表的编制

在巷道施工中，实行正规循环作业，是指按照作业规程中循环图表的规定，在规定时间内，在掘进、支护工作面上，以一定的人力、设备、工具，保质保量地完成一定的工程任务，并保证周而复始地进行施工。只要认真推行正规循环作业，就能全面地、有计划地、均衡地完成施工任务。要实现正规循环作业，必须编制出符合现场实际情况，能切实指导施工的循环作业图表。其编制方法如下。

(1) 在编制图表前，首先要深入现场，对各工序正常施工所需要的人数和时间进行调查。根据巷道的断面和地质条件、施工任务及内容，以及施工技术水平和技术装备等情况，选择并确定一次成巷的作业方式。

(2) 循环进度决定了每循环的工作量，循环进度大，则小班循环次数就少。根据我国目前一般技术装备条件，可采用每班多循环，如地质条件差或巷道断面过大，亦可采用每班1循环以至每日1循环。有了班循环次数，就知道了每循环的时间，班循环次数最好为整数，即不要跨班（或跨日）完成循环，这样可保证工序之间的顺利衔接。

就我国当前情况，与班循环次数相应的循环进度，对于中硬或软岩一般为1.5~1.8 m，硬岩为1.3~1.5 m。

(3) 根据所选的循环进度的工程量，分别把估算出的打眼、装岩和起爆、通风等主要工序所需的时间加起来，作为一个循环时间的主要部分，然后看它是否与预定循环时间接近，如相差较大，则可采用打眼、装岩平行作业的措施，或通过缩小（加大）循环进度、改变班循环次数的方法来调整，使之相互接近为止。

(4) 以上述主要工序及所需时间为主，填入图表内，其他工序则应结合具体情况，尽可能地采取与主要工序平行交叉作业的方式。

在制定图表时，为了防止实际工作中不可预见的事故及短时间停工打乱循环作业，应将10%的备用时间考虑在内。

必须指出，循环图表的编制，必须建立在实践的基础上，按照实际条件，摸清施工规律，再通过不断实践和修改，才能使其真正起到指导施工的作用。

根据巷道掘进的发展趋势，要进一步提高效率，加快速度，除发动群众，总结经验，不断解决施工中的薄弱环节，采用新型设备提高施工机械化水平外，还应积极学习，推广先进经验，改进爆破技术，提高循环进度。

某煤矿-600 m 水平西大巷掘喷平行作业循环图表如图 4—42 所示。

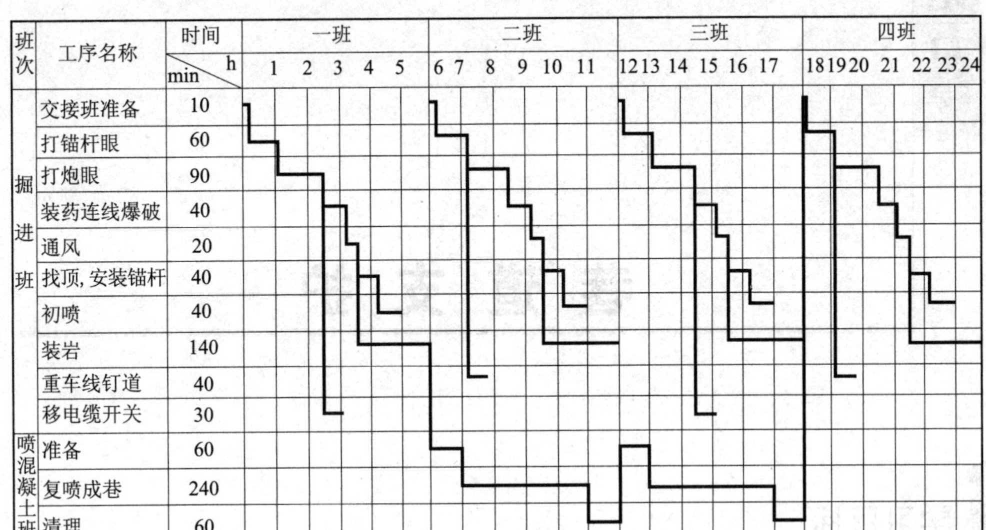

图 4—42　某煤矿-600 m 水平西大巷掘喷平行作业循环图表

思考练习题

1. 掘进工作面的炮眼，按其用途和位置可分为哪几类？各有何作用？
2. 炮眼布置方法和原则有哪些？
3. 巷道掘进的爆破参数主要有哪些？
4. 爆破说明书的主要内容有哪些？
5. 爆破安全注意事项有哪些？
6. 什么是光面爆破？光面爆破有何优点？光面爆破的标准是什么？
7. 掘进通风方式有哪几种？各有何优缺点？
8. 岩巷掘进的综合防尘措施有哪些？
9. 何谓一次成巷？一次成巷有何优越性？
10. 何谓正规循环作业？何谓平行交叉作业？

第五章 巷道支护

学习目标

掌握各种支护材料、锚喷支护、锚喷网联合支护及普通支架支护，了解锚杆支护作用原理；能正确喷射混凝土施工。

巷道支护是煤矿安全生产的重要保证，为了保持巷道的稳定性，防止围岩垮落或变形过大，巷道掘进后一般都要进行支护。煤矿巷道支护经历了木支护、砌碹支护、型钢支护到锚杆支护的漫长过程。现在锚喷支护在矿山得到了较广泛的使用，这是支护技术的一次重大革新与进步。支护使用的材料，有木材、金属材料、石材、混凝土、钢筋混凝土、砂浆等。水泥是广泛使用的胶凝材料。

第一节　支 护 材 料

一、水泥

水泥是粉末状物质，与适量水混合后，经过物理化学过程，能由可塑性浆体变成坚硬的石状体，并能将散粒材料胶结成为整体的混凝土。水泥属于水硬性胶凝材料，即与水混合后不但能在空气中硬化，而且能在潮湿环境及水中硬化，保持并增长强度。水泥的品种很多，但应用最广泛的是硅酸盐类水泥。其常用的品种有硅酸盐水泥、普通硅酸盐水泥、矿渣硅酸盐水泥、火山灰质硅酸盐水泥和粉煤灰硅酸盐水泥等。

1. 硅酸盐水泥

(1) 硅酸盐水泥的矿物组成

以石灰石、黏土、铁矿物按比例混合磨成的细的生料，烧至部分熔融，所得以硅酸钙为主要成分的硅酸盐水泥熟料，加入适量石膏，磨细制成的水硬性胶凝材料，称为硅酸盐水泥。

（2）水泥的凝结时间

水泥凝结时间分为初凝和终凝。初凝时间为从水泥加水拌和起至水泥浆开始失去可塑性所需的时间。终凝时间为从水泥加水拌和起至水泥浆完全失去可塑性并开始产生强度所需的时间。

水泥的凝结时间对使用具有重要意义。水泥的初凝不宜过早，以便在施工时有足够的时间完成混凝土和砂浆的搅拌、运输与砌筑等操作。水泥的终凝不宜过迟，以使混凝土施工完毕后，尽快硬化，达到一定强度，便于及早承载和下一步施工工艺的进行。国家标准规定，硅酸盐水泥的初凝时间不得早于 45 min，终凝时间不得迟于 12 h。

（3）水泥的强度

水泥的强度是水泥性能的重要指标，也是评定水泥强度等级的依据。

国家标准规定水泥强度用软练法检验，即将水泥和标准砂按 1∶2.5 的比例混合，加入规定数量的水，按规定方法制成标准尺寸（4 cm×4 cm×16 cm）的试件，在标准条件下养护后进行抗折、抗压强度试验。各强度等级水泥在各龄期的强度值不得低于表 5—1 所列数值。

表 5—1 硅酸盐水泥和普通硅酸盐水泥的强度

品种	强度等级	抗压强度（MPa）		抗折强度（MPa）	
		3 d	28 d	3 d	28 d
硅酸盐水泥	42.5	≥17.0	≥42.5	≥3.5	≥6.5
	42.5R	≥22.0	≥42.5	≥4.0	≥6.5
	52.5	≥23.0	≥52.5	≥4.0	≥7.0
	52.5R	≥27.0	≥52.5	≥5.0	≥7.0
	62.5	≥28.0	≥62.5	≥5.0	≥8.0
	62.5R	≥32.0	≥62.5	≥5.0	≥8.0
普通硅酸盐水泥	42.5	≥17.0	≥42.5	≥3.5	≥6.5
	42.5R	≥22.0	≥42.5	≥4.0	≥6.5
	52.5	≥23.0	≥52.5	≥4.0	≥7.0
	52.5R	≥27.0	≥52.5	≥5.0	≥7.0

（4）硅酸盐水泥的应用

在常用的水泥品种中，硅酸盐水泥强度等级较高，常用于重要结构中的高强度混凝土、钢筋混凝土和预应力混凝土工程。

硅酸盐水泥凝结硬化较快，适应于要求早期强度高、凝结快的工程。地下工程的喷浆及喷射混凝土支护等适于采用硅酸盐水泥。

硅酸盐水泥在水化过程中放出大量热，因此适于冬季施工时使用，也由于同样原因，硅酸盐水泥不宜用于大体积混凝土工程。

硅酸盐水泥抗软水侵蚀和抗化学侵蚀性差，所以不宜用于受流动的软水作用和有水压作用的工程，也不宜用于受海水和矿物水作用的工程。

2. 普通硅酸盐水泥

凡由硅酸盐水泥熟料、少量混合材料、适量石膏磨细制成的水硬性胶凝材料，都称为普通硅酸盐水泥，简称为普通水泥。掺活性混合材料时，掺量不得超过15%；掺非活性混合材料时，掺量不得超过10%；同时掺活性和非活性混合材料时，总量不得超过15%，其中非活性混合材料不得超过10%，窑灰不得超过5%。

按照国家标准，普通硅酸盐水泥分为42.5、42.5R、52.5和52.5R四个强度等级。各强度等级水泥在各龄期的强度值不得低于表5—1所列数值。

普通硅酸盐水泥与硅酸盐水泥的区别仅在于其中含有少量混合材料，而绝大部分仍是硅酸盐水泥熟料，故其基本性能与硅酸盐水泥相同。但由于掺有少量混合材料，某些性能与硅酸盐水泥相比又稍有差异。与相同强度等级的硅酸盐水泥相比，普通硅酸盐水泥早期硬化速度稍慢，抗冻、耐磨等性能也较硅酸盐水泥稍差。

普通硅酸盐水泥凝结时间要求与硅酸盐水泥相同。它的使用范围与硅酸盐水泥也基本相同，但它的强度等级范围较宽，便于合理选用。

3. 掺混合材料的硅酸盐水泥

（1）混合材料

在水泥磨细时，所掺入的天然或人工的矿物材料，称为混合材料。混合材料按其性能可分为活性混合材料（水硬性混合材料）和非活性混合材料（填充性混合材料）。

活性混合材料磨成细粉后，能与水泥熟料水化后生成的氢氧化钙溶液发生水化反应，生成具有胶凝性的水化物（水化硅酸钙、水化铝酸钙），既能在空气中硬化，又能在水中硬化。因此，硅酸盐水泥熟料掺入适量活性材料，不仅能提高水泥产量、降低水泥成本，而且可以改善水泥的某些性能，调节水泥强度等级，扩大使用范围，还能充分利用工业废渣。这类混合材料常用的有粒化高炉矿渣和火山灰质混合材料。火山灰质混合材料包括火山灰、硅藻土、沸石、凝灰岩、烧黏土、煅烧的煤矸石、煤渣与粉煤灰等。

非活性混合材料磨成细粉与氢氧化钙加水拌和后，不能或很少生成具有胶凝性的水化物，在水泥中仅起填充作用，例如石英砂、黏土、石灰石及慢冷矿渣等，掺入硅酸盐水泥熟料中仅起提高水泥产量、降低水泥强度等级和减少水化热等作用。

窑灰是从水泥回转窑窑尾废气中收集来的粉尘。作为混合材料，其性能介于非活性混合材料与活性混合材料之间。

（2）掺混合材料的硅酸盐水泥

我国目前生产的掺混合材料的硅酸盐水泥主要有矿渣硅酸盐水泥、火山灰质硅酸盐水泥和粉煤灰硅酸盐水泥3种。

凡由硅酸盐水泥熟料和粒化高炉矿渣加入适量石膏磨细制成的水硬性胶凝材料，都称为矿渣硅酸盐水泥，简称矿渣水泥。水泥中粒化高炉矿渣掺加量按质量计为20%~70%。允许用不超过混合材料总掺量1/3的火山灰质混合材料或粉煤灰、石灰石、窑灰代替部分粒化高炉矿渣，但代替数量最多不得超过水泥质量的 15%，其中石灰石不超过 10%，窑灰不超过 8%。

凡由硅酸盐水泥熟料和火山灰质混合材料加入适量石膏磨细制成的水硬性胶凝材料，都称为火山灰质硅酸盐水泥，简称火山灰水泥。水泥中火山灰质混合材料掺加量按质量计为 20%~50%，允许掺加不超过混合材料总掺量 1/3 的粒化高炉矿渣代替部分火山灰质混合材料。

凡由硅酸盐水泥熟料和粉煤灰加入适量石膏磨细制成的水硬性胶凝材料，都称为粉煤灰硅酸盐水泥，简称粉煤灰水泥。水泥中粉煤灰掺加量按质量计为 20%~40%，允许掺加不超过混合材料总掺量 1/3 的粒化高炉矿渣。此时，混合材料总掺量可达 50%，但粉煤灰掺量仍不得超过 40%。

矿渣硅酸盐水泥、火山灰质硅酸盐水泥和粉煤灰硅酸盐水泥有 32.5、32.5R、42.5、42.5R、52.5 和 52.5R 六个强度等级，目前生产较多的为 32.5 和 42.5 号。掺混合材料的 3 种硅酸盐水泥凝结时间要求与硅酸盐水泥相同。

掺混合材料的 3 种硅酸盐水泥与硅酸盐水泥或普通硅酸盐水泥相比，它们的共同特性是：凝结硬化速度较慢，早期强度较低，但后期强度增长较快，甚至超过同强度等级的硅酸盐水泥，水化放热速度慢，放热量也低，对温度的敏感性较高，温度较低时硬化很慢，温度较高时（60~70 ℃）硬化速度大大加快，往往超过硅酸盐水泥的硬化速度，抵抗软水及硫酸盐介质的侵蚀能力较硅酸盐水泥高。这 3 种水泥的抗冻性差。矿渣硅酸盐水泥和火山灰质硅酸盐水泥的干缩性大，而粉煤灰硅酸盐水泥的干缩性小。火山灰质硅酸盐水泥的抗渗性较高，矿渣硅酸盐水泥的耐热性较好。

这 3 种水泥除能用于地面外，还特别适用于地下和水中的一般混凝土和大体积混凝土结构，以及蒸汽养护的混凝土构件，也适用于有一般硫酸盐侵蚀的混凝土工程。

在水泥运输或储存时，一定要注意防潮、防水，且保存期不宜过长，因空气中有水分及二氧化碳气体，会严重降低其强度极限和延长终凝时间，一般 3 个月后就会使强度降低 10%~20%，超过 3 个月，必须重新测定强度等级，按测得的强度等级使用。

二、混凝土

井巷支护常用的混凝土是由水泥、砂、石子和水组成的。其中，砂、石子起骨架作用，小石子充填于大石子空隙中，而砂又充填于石子空隙中。石子称为粗骨料，砂称为细骨料，水泥称为胶凝材料，掺水后成为水泥浆，将砂、石胶凝在一起，经凝结、硬化形成坚硬的混凝土。

1. 混凝土的组成材料

（1）水泥

水泥是混凝土中的胶结材料。配制混凝土时，正确选择水泥品种及强度等级是至关重要的，它是决定混凝土质量和经济合理性的主要因素。

（2）细骨料

粒径为 0.15~5 mm 的骨料称为细骨料，常用者为天然砂（海砂、河砂、山砂），以河砂为优。

天然砂中常夹有一些有害杂质，如黏土、淤泥、云母、硫酸盐、硫化物等，会影响水泥的黏结，减小混凝土强度，使钢筋锈蚀。如有害杂质含量超过有关规定，则必须水洗、筛选，并控制在允许范围内。

砂按粒径不同可分为粗砂、中砂和细砂。细砂总表面积大，包围砂粒的水泥浆就要多，水泥用量就大，粗砂总表面积小，节省水泥，但砂粒间孔隙大，孔隙内又增加了水泥浆，而且在凝结前会产生泌水现象，影响混凝土质量，故砂的粒径大小必须合理搭配。

（3）粗骨料

凡粒径大于 5 mm 的骨料称为粗骨料，常用的有卵石和碎石 2 种。碎石比卵石表面粗糙、多棱角，空隙率和总表面积较大，在同样条件下，用其制作的混凝土强度较高。

粗骨料有害杂质的含量不得过大，具有针、片状的颗粒不得过多，否则会使混凝土强度降低。

粗骨料大小也应合理搭配，使之互相充填，减少空隙，以增加混凝土的密实性，节省水泥用量。粗骨料粒径以 5~60 mm 为宜。

（4）水

一般饮用水均可拌制混凝土及养护混凝土。对水的要求是 $pH>4$，硫酸盐含量按 SO_4^{2-} 计不应超过水质量的 1%。

2. 混凝土的主要技术性质

未成形的混凝土拌和物必须具有良好的和易性，即合适的稠度、良好的黏滞性和保水性，以便于施工。硬化后的混凝土则需达到设计强度和有关技术性能。

（1）混凝土拌和物的和易性

混凝土组成材料按一定的比例加以配合、拌匀而未凝结以前，称为混凝土拌和物。

混凝土拌和物的和易性是指新拌和的混凝土拌和物在保证质地均匀、各组成成分不离析的条件下，适合于拌和、运输、浇灌和捣实的综合性质。和易性好的混凝土拌和物易于搅拌均匀，运输与浇灌时不会产生离析，泌水捣实时，流动性大，易于充满模板各部空间，所制成的混凝土内部质地均匀致密，其强度和耐久性得以保证。

测定和易性普遍使用坍落度试验。如图 5—1 所示，将调配好的混凝土拌和物分层装入

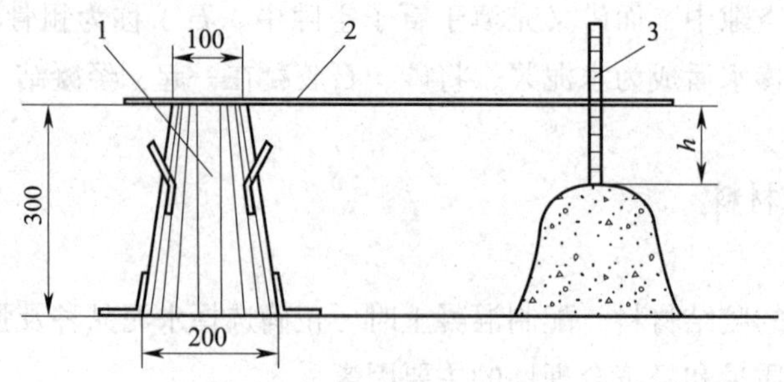

图 5—1　坍落度的测定

1—锥筒　2—横尺　3—量尺

标准圆锥筒内，将顶面刮平，然后提起圆锥筒，其拌和物必然产生坍落，其坍落高度值 h（以厘米计）称为坍落度。由于坍落度只表示混凝土拌和物的流动性，故在测定坍落度的同时，结合混凝土拌和物表面情况来观察其和易性。例如，以捣固棒轻轻击打混凝土拌和物表面，看其坍落体是否有分层离析等现象，以抹刀抹面，看其表面是否光滑，砂浆是否饱满等，以此综合评定其和易性的优劣。根据混凝土坍落度大小，将其划分为 5 种（见表 5—2），可供设计参考。

表 5—2　　混凝土拌和物的坍落度选用

和易性	坍落度（cm）	适用条件	施工条件
干硬性	0	预制构件	机械振动
低塑性	1~3	预制构件	
可塑性	3~5	现浇构件	
流动性	5~10	现浇构件、钢筋较密	
易流性	10~20	现浇混凝土	

（2）混凝土强度

混凝土强度包括抗压强度、抗拉强度、抗剪强度和抗弯强度等，其中以抗压强度为最大。混凝土强度的测定，是以其拌和物按标准（15 cm×15 cm×15 cm）做成的立方体试件，在标准条件下（温度 20 ℃、相对湿度 90%~100%）养护 28 天后，进行抗压强度试验，其极限抗压强度就称为混凝土的强度。按强度不同，混凝土可分为 14 个等级，即 C15、C20、C25、C30、C35、C40、C45、C50、C55、C60、C65、C70、C75、C80。

3. 混凝土外加剂

为了改善混凝土拌和物的和易性，调节其凝固时间，控制强度增长速度，提高混凝土的密实性和耐久性，在混凝土材料中常掺入一些外加剂，如早强剂、减水剂、速凝剂等。

（1）早强剂

为提高混凝土早期强度而用的外加剂称为早强剂。常用的早强剂有氯化钙和氯化钠。它对水泥中硅酸三钙和硅酸二钙的水化起催化作用，促使水泥早强。早强剂一般掺量为水泥质量的 1%~2%，可使混凝土在前三天的抗压强度增长到 40%~60%。由于氯盐对钢筋有锈腐作用，在钢筋混凝土中不应使用。

（2）减水剂

为了提高混凝土拌和物的和易性又能相应减少拌和水量而使用的外加剂，称为减水剂。常用的减水剂有亚硫酸盐纸浆废液和木质素硫黄酸钙等。它们均为表面活性物质，掺入混凝土中被水泥颗粒吸附在表面上，加大水泥颗粒之间的静电斥力，使水泥颗粒分散，破坏凝胶体结构，使其内部的游离水释放出来，从而增加了混凝土拌和物的流动性，并可大量地减少拌和水量，提高了混凝土的密实性，增加了混凝土的强度和抗渗、抗冻性等，效果十分显著。

(3) 速凝剂

为了使混凝土快速凝结并迅速达到较高的强度而使用的外加剂，称为速凝剂。常用的速凝剂有红星Ⅰ型和711型，掺入后可使水泥在5 min内初凝，10 min内终凝。初始强度为未掺速凝剂时的3倍左右，但3天以后的强度则比不掺速凝剂时降低12%～30%，而且掺入量越多，后期强度损失越大，其最佳掺量为水泥质量的2.5%～4%。速凝剂的吸湿性强，应妥善保管，受潮后对速凝效果有显著影响。

三、砂浆

1. 砂浆种类

砂浆由胶结材料、水及细骨料配合组成。常用的胶结材料有水泥、石灰、石膏等，细骨料以天然砂用得最多，有时也可使用细矿渣及石屑等。砂浆与混凝土的区别在于不含粗骨料，因此，混凝土的和易性、强度、耐久性等性质，基本上适合于砂浆，但有些性质还有不同的要求。

砂浆按胶结材料不同，有以下几种：

(1) 水泥砂浆

水泥砂浆是以水泥作胶结材料的砂浆，多用于井巷工程。

(2) 石灰砂浆

石灰砂浆是以石灰作胶结材料的砂浆，多用于地面建筑砌体或抹面。

(3) 混合砂浆

混合砂浆是水泥与石灰混合使用的砂浆，多用于地面建筑工程。

2. 砂浆的性质与配合比

(1) 砂浆的基本性质

1) 砂浆拌和物的和易性。砂浆由组成材料拌和后，尚未凝固时，称为砂浆拌和物。其拌和物必须有适宜于施工的工艺性质，通常称为和易性。和易性好的砂浆，不仅在运输和施工过程中不易产生分层、析水现象，而且容易在砖石面上铺成均匀的薄层，能与砖石面很好地黏结。和易性差的砂浆，则不但施工困难，而且强度、密实性和耐久性均差。砂浆和易性的好坏，决定于砂浆的流动性和保水性。

砂浆的流动性也称为稠度，通常用标准圆锥体在砂浆内沉入的深度（以cm为单位）数值表示，此值又称为“沉入度”。影响砂浆流动性的因素有加水量、胶结材料用量、细骨料的粗细和颗粒圆滑状况、细骨料的空隙率、搅拌时间等。

保水性是指砂浆拌和物在运输或停放过程中能均匀地保持水分的性能。保水性差的砂浆，在运输、停放时，水容易析出上浮，砌筑时水分易被砌体吸收，致使砂浆干固。保水性的好坏主要取决于组成材料的配合比，胶结材料少，水与砂增多，保水性就差，反之则保水性好。为了增加保水性，可掺入塑化剂或其他掺和料。

2) 砂浆的强度。砂浆的强度以抗压极限强度为主要指标。将7.07 cm×7.07 cm×7.07 cm的立方体试块，在温度为(20±5)℃、正常条件下的室内不通风养护28天后，进行抗压极限强度测定，其各试件平均抗压极限强度定为砂浆强度等级。砂浆强度等级划分为M5、

M7.5、M10、M15、M20、M25、M30 共 7 级。

（2）砂浆的配合比设计

砂浆强度等级的高低和它的组成成分配合比有关。设计配合比的原则与混凝土相同，都是为了满足和易性、强度、耐久性和经济性等要求。水泥品种根据砂浆用途选择，水泥强度等级根据经济原则与和易性而定。骨料以天然砂为好，也可用工业废料、石屑和其他代用材料。

四、其他材料

1. 木材

用作矿井支架的木材称为坑木。常用的坑木有松木、杉木、桦木、榆木和柞木，其中以松木为主。

木材具有纹理，平行纤维（顺纹）方向与垂直纤维（横纹）方向的强度是不相同的。

木材经防腐处理，能延长服务年限，从而节省坑木用量。在矿井支护中节约坑木和采用坑木代用品，有着重要意义。

2. 钢材

井巷支护所用的钢材，主要是用普通碳素钢（低碳钢或中碳钢）制成的各种型钢，如钢轨、工字钢、槽钢和角钢等，常用型钢标记及标注方法见表 5—3，还有专门用于矿山的特殊型钢和矿用工字钢，如图 5—2 和图 5—3 所示。

用型钢制作的支架，具有强度高、使用期长、可多次复用、容易安装、耐火性强等优点，但是初期投资大。

表 5—3　常用型钢标记及标注方法

名称	剖面形状	标记		标注方法
		符号	尺寸	
圆钢	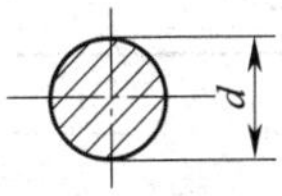 d	∅	d	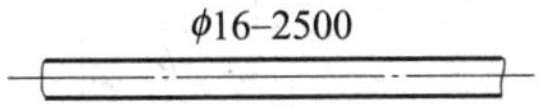 ϕ16–2500
方钢	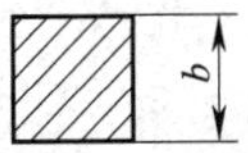 b	□	b	 □16–2000
扁钢	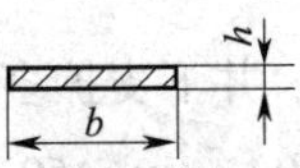 h, b	▭	$b×h$	 ▭ 80×5–1500
角钢（等边）	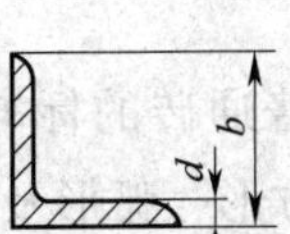 b, d	∟	$b×d$	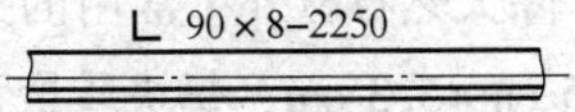 ∟ 90×8–2250

续表

名称	剖面形状	标记		标注方法
		符号	尺寸	
角钢（不等边）	B, d, b	L	B×b×d	L 80×50×6–2500
工字钢	d, N, b	I	N×b×d	I 200×100×7–3500
槽钢	d, N, b	[	N×b×d	[180×70×9–3500

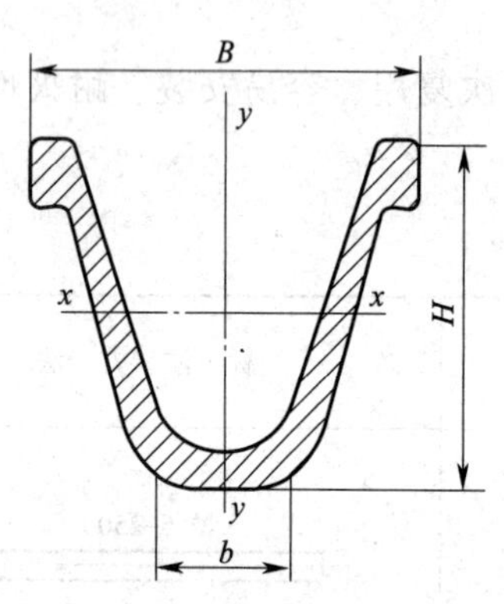

图 5—2　矿用特殊型钢（U 型钢）

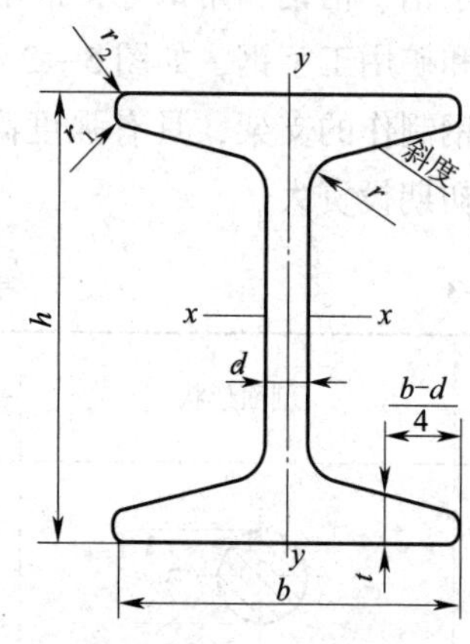

图 5—3　矿用工字钢

3. 石材

具有较高强度而又不易风化的岩石（如石灰岩、砂岩、花岗岩等）加工制成的砌块，称为天然石材，也叫料石。

料石按加工粗细不同，分为毛料石、粗料石和细料石 3 种。井下支护多用毛料石和粗料石。料石多做成长方体，一般规格为（250~300）mm×(200~250）mm×(150~200）mm，每块料石的质量应控制在 40 kg 以下，以便于施工。

除天然石材外，常用的人造石材有黏土砖和混凝土块。普通砖的标准尺寸为 24 cm×11.5 cm×5.3 cm，每块质量为 2.65 kg。混凝土块的形状有长方形、弧形及其他形状，其尺寸按支架规格而定，每块质量为 30~40 kg，强度等级一般为 C20。

第二节 锚喷支护

锚喷支护是锚杆支护、锚杆与喷浆以及喷射混凝土联合支护的总称，是一种新的支护巷道的技术。根据围岩条件不同，锚杆或喷射混凝土可以单独用于支护，也可以加金属网或塑料网构成锚喷网支护，加梁或桁架可以构成锚梁网（喷）或锚网桁（喷）支护。锚喷支护具有施工速度快、施工机械化程度高、成本低、节约材料等优点。

一、锚杆支护

用锚杆支护巷道，就是在巷道掘进后，先向围岩打眼，在孔内锚入锚杆，把巷道围岩予以人工加固，充分利用围岩本身的强度，从而达到维护巷道的目的。

旧的、传统的支护形式——架棚或砌碹是在井巷掘进后，作为一种独立的地下结构物支设在井巷里，消极、被动地等待地层来压和抵抗围岩向井巷里做过大的变形，由于旧支架与围岩之间存有一定的空隙，需要等围岩产生较大的变形、松散后才能充分受力。这样，便扩大了井巷周围由于岩石的变形、位移、裂隙发展而形成的松碎范围，因而增加了作用在支架上的压力，恶化了支架的工作条件，甚至将所架的支架压垮。

锚杆不同于一般的支架，它不只是消极地承受巷道围岩所产生的地压和阻止破碎岩石的冒落，而是通过锚入围岩内的锚杆来改变围岩本身的受力状态，在巷道周围形成一个整体而稳定的岩石带，锚杆与围岩共同作用，达到支护巷道的目的。锚杆支护是一种积极防御的支护方法。

1. 锚杆分类

按照锚固方式不同，锚杆可以分为以下几类：

（1）机械锚固式锚杆：包括楔缝式锚杆、倒楔式锚杆和胀壳式锚杆。

（2）黏结锚固式锚杆：包括树脂锚杆、水泥锚杆和水泥砂浆锚杆。

（3）摩擦锚固式锚杆：包括管缝式锚杆和胀管式锚杆。

（4）混合锚固式锚杆：同时使用两种或两种以上锚固方式的锚杆。

按照锚杆部分的长度不同，锚杆可划分为端部锚固锚杆、加长锚固锚杆和全长锚固锚杆；按照锚杆杆体的材质不同，锚杆可划分为金属锚杆和非金属锚杆（木锚杆、竹锚杆和聚酯锚杆）；按照作用的特点不同，锚杆可划分为刚性锚杆和可拉伸锚杆；按照锚杆的锚固位置不同，锚杆可划分为顶板锚杆、帮锚杆和底板锚杆。

上述各类锚杆各有其特点，适用于不同的条件。

2. 锚杆构件的作用

对于锚杆杆体本身来说，由于杆体长度方向的尺寸远大于其他两个方向的尺寸，所以力学上属于杆件。这种构件主要可以提供两方面的作用：第一是抗拉，第二是抗剪。

锚固剂的作用是将钻孔孔壁岩石与杆体黏结在一起。对于端部锚固锚杆，锚固剂的作用在于提供黏结力，使锚杆能承受一定的拉力。锚杆拉力除锚固端外，沿长度方向是均匀分布的。由于锚杆与钻孔间有较大空隙，所以锚杆的抗剪能力只有在岩层发生较大错动后才能发挥出来。对于全长锚固锚杆，锚固剂的作用比较复杂，主要有两方面：将锚杆杆体与钻孔孔壁黏结在一起，使锚杆随着岩层移动承受拉力，当岩层发生错动时，与杆体共同起抗剪作用，阻止岩层发生滑动。

金属网可以用来维护锚杆间的围岩，防止小岩块松动掉落。金属网所能承受松散岩石的载荷与锚杆间距密切相关。

钢带的作用除可以防止锚杆间的松动和岩块掉落外，还可均衡锚杆受力，改善顶板岩层受力状态，与锚杆共同形成组合支护系统，增加顶板岩层的稳定性。

3. 锚杆支护作用的原理

（1）悬吊作用

在层状岩层中，锚杆将下部不稳定的岩层悬吊在上部稳固的岩层上，锚杆所受的拉力来自被悬吊的岩层所受重力，如图 5—4 所示。

（2）组合梁作用

在没有稳固岩层的薄层状岩层中，锚杆将薄层岩石锚固成一个岩石板梁，提高顶板的承载能力，决定组合梁稳定性的主要因素是锚杆的锚固力、杆体强度和岩层性质，如图 5—5 所示。

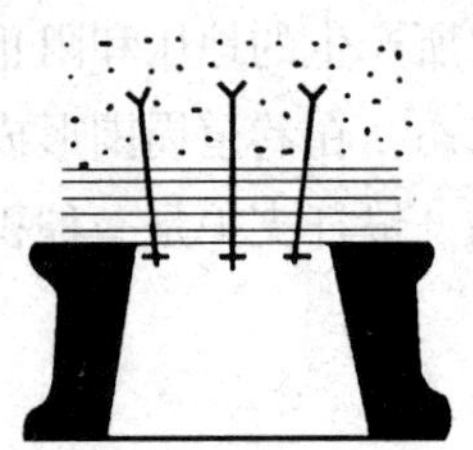

图 5—4　悬吊作用

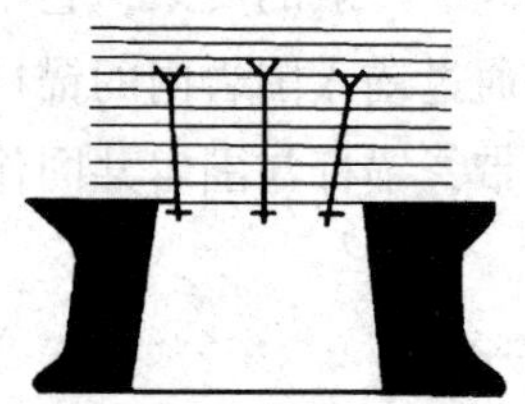

图 5—5　组合梁作用

（3）挤压加固作用

在块状围岩中，锚杆可将巷道周围的危石彼此挤紧，对岩石起到挤压加固作用，在围岩周边一定厚度的范围内形成一个不仅能维持自身稳定，而且能阻止其上部围岩松动和变形的加固拱，从而能保持巷道的稳定性，如图 5—6 所示。

（4）减小跨度作用

巷道顶板打上锚杆，相当于在该处打上点柱，把巷道顶板岩石悬露的跨度缩小了，从而提高了顶板岩层的抗弯曲能力，如图 5—7 所示。

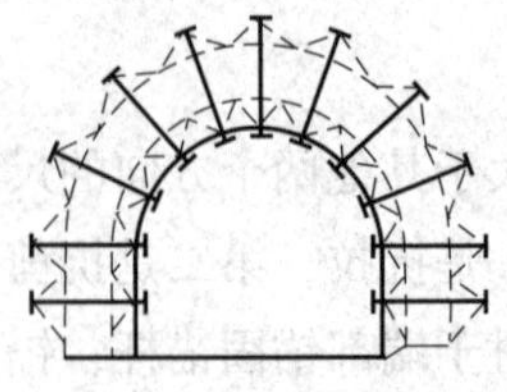

图 5—6　挤压加固作用

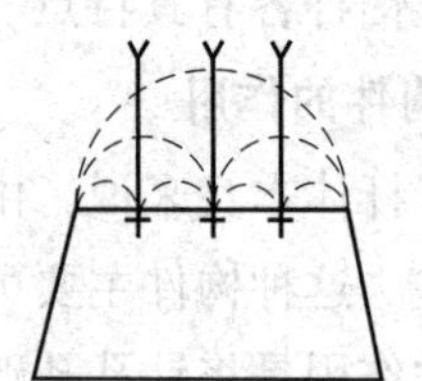

图 5—7　减小跨度作用

上述几种锚杆支护作用并非是孤立存在的，实际上是相互补充的综合作用，只不过在不同地质条件下某种支护作用占主导而已。

4. 锚杆布置主要技术参数

（1）“三径”的合理匹配

在使用树脂锚杆时，“三径”即钻孔直径、锚杆直径和树脂卷直径。“三径”的合理匹配是锚杆能否获得最大锚固力和最佳技术经济效益的关键。

1）钻孔直径。煤巷锚杆钻孔直径应采用 ϕ28 mm，不宜采用大于 ϕ33 mm 的。

2）锚杆直径。使用无纵筋左旋螺纹钢锚杆时，钻孔直径与锚杆直径之差应为 4~10 mm，最佳值为 5~6 mm。

3）树脂卷直径。当使用 ϕ28 mm 钻孔直径和 ϕ16~22 mm 带纵筋螺纹钢锚杆时，树脂卷直径应为 ϕ23~25 mm；当使用 ϕ26 mm 和 ϕ33 mm 的钻孔直径时，应分别使用 ϕ23 mm 和 ϕ28 mm 的树脂卷。

（2）锚杆长度

当顶板有坚硬岩层或者有塑性区时，锚杆的端部应该插入坚硬岩层中或超出塑性区，如没有坚硬岩石或塑性区过大，则宜使用全长锚固式锚杆。

（3）锚杆间距和排距

锚杆间距一般应小于所选锚杆长度之半。锚杆排距应根据设计锚杆锚固力，考虑安全系数（一般取 2~3）计算。

（4）锚杆插入方向

锚杆应与岩石的层面成正交，最小角度不低于 75°，在非层状岩石中，拱形巷道锚杆与岩体结构面成最大角度布置，层面不清时与周边轮廓线相垂直。

（5）锚杆排列方式

锚杆的排列方式，通常使用正方形、矩形和五花形。当岩石比较坚硬时，可布置成正方形和矩形；当岩层松软时，可布置成前后左右互相交错的五花形。

（6）锚固形式

锚固形式有全长锚固和端头锚固两种，可根据巷道围岩稳定性进行选择。在巷道顶板较破碎的情况下，全锚后顶板层间的相互错动得到控制，可以提高顶板的整体性和稳定性。此外，端锚极易引起孔口岩层的破坏，使锚固力进一步降低，而全锚时锚固力在锚杆中部最大，孔口较小，围岩的受力较为均匀。

5. 使用锚杆钻机安全注意事项

（1）不准让风管对准人员。

（2）保持管路和接头处处于正常工作状态，防松卡必须卡牢，防止滑出伤人。

（3）气腿顶尖落地以后方可升腿。

（4）在钻进过程中适当调节气腿上升速度。

（5）钻机停止使用后，扳机、手把都要处于关闭状态，每班作业前，要做空载试验。

（6）钻孔作业时，两人要互相配合，扶牢钻机，防止钻机倾倒砸人。

6. 锚杆支护质量要求

（1）一般要求

1）锚杆的长度、间距、排距、插入方向及排列方式等必须符合作业规程要求。

2）首先点好钻孔孔位，找好孔中，开钻后调正方向。

3）锚孔钻完后，要按锚杆设计和安装说明要求，及时进行锚杆安装工作。

4）安装锚杆前，必须检查锚孔的孔位、孔深、孔径及锚杆部件等，这些都必须符合规定。

5）锚杆的外露长度应符合设计要求。

6）安装方向要与托板顺纹垂直。托板要与巷道围岩表面接触严实，不得在托板上垫木料、石块或多加托板。

7）使用的树脂药卷必须符合锚杆支护设计要求。钻孔中装入双速树脂锚固剂时，必须注意在孔底处为快速，其余位置为慢速。

8）安装中严禁撬弯锚杆杆体。

9）要做好锚杆支护施工质量的检查和监测工作。

（2）各种锚杆的安装质量要求

1）快硬水泥锚杆要在安装前，将快硬水泥锚固剂放在清水中浸泡 10~15 s，浸透药卷后，立即用炮棍将药包送入孔底，然后及时用安装机械将锚杆打入孔内（注意别将螺纹打坏），用专用搅拌工具边旋转，边推进，约 1 min 后锚杆头接近孔底时结束搅拌，经 15 min 左右后达到终凝时再上托板，用手拧紧螺母，使托板与岩壁面紧贴，不得松动。

2）树脂锚杆安装时，若用电钻安装，要准备好接头，用锚杆杆体将药包送至孔底，开钻破药包。搅拌时间根据锚固剂型号而定，一般金属锚杆为 30 s，木锚杆为 20 s。用木楔挤住杆体，待树脂固化后取下连接头。安装时要一锚到底，不能中断，然后才能取下电钻。树脂固化所需要等待的时间也因锚固剂型号不同而有差别，一般情况下树脂固化时间大约为15 min。最后安装托板，并用扳手拧紧螺母固定。注意，过期的药包不能使用，树脂药包固化剂为有毒药物，要避免和皮肤接触，损坏的药包要及时处理，禁止接触火源。

3）废钢丝绳锚杆安装时，要事先清除钢丝绳的油渍。砂浆配合比和水灰比要符合规定。注浆时注浆管要插至孔底 100 mm 处，随着砂浆的均匀注入，注浆管要缓缓拔出，严禁拔管太快，造成砂浆脱节、注浆不饱满。注浆结束后应及时将注浆设备、管路清洗干净。

4）金属倒楔式锚杆安装时，应将楔子打紧，按规定灌满砂浆，最后上紧托板，保证一定的锚固力。

5）使用楔子式锚固安装竹、木锚杆时，要严格检查锚杆材料的质量，失效的禁止使用。在煤巷或半煤巷中使用竹、木锚杆支护，要加荆笆或金属（塑料）网和大托板，防止煤壁片帮而使锚杆失效。

6）其他类型的锚杆，应按其锚杆设计和安装说明，以及作业规程的规定执行。

7. 锚杆支护施工安全注意事项

(1) 巷道锚杆支护施工必须有作业规程，并且严格按作业规程的规定组织施工。

(2) 锚杆眼必须按作业规程要求的间距和排距布置，锚杆至迎头的间距必须小于锚杆的设计排距。

(3) 打眼前必须敲帮问顶，撬掉活矸，按规定架设临时支护，严禁空顶作业。钻眼时应按事先确定的眼位标志钻进。钻完后应将眼内的岩粉和积水吹（掏）干净。

(4) 锚杆眼应做到当班打的眼当班锚。锚杆的外露长度要符合作业规程的规定，一根锚杆上不允许上两个托板或螺帽。

(5) 锚杆眼必须按照规定角度打眼，不得打穿皮眼或沿顺层面、裂缝打眼。

(6) 使用树脂锚杆时应用防护手套，未固化的树脂药包和固化剂具有毒性和腐蚀性，应避免与皮肤接触。破损的药包应及时处理，严禁树脂药包接触明火。

(7) 锚杆安装时的预应力必须符合作业规程的规定，否则将可能导致重大事故的发生。例如，1990 年 1 月 1 日，某矿东三采区 12304 副巷掘进工作面发生了一起大面积冒顶重大事故，冒顶区 26 根水泥锚杆中脱落 18 根，当场死亡 6 人。事故原因是该矿处在推广锚杆支护的初期，对锚杆支护的原理认识不清，作业人员没能按要求操作，安装锚杆时，几乎所有螺帽都没有拧紧，造成大面积冒顶。

二、喷射混凝土支护

1. 支护作用原理

喷射混凝土支护是将水泥、砂、石子和速凝剂按一定比例混合搅拌后，送入混凝土喷射机中，用压缩空气将干拌和料送到喷头处，在喷头的水环处加水后，高速喷射到巷道围岩表面，从而起到支护作用的一种支护形式和施工方法。这是一种不用模板，没有浇注和捣固工序的快速、高效的混凝土施工工艺，具有及时、密贴、早强、封闭的特点。

根据使用机具或施工方法的不同，喷射混凝土大致可分为干式喷射法、半湿式喷射法和湿式喷射法。其支护作用机理可从以下几方面加以说明：

(1) 支撑作用

喷射混凝土（或喷浆）具有良好的物理力学性能，特别是抗压强度较高，可达 20 MPa 以上，因此能起支撑地压作用。又因其中掺有速凝剂，使混凝土凝结快，早期强度高，紧跟工作面起到及时支撑围岩作用，有效地控制了围岩的变形和破坏。

(2) 充填作用

由于喷射混凝土的速度很高，能及时地充填围岩的裂隙、节理和凹穴的岩面，从而提高了围岩的强度。

(3) 隔绝作用

喷射混凝土层及时封闭了围岩表面，完全隔绝了空气、水与围岩的接触，有效地防止了风化潮解而引起的围岩破坏；同时，由于围岩裂缝中充填了混凝土，使裂隙深处原有的充填物不致因风化作用而降低强度，也不致因水的作用而使原有充填物流失，使围岩得以保持原有的稳定性和强度。

(4) 转化作用

高速喷射到岩面上形成的混凝土层具有很高的黏结力和较高的强度，再加上充填和隔绝作用，提高了围岩的稳定性和自身的支撑能力，因而使混凝土层与围岩形成了一个共同工作的力学统一体，具有把岩石荷载转化为岩石承载结构的作用，从而根本上改变了支架被动承压的弱点。

喷射混凝土支护作用机理的几个方面并非彼此割裂、孤立存在，而是互为补充、相互联系、共同作用的。

2. 喷射混凝土支护的优点

喷射混凝土和普通混凝土支护相比，具有以下优点：

(1) 由于喷射混凝土能提高围岩的自身稳定性和承载能力，并与岩层构成共同承载的整体，支护厚度可减少 1/3~1/2，掘进断面相应减小 10%~20%。

(2) 施工工艺简单，机械化程度高。因为它使混凝土的运输、浇灌、捣固等工序综合为一条作业线，免除了立模、拆模等工序，而且可以用管道长距离输送混凝土。

(3) 施工速度快 2~3 倍，为组织掘进与支护平行作业一次成巷创造了有利条件。

(4) 成本可降低 1/3~1/2，工效提高 3~4 倍，工时减少 75%~80%。

喷射混凝土支护适用于中等稳定的块状结构围岩及部分稳定性稍差的碎裂结构围岩，一般要求岩体变形量为 20~50 mm，变形量大时，宜采用锚喷联合支护。

3. 喷射混凝土厚度

当岩体变形小，稳定性较好时，如果选用拱形断面，一般只需喷射混凝土，喷厚为 50~150 mm，不必打锚杆。

当岩体变形较大时，混凝土喷层将不能有效地进行支护。实验证明，当喷层厚度超过 150 mm 时，不但支护能力不能提高，而且支护成本明显提高，因此应选用锚喷联合支护。这时支护以锚杆为主，喷混凝土只对锚杆间表面岩石进行局部支护和防止围岩风化。

4. 喷射混凝土材料与配合比

喷射混凝土要求凝结快、早期强度高、收缩率小和适合于喷射机使用等。

(1) 材料

1) 水泥。一般选用硅酸盐水泥或普通水泥，火山灰水泥初期强度低、收缩率大，不宜使用。

2) 砂。以采用粒径为 0.35~3.0 mm 的中、粗砂为好。用细砂制成的混凝土容易产生较大的收缩变形，且过细的粉砂中游离二氧化硅含量较高，对操作人员的健康有害。砂的含水率不应大于 7%。

3) 石子。一般选用坚硬的河卵石或碎石，其中碎石回弹力低，但易于堵管和磨损管道，河卵石则相反。石子粒径应根据喷射机性能选取。在实际工作中，为了减小回弹，石子粒径不应大于 15 mm。石子的合理级配是影响混凝土质量、水泥用量和回弹率的重要因素之一，其合理级配可参考表 5—4 选取。

表 5—4　　喷射混凝土用石子的合理颗粒级配

粒径（mm）	5~7	7~15	15~25
用量	25%~35%	45%~55%	<20%

4）水。要求洁净、不含杂质的清水。pH<4 的酸性水和硫酸盐含量按 SO_4^{2-} 计算超过水质量 1%的水都不允许使用。

5）速凝剂。为了使混凝土速凝，提高早期强度，一般掺入水泥质量 2.5%~4%的速凝剂，要求初凝时间小于 5 min，终凝时间小于 10 min。

（2）混凝土配合比

合适的配合比应使喷层有足够的抗压强度、抗拉强度和黏结强度，收缩变形值要小，回弹力要低。喷射混凝土质量配合比可参照表 5—5 选用。

表 5—5　　喷射混凝土质量配合比

喷射部位	质　量　配　合　比	
	水泥：粗中混合砂：石子	水泥：细砂：石子
侧壁	1：(2.0~2.5)：(2.5~2.0)	1：2.0：(2.0~2.5)
顶拱	1：2.0：(1.5~2.0)	1：(1.5~2.0)：(1.5~2.0)

喷射混凝土的强度一般要求不得低于 20 MPa，水灰比为 0.45~0.55 为最佳。水灰比在此范围内，喷射的混凝土强度高而回弹少，根据我国实践经验，井巷工程中喷射混凝土的配合比（水泥：粗中混合砂：石子）：喷射巷道侧壁时为 1：(2.0~2.5)：(2.5~2.0)；喷射顶拱时为1：2.0：(1.5~2.0)。

近年来，国外已较多地应用了钢纤维喷射混凝土，即在普通喷射混凝土材料中掺加 3%~6%（质量比）的长 20~25 mm、直径 0.3~0.4 mm 的钢纤维，要求搅拌均匀，不得成团，粗骨料粒径不宜大于 10 mm。钢纤维喷射混凝土具有良好的性能，比普通喷射混凝土抗弯强度提高 27%，韧性提高 9 倍，破坏形式也由脆性转为韧性，允许较大的变形，且在裂缝出现后仍有承载能力。但由于成本较高，钢纤维喷射混凝土一般仅用于矿山井巷中的关键部位，如交岔点、煤仓等处。

5. 喷射混凝土施工

（1）喷射机具

喷射混凝土机具包括喷射机及其配套机械。

1）混凝土喷射机。喷射混凝土支护的发展，在一定程度上有赖于混凝土喷射机的发展。我国从 20 世纪 60 年代开始研制混凝土喷射机，先后使用过螺旋式、双罐式（WG-25 型、冶建 65 型等）喷射机，螺旋式使用较少，双罐式使用较多。20 世纪 70 年代，先后研制成转子-Ⅰ型、转子-Ⅱ型喷射机，取代了机体高大、笨重、操作频繁、劳动强度大的双罐式喷射机。进入 20 世纪 80 年代，转子-Ⅳ型等喷射机问世，并开始进行潮喷机、湿喷机的研制工作，但目前得到广泛使用的仍是转子-Ⅱ型。转子-Ⅱ型喷射机为干式混凝土喷射机。为了减少粉尘、降低回弹，一些企业对转子-Ⅱ型喷射机进行了改进，如增加劈风装置，在喷头处采用双水环，加装橡胶覆盖板、弹性清扫器，结合板改为聚酯橡胶材料，排气口加滤尘罩等，因此出现了不同型号的转子-Ⅱ型喷射机。

转子-Ⅱ型喷射机由主机、传动机构、风路系统、电气系统、机架等组成。主机由旋转体、密封胶板、定量下料机构、搅拌器、料斗出料弯头、上下壳体等组成，如图5—8所示。定量下料机构由定量隔板和定量叶片组成，隔板可上下移动，以调整喷射能力。沿旋转体圆周方向均匀地布置有14个U形槽，外圈的槽腔为料槽，里圈的为气室，其底部连通成U形。

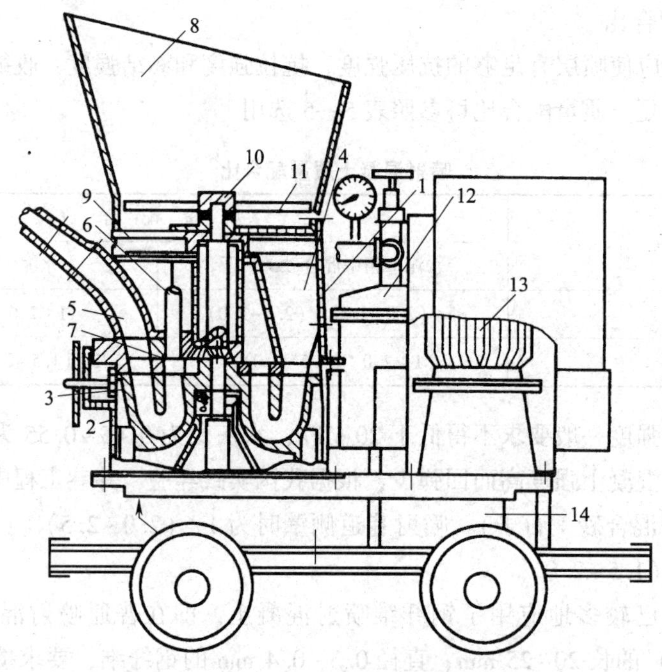

图5—8 转子-Ⅱ型混凝土喷射机

1—上壳体 2—下壳体 3—旋转体 4—入料口 5—出料口 6—进风管
7—密封胶板 8—料斗 9—拨料板 10—搅拌器 11—定量板
12—油水分离器 13—电动机 14—减速器

工作时，电动机通过减速器带动旋转体、搅拌器和拨料板旋转，料斗中的混合料被均匀拨入旋转体的料槽中。当装满料的料槽对准出料弯头时，内圈的气室也恰好对准进风管，于是混合料被压气压入出料弯头和输料管，在喷头处与水混合喷向岩面。

转子-Ⅱ型喷射机结构紧凑，体积小，质量轻，操作简单，出料均匀，输送距离远，效率高。喷射机用的喷头一般由喷嘴和混合室组成，混合室周围有带两排径向小孔的水环。常用喷头的结构形式如图5—9所示。喷头的作用是使干拌和料在这里与水混合，其断面由大逐渐变小，能加快拌和料的流速，使料束更有力、更集中地喷向岩面。

用干式喷射机喷射混凝土，装入喷射机的是干混合料，在喷头处加水后喷向岩面。喷射

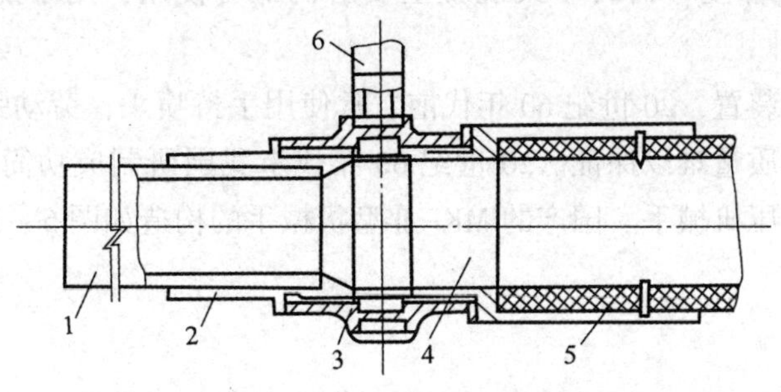

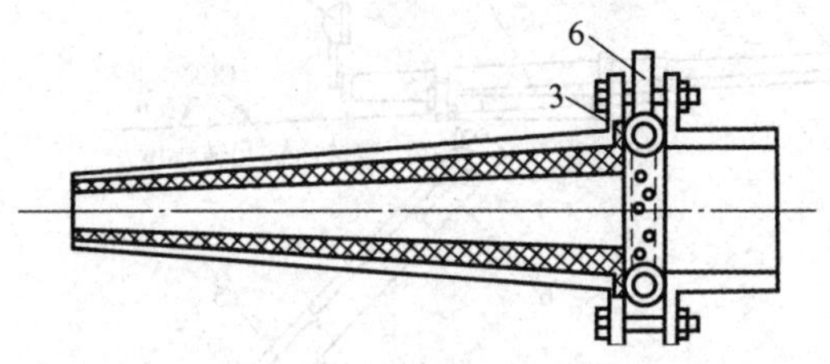

图 5—9 喷头结构形式

1—拢料管 2—拢料管接头 3—水环

4—输料管接头 5—输料管 6—水管接头

作业时粉尘大，水灰比不易控制，混合料与水的拌和时间短，使混凝土的均质性和强度受到影响，而且回弹量大，喷层质量低。为了解决这些问题，国内外已开始研究与使用湿式混凝土喷射机，即将混凝土混合料与水充分拌和后再由喷射机进行喷射。国内研究的湿式喷射机主要为挤压泵式和柱塞泵式。

解决干式喷射机粉尘大等问题的另一现实途径是研制与使用潮喷机，即装入喷射机的是潮湿的混合料，在喷头处再加入适量水后喷向岩面。

转子-Ⅴ型潮喷机保留了转子-Ⅱ型与转子-Ⅳ型的优点，并进行了改造。转子-Ⅱ型、Ⅳ型喷射机的转子是整体铸造的，料腔形状复杂，表面粗糙，易与混合料发生黏结堵塞。转子-Ⅴ型潮喷机采用了防粘料转子。防粘料转子采用软体料腔，在工作时，利用工作风压与大气压的压力差，使料腔产生周期性的强制变形，防止混合料与料腔壁间的黏结。使用含水率小于 7%（水灰比≤0.35）的混合料，料腔不黏结，不需清理，其受料和出料系统能连续畅通，始终保证正常工作。转子料腔的受料容积不变，生产能力稳定，出料均匀，不需停机进行清理维护，提高了工效。由于潮喷，粉尘与回弹均有所降低。据测，机旁平均粉尘浓度为 10 mg/m^3，喷墙、喷拱平均回弹率为 10%。转子-Ⅴ型潮喷机装有粉状速凝剂添加器和风动振动筛，机旁只需 2 名操作工人，减少了操作工人人数。转子-Ⅴ型潮喷机还采用了摩擦板液压自动压紧装置，对摩擦板提供稳定的操作压力，提高了摩擦板的寿命，减少了跑风和粉尘逸出。

2）混凝土喷射机的配套机械。人工配料、人工搅拌、人工喂料给喷射机，不仅劳动强度大、粉尘大，且配料、搅拌质量难以保证。为此，可采用 HPLG-5 型转子式喷射机供料装置，与国内各种型号的转子式混凝土喷射机配套使用，用于配比、搅拌和向喷射机供料。

对于混凝土喷射装置，20世纪60年代前，常使用手持喷头，劳动强度大，工作条件恶劣，安全性差，喷射质量难以保证。20世纪60年代末我国研制成功简易的杠杆式机械手，后来又研制了多种液压机械手。国产的MK-Ⅱ型机械手的构造如图5—10所示。

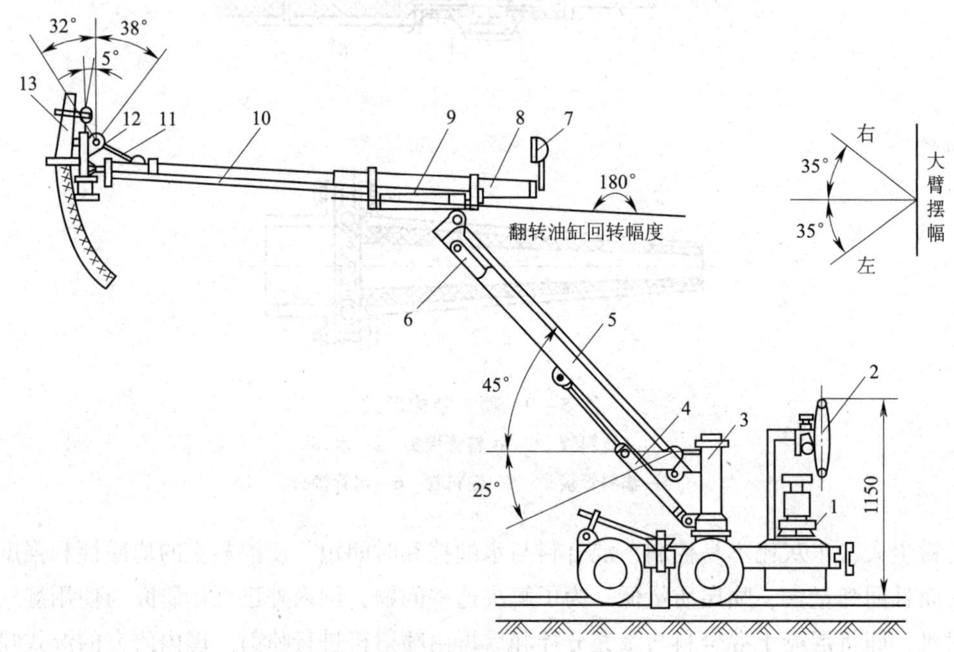

图5—10 MK-Ⅱ型喷射混凝土机械手

1—液压系统 2—风水系统 3—转柱 4—支柱油缸 5—大臂 6—拉杆 7—照明灯 8—伸缩油缸 9—翻转油缸 10—导向支撑杆 11—摆角油缸 12—回转器 13—喷头

(2) 喷射混凝土的工艺流程

目前，喷射混凝土施工以干式为主，其工艺流程如图5—11所示。

(3) 喷射作业

喷射混凝土前，应按设计要求检查巷道规格，用压气、水冲洗岩面并清除险石，埋设控制喷层厚度的标桩，认真检查喷射机具和气、水、电、管线，并准备好照明和防尘设施等。

喷射作业要严格按操作规程正确使用混凝土喷射机，尤其要注意调整好气压、水压，以减少回弹量和粉尘浓度。另外，混合料应随拌随用，掺速凝剂时存放时间不应超过20 min，不掺速凝剂时存放时间不应超过2 h。

喷头操作，要先给水后送料，及时调整水灰比，喷射顺序应先墙后拱，自下而上呈螺旋状轨迹移动，旋转直径以200 mm左右为宜。

为了保证喷射质量、提高工效，应合理划分喷射区段。一般以6 m长为一基本段，基本

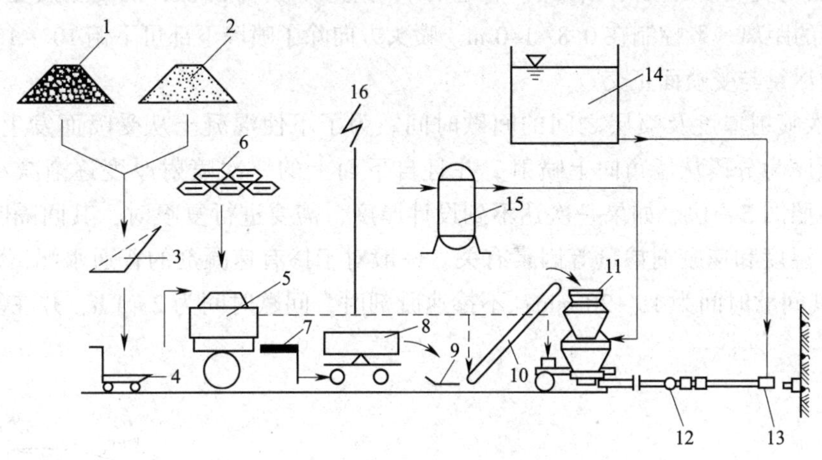

图 5—11 喷射混凝土的工艺流程

1—石子 2—砂 3—筛子 4—磅秤 5—搅拌机 6—水泥 7—筛子 8—运料小车 9—料盘 10—上料机 11—喷射机 12—异径葫芦管 13—喷头 14—水箱 15—储气罐 16—电源

段再分为 2 m 长的三小段。喷墙时，每喷完 1.5 m 高便依次向相邻小段前进。如图 5—12 所示为拱形巷道合理划分喷射区段的一个实例。对于凹凸严重的岩面，应先凹后凸、自下而上地正确选择喷射次序。

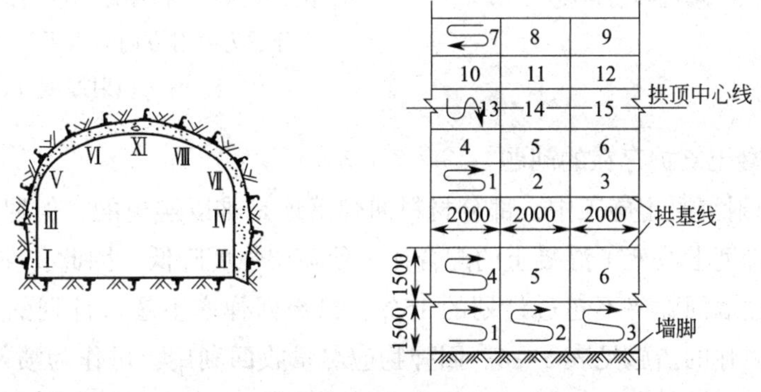

图 5—12 喷射区段的划分与喷射顺序

（4）喷射混凝土的主要工艺参数

1）工作风压。工作风压的大小直接影响到混凝土料束的喷射速度，而喷射速度又与回弹率、喷层强度等密切相关。当混凝土配合比为 1∶2.5∶2，输料管水平长度为 20 m，喷头距受喷面 1 m 左右时，其工作气压以 0.11~0.13 MPa 为宜。

喷射机的工作气压一般需要满足喷头处的压力在 0.1 MPa 左右。

2）水压。水压应比风压高 0.1 MPa 左右，以保证喷头处的水环能充分湿润高速流过的干拌和料。调节喷头水环上的水阀即可控制水压。

3）水灰比。喷射混凝土的最佳水灰比为 0.4~0.45。当水量不足时，喷层表面有浮砂，出现干斑，回弹率高，粉尘多；当水量过大时，则喷层会产生滑移、下坠或流淌。

4）喷头与受喷面的距离及倾角。合适的距离应使回弹率降低，混凝土强度增高，喷头与受喷面间的距离一般控制在0.8～1.0 m。喷头方向除了喷墙下部可下俯10°～15°外（见图5—13），应尽量与受喷面正交。

5）一次喷射厚度及喷层之间的间歇时间。为了不使混凝土从受喷面发生重力坠落，一般喷射顺序为分段从墙角向上喷射，并且自下而上的一次喷射厚度逐渐减小，其部位和厚度可参照图5—14。如果一次达不到设计厚度，需要进行复喷时，其间隔时间与水泥品种、工作温度和速凝剂掺量等因素有关。一般对于掺有速凝剂的普通水泥，温度在15～20 ℃时，其间歇时间为15～20 min；不掺速凝剂时，间歇时间为2～4 h，并在复喷前先喷水湿润。

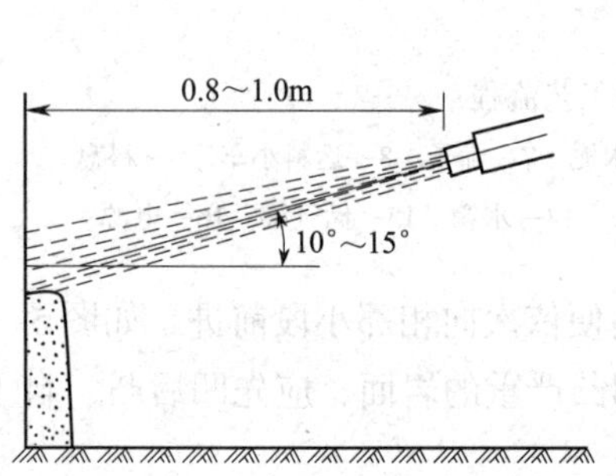

图5—13　喷嘴喷射角度

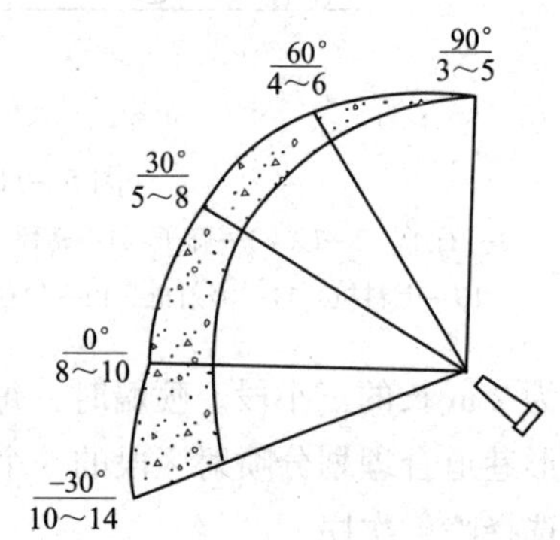

图5—14　一次喷厚与喷射部位之间的关系
分子为喷射方向与水平面夹角，分母为一次喷射厚度（cm）

（5）喷射混凝土支护存在的问题

1）回弹。喷射混凝土施工中，部分材料回弹落地是难以避免的，但回弹过多，既浪费材料，又在一定程度上改变了混凝土的配合比，使喷层强度降低。因此，在施工中应合理确定工艺参数，使边墙回弹率不超过计划的15%，拱部回弹率不超过计划的25%。回弹量增大的原因及减少回弹的措施见表5—6。回弹物应尽量收回利用，可作为喷射混凝土的骨料，但掺量不应超过骨料总量的30%，也可用于浇灌水沟、地板或预制水沟盖板等低强度混凝土构件。

表5—6　　喷射混凝土回弹影响因素分析

影响因素	回弹量增大的原因	减少回弹量的措施
材料方面	1. 没有掌握配比，拌和料中水泥量少，粗骨料多，含砂率低，粗骨料颗粒级配不佳，砂太粗 2. 速凝剂参量不准，不匀 3. 拌和料搅拌后，停放的时间太长 4. 水泥与速凝剂不相适应 5. 金属网网孔太小	1. 严格按设计配合比配料，粒径大于15 mm的骨料应控制在20%以下 2. 一般速凝剂参量为水泥质量的2%～4%，不宜过多或过少 3. 停放时间一般应不超过30 min 4. 速凝剂应通过试验选用 5. 网孔应不小于150 mm

续表

影响因素	回弹量增大的原因	减少回弹量的措施
工艺方面	1. 风压不合适：过大，则喷射动能大，粗骨料易弹回；过小，则喷射动能小，粗骨料冲不到砂浆层而掉落；忽大忽小，则造成出料不均，干喷时无法控制水灰比 2. 水压、水量不合适：过大则水灰比大，出现流淌；过小则水灰比小，出现干斑，黏结不好 3. 一次喷射厚度过大，会使未凝固的混凝土下坠；厚度过小，则粗骨料易溅回 4. 分层喷射时，两次喷射的间歇时间太短，已喷射层遭到破坏 5. 喷枪与受喷面的距离过近或过远	1. 根据喷射机类型和输料距离合理选择风压 2. 根据风压调整水压，水压应比风压高 0.05~0.1 MPa，控制好水量，保持水灰比在 0.43~0.5 范围内 3. 一次喷射厚度一般应不小于最大骨料粒径的两倍 4. 合理的间歇时间应是喷射混凝土达到终凝后再进行下一分层的喷射 5. 在 0.5~1 m 的范围内，随风压变化而调整
工作方面	1. 受喷面太光滑 2. 受喷面上有灰尘 3. 受喷面凹凸严重 4. 受喷面水大	1. 用喷砂法增加岩石的粗糙度，或先喷一层砂浆，再喷混凝土 2. 喷射前吹洗岩石灰尘 3. 采用光爆，使断面轮廓尽量规整 4. 水大时，先采用排水措施，治水后喷射；水小时，一面压风吹去淋水，一面喷射，边吹边喷
操作方法	1. 喷射顺序不对 2. 喷枪的移动方式不对 3. 拿喷枪的姿势不对 4. 给料不连续，不均匀，使喷射手掌握不住水灰比 5. 使用单罐湿喷机时，每罐开始喷射部位不对	1. 应先墙后拱，自上而下进行喷射 2. 应按螺旋状轨迹一圈压半圈横向运动 3. 应使喷枪垂直受喷面 4. 应专人掌握喷射机的入料，保证给料连续均匀 5. 每罐初喷时，先喷射已喷射部位或罐内保持少量混凝土

2）粉尘。干式喷射混凝土的水是在喷头处加入的，水与干拌和料的混合时间很短，故易产生粉尘。装干料时或设备密封不良时，也会产生粉尘。降低粉尘浓度的主要措施有：

①加强水泥与水的混合。一方面，可适当增加砂石含水率（允许的砂石平均含水率为5%左右）；另一方面，可在输料管距喷头 4~5 m 处安设预加水环和异径葫芦管，如图 5—15 所示。预先给干拌和料加水（为总水量的 1/3），当料通过异径葫芦管时，由于涡流使水、料充分搅拌，粉尘显著减少。据试验测定，未加水环和异径葫芦管前，粉尘浓度为 47.3 mg/m^3，预加水环后，粉尘浓度降至 17 mg/m^3；再加异径葫芦管后，粉尘浓度进一步下降至 12.8 mg/m^3。

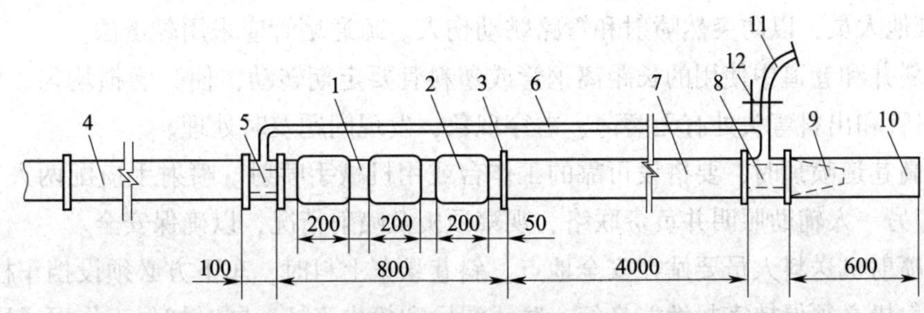

图 5—15 预加水环和异径葫芦管的安装位置

1—ϕ65 mm 无缝钢管 2—ϕ100 mm 异径管 3—法兰盘 4—ϕ38 mm 输料胶管 5—预加水环 6—ϕ13 mm 胶管 7—输料胶管 8—水环 9—喷头 10—拢料管 11—水管 12—水阀门

②加强通风。尽量采用混合式通风或压入式通风，风筒口距作业地点以 10 m 左右为宜。在喷射作业地点的回风流中应设喷雾洒水装置。

③注意操作人员的个体防护，如佩戴防尘眼镜、防尘口罩等。

④采用湿喷机。这是减少粉尘的根本途径，可将粉尘浓度降至 5 mg/m^3 左右。

3）围岩渗漏水。围岩涌水会降低喷层与岩面的黏结力，使喷层脱落或离层。因此，喷射混凝土前必须对水进行处理。若岩帮仅有少量渗水、滴水，可用压气清扫，边吹边喷即可；遇有小裂隙水，可用快凝水泥砂浆封堵，然后再喷；若有成股涌水或大面积漏水，必须将水导出，如图 5—16 所示。首先找到水源点，在该处凿 1 个深约 10 cm 的喇叭口，冲洗干净后，用快凝水泥将导水管埋入，再向管子周围喷混凝土，待混凝土达到一定强度，再向导管内注入水泥浆，将孔封闭。

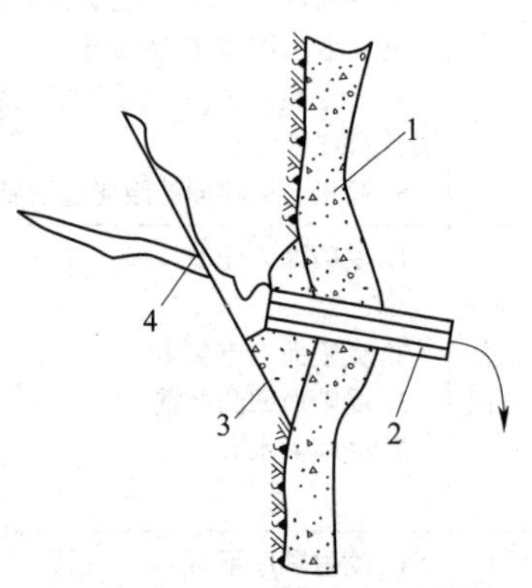

图 5—16　埋设导管排水
1—喷层　2—导水管
3—快凝水泥净浆　4—水源

4）喷层收缩裂缝。由于喷射混凝土水泥用量较大，含砂量较高，喷层又是大面积薄层结构，加入速凝剂后迅速凝结，这就使混凝土在凝结期的收缩量大为减少，而硬化期的收缩量则明显增大，使喷层产生有规则的收缩裂缝，降低了喷层的强度。

为了减少喷层的收缩裂缝，应尽可能选用优质水泥，控制水泥用量，不用细砂，掌握适宜的喷层厚度，喷射后必须按养护制度规定进行养护。要求在混凝土终凝 2 h 后喷水养护，用普通水泥时喷水养护时间不小于 7 天，用矿渣水泥时不小于 14 天。只有在淋水的地段或相对湿度 95%以上的情况下，才可不专门进行养护。

（6）喷射混凝土支护安全施工注意事项

1）在使用喷射机前，应对其进行全面检查，发现问题及时处理。喷射机要专人操作，处理机械故障时必须切断电源、风源，送风、送电时必须通知有关人员，以防发生事故。

2）初喷前要先敲帮问顶，清除危岩活石，以保证作业安全。初喷应紧跟迎头，喷体支护的端头距工作面的距离必须符合作业规程的规定。

3）喷射中发生堵管时，应停止作业。处理堵塞的喷射管路时，在喷枪口的前方及其附近严禁有其他人员，以防突然喷射和管路跳动伤人。疏通堵管应采用敲击法。

4）在斜井和巷道中使用的长距离钢管或塑料管要定期转动，使其磨损均匀。作业中经常检查输料管和出料弯头处有无磨薄、击穿现象，发现问题及时处理。

5）较高巷道喷顶时，要搭设可靠的工作台或用机械手喷射。喷射手应配两人，一人持喷头喷射，另一人辅助照明并负责联络、观察顶板及喷射情况，以确保安全。

6）向喷射机送料人员要站在安全地点。斜巷悬车上料时，车下方必须设挡车柱。

7）喷射机必须保持密封性能良好，防止漏风和粉尘飞扬，同时加强工作面通风。

8）喷射作业中粉尘的来源主要是水泥和砂粒。长期吸入粉尘会危害工人的身体健康，因此，凡从事喷射作业的人员必须佩戴劳动保护用品，喷射前应开启降尘设备和设施。

三、锚喷联合支护

1. 锚杆喷射混凝土支护

对比较破碎的、节理裂隙发育比较明显的岩层，巷道掘进后围岩稳定性较差，容易出现局部或大面积冒落，一般应采用锚杆喷射混凝土支护（简称“锚喷联合支护”）。锚杆和喷射混凝土虽各有优点，但也都有不足之处。锚喷联合支护恰能做到使二者相互取长补短，互为补充，是一种性能更好的支护形式。锚杆与其穿过的岩体形成承载加固拱，喷射混凝土层的作用则在于封闭围岩，防止风化剥落，和围岩结合在一起，对锚杆间的表面岩石起支护作用。光弹模拟试验表明，用锚杆进行支护时，在两锚杆之间的围岩表面附近会产生拉应力。如果岩石松软，则在拉应力作用下，可能产生局部的破坏和掉块，而局部小岩块的坠落又可能导致深部岩石的松动和破坏，这样将削弱岩石加固拱的稳定性和承载能力。因此，锚杆与喷射混凝土联合使用，就可以防止局部岩块的松动和坠落，从而加固与提高了岩石拱的承载能力。

一般情况下，爆破后首先应及时初喷混凝土封闭围岩，紧接着打注锚杆，随后在一定距离内复喷到设计厚度。

2. 锚杆喷射混凝土金属网联合支护

对于特别松软破碎的断层带，或围岩稳定性差，或受爆破振动较大的巷道，宜选用锚杆喷射混凝土金属网联合支护（简称“锚喷网联合支护”）。设置金属网的主要作用是防止收缩而产生裂隙，抵抗振动，使混凝土应力均匀分布，避免局部应力集中，提高喷射混凝土支护能力。

喷射混凝土能有效控制锚杆间的石块掉落，但其本身是脆性的，当岩石变形大时易开裂剥落。解决办法之一就是在喷射混凝土中加钢纤维，增加混凝土的抗弯强度和韧性。另外就是在喷射混凝土之前敷设金属网，喷后成钢筋混凝土层，提高了喷层的整体性，改善了喷层的抗拉性能，这就形成了锚喷网联合支护，它能有效地支护松散破碎的软弱岩层。金属网用托盘固定或绑扎在锚杆端头，为了便于施工和避免喷射混凝土时金属网背后出现空洞，金属网格不应小于 200 mm×200 mm，金属网用钢筋直径一般为 6~12 mm，喷射厚度一般不应小于 100 mm，以便将金属网全部覆盖住，并使金属网至少有 20 mm 厚的保护层。

3. 钢架喷射混凝土联合支护

在软岩巷道中，掘进后先架设钢架，允许围岩收敛变形，基本稳定后进行喷射混凝土支护，把钢架喷在里面，有时也打一些锚杆，控制围岩变形。这样钢架自身仍保持相当的支护能力，同时，被喷射混凝土裹住后又起到了“钢筋加固”的作用，而喷射混凝土层具有一定的柔性，对围岩基本稳定后的变形量也可以适应。

第三节 普 通 支 架

普通支架俗称棚子，由一梁（顶梁）两柱（腿柱）组成，常用于巷道围岩十分破碎不稳定，不适宜采用锚喷支护，而且巷道服务年限不长（8~10 年），砌碹又不合算的巷道。棚式支架按材料构成不同，可分为木支架、金属支架和装配式钢筋混凝土支架三种；按巷道断面形状不同，可分为梯形支架和拱形支架等，按支架结构不同，可分为刚性支架和可缩性支架。

架棚前首先看好中心线、腰线，量取棚距，并按中心线拉三角线找正架棚方向，确立棚腿位置，挖够腿窝深度，清出实底，栽好柱腿再上梁，并严格做到梁腿亲口接合严密，上梁后再一次校正中腰线，然后才能盘帮勾顶，打好支撑。背板不得出现单数，若木质构件不直，必须弓背朝上朝帮。

背板通常可用板皮、次木材或柴束，它的作用是使地压均匀地分布到顶梁和棚腿上，并防止碎矸石下落。根据围岩坚固程度，背板有密集布置的，也有间隔放置的。背板后面和围岩间若有空隙，应用废木料或矸石填实。

每架棚子架好后，其平面应和巷道的纵向垂直。根据围岩压力的情况，支架一般每米架设 1~3 架。为了增加各支架的稳定性，支架之间应设撑木或拉杆。

倾斜巷道架棚时，作业人员必须站在棚子的上方操作，并保证有符合质量标准的迎山角，上好撑木或拉杆。

一、金属支架

金属支架是一种优良的坑木代用品。金属支架的主要形式有以下几种。

1. 梯形金属支架

梯形金属支架用 18~24 kg/m 钢轨、16~20 号工字钢或矿用工字钢制作，由两腿一梁构成，其常用的梁、腿连接方式如图 5—17 所示。型钢棚腿下焊 1 块钢板，防止它陷入巷道底板，有时还可以在棚腿之下加设垫木。

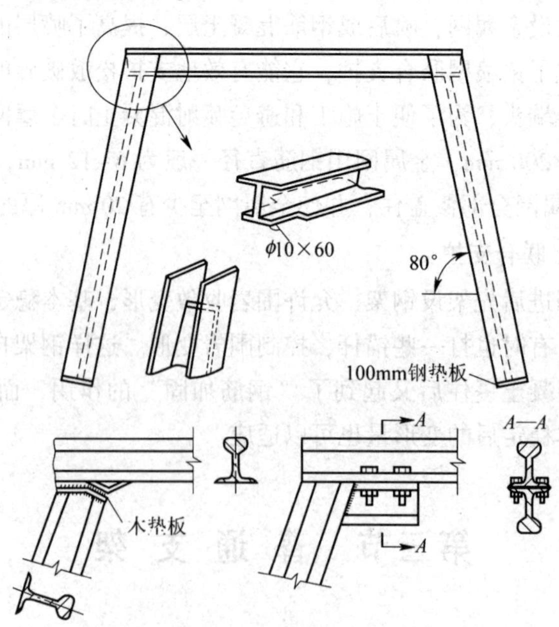

图 5—17　梯形金属支架

钢轨不是结构钢，就材料本身受力而言，用它制作支架不够合理，但轻型钢轨容易获得，所以仍在使用。这种支架的理想材料是工字钢。这种支架通常用在回采巷道中，在断面较大、地压较严重的其他巷道里也可使用。

2. 拱形可缩性金属支架

拱形可缩性金属支架用矿用特殊型钢制作，它的结构如图 5—18 所示。每架棚子由 3 个基本构件组成，即 1 根曲率半径为 R_1 的弧形顶梁和 2 根上端部带曲率半径为 R_2 的柱腿。弧形顶梁的两端插入或搭接在柱腿的弯曲部分上，组成一个三心拱。梁腿搭接长度为 300～400 mm，该处用 2 个卡箍固定。柱腿下部焊有 150 mm×150 mm×10 mm 的铁板作为底座。

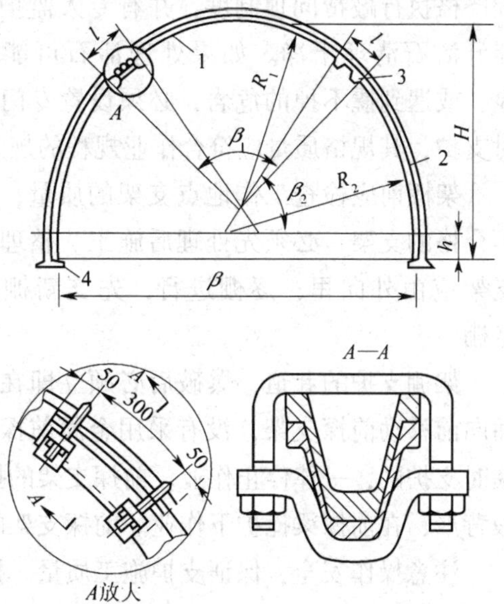

图 5—18 拱形可缩性金属支架
1—拱梁 2—柱腿 3—卡箍 4—底座

支架可缩性可以用卡箍的松紧程度来调节和控制。通常要求卡箍上的螺母扭紧力矩大约为 150 N·m，以保证支架的初撑力。拱梁和柱腿的圆弧段的曲率半径 R_1 和 R_2 值的关系是 $R_2/R_1=1.0\sim1.5$（常用的比值是 1.25～1.30）。在地压作用下，拱梁曲率半径 R_1 逐渐增大，R_2 逐渐变小。当巷道地压达到某一限定值后，弧形顶梁即沿着柱腿弯曲部分产生微小的相对滑移，支架下缩，从而缓和了顶岩对支架的压力。这种支架在工作中不止一次地退缩，可缩性比其他形式支架都大，一般可达 30～35 cm。在设计巷道断面选择支架规格时，应考虑留出适当的变形量，以保证巷道的后期使用要求。

拱形可缩性金属支架适用于地压大、地压不稳定和围岩变形量大的巷道，支护断面一般不大于 12 m^2。支架棚距一般为 0.7～1.1 m，棚子之间应用金属拉杆通过螺栓、夹板等互相紧紧拉住，或打入撑柱撑紧，以加强支架沿巷道轴线方向的稳定性。

二、钢筋混凝土（棚式）支架

钢筋混凝土支架和木支架、梯形金属支架一样，构件为直线形，故构件主要承受弯曲应力。混凝土抗压强度高，抗拉强度甚低（一般相当于抗压强度的 1/12～1/8），故需在构件中配置钢筋，以承受因弯曲而产生的拉应力，而混凝土则主要承受构件中的压应力，二者结合，各尽所长，使板件承载能力提高。

钢筋混凝土支架的结构如图 5—19 所示。构件的截面通常是矩形，梁、腿接合处应垫以防腐木板或胶皮，支架间距一般为 0.5～1.2 m，背板通常为钢筋混凝土板。各支架间用圆木支撑，以增加支架沿巷道轴线方向的稳定性。钢筋混凝土支架适用于地压稳定、服务年限长及断面积不小于 12 m^2 的巷道，不适宜用于有动压的巷道。由于它构件重，架设困难，随着锚喷支护的发展，钢筋混凝土支架的使用已日渐减少。

三、架棚支护安全注意事项

架棚是由多人分工合作进行的集体活动，为了保证架棚作业安全、有条不紊地进行，应由班、组长负责指挥协调架设作业。

架棚前，必须指派有经验的工人按操作规程严格执行敲帮问顶制度，并有专人监护，将浮矸活石清理干净。如果处理活石可能有危险，或遇到撬不掉的危岩，必须设置专门的临时支护，其规格质量应符合作业规程的规定。

架棚前应检查工作地点支架的质量，发现不合格的支架，必须先处理后施工。整理维护支架应由外向里，逐棚进行，先支新棚再拉老棚。

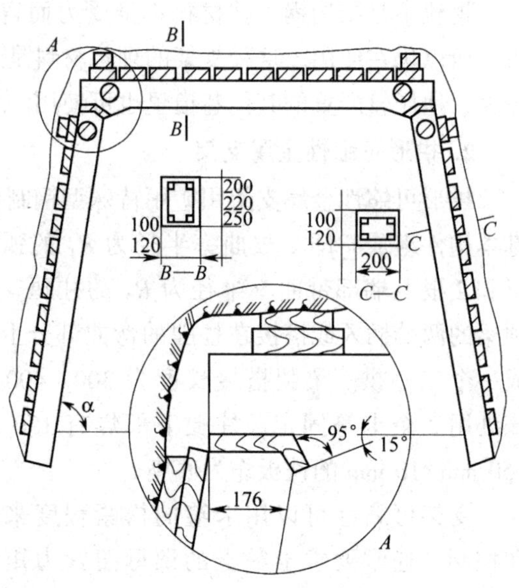

图 5—19　钢筋混凝土支架

架棚支护的巷道，爆破后必须立即在工作面向前移动前探支架，没有采用金属前探梁等临时支护的，一律停止作业。前探支架的探出部分之上应将要架设的棚梁架上去，并加上背板背严，在前探梁掩护下作业。前探支架的固定方式、位置和根数要符合作业规程的规定。

注意操作安全，保证支护施工质量。按操作规程作业，并按设计规定要求架设，以保证支架的稳定性，防止松散围岩漏顶，导致各支架受力不均而压坏、压垮支架。

四、石材整体支护

1. 石材整体支护的结构

石材整体支护是指用料石、混凝土或钢筋混凝土砌筑成的整体支护。这种支护对围岩能够起到防止风化的作用，具有坚固、耐久、防火、阻水、通风阻力小、材料来源广、便于就地取材等优点，缺点是施工复杂、劳动强度大、成本高、进度慢，一般使用在巷道服务年限超过十年，围岩十分破碎，同时很不稳定，且有大面积淋水或部分淋水，以及水质有化学腐蚀的地段。

这种支护的主要形式是直墙拱顶式，它由拱、墙和基础构成。拱的作用是承受顶压，并将它传给侧墙和两帮。石材整体支护之所以做成拱形，是为了使拱的各截面中主要产生压应力及部分弯曲应力（在顶压不均匀和不对称时，截面内也会出现剪应力）。内力主要是压应力，可以充分发挥料石、混凝土抗压强度高而抗拉强度低的特性。至于截面中的弯矩，可采用合理拱形，使它尽量缩小。

墙的作用是把墙传来的荷载及自重均匀地传给底板。当底板岩石松软时，墙必须加宽，在有底鼓时，还可以砌底拱。

使用料石砌筑拱、墙时，一般拱、墙等厚，即 d_0（拱厚）= T（墙厚），可按表 5—7 选取拱、墙厚度。使用混凝土砌拱、料石砌墙时，一般拱、墙不等厚，可按表 5—8 选取拱、墙厚度。拱、墙均使用混凝土砌筑时，可参照表 5—8 数据选用混凝土拱厚。

表 5—7　　料石或砖砌巷道拱墙厚度　　mm

顺序	巷道净宽	料石砌半圆拱巷道			料石砌三心拱巷道			砖砌半圆拱巷道	
		$f=3$	$f=4\sim6$	$f=7\sim10$	$f=3$	$f=4\sim6$	$f=7\sim10$	$f=3$	$f=4\sim6$
		$d_0=T$	$d_0=T$	$d_0=T$	$d_0=T$	$d_0=T$	$d_0=T$	$d_0=T$	$d_0=T$
1	<2 000	250	200		250	200		365	240
2	2 100~2 300	250	250		250	250		365	365
3	2 400~2 700	300	250		300	250		365	365
4	2 800~3 000	300	250		300	300		490	365
5	3 100~3 300	300	300		350	300		490	490
6	3 400~3 700	350	300		350	300		615	490
7	3 800~4 000	350	300		350	350		615	490
8	4 100~4 300	350	350		415	350			
9	4 400~4 700	415	350		415	350			
10	4 800~5 000	410	350	300	465	415	300		
11	5 100~5 300	465	415	300	515	415	350		
12	5 400~5 700	465	415	300	515	465	350		
13	5 800~6 000	515	145	350	565	465	350		
14	6 100~6 300	515	465	350	565	515	415		
15	6 400~6 700	565	465	350	615	515	415		
16	6 800~7 000	565	515	350	615	565	415		

表 5—8　　混凝土拱、料石壁巷道拱壁厚度　　mm

顺序	巷道净宽	半圆拱巷道						三心拱巷道					
		$f=3$		$f=4\sim6$		$f=7\sim10$		$f=3$		$f=4\sim6$		$f=7\sim10$	
		d_0	T	d_0	T	d_0	T	d_0	T	d_0	T	d_0	T
1	2 000 以下	170	250	170	200			170	250	170	200		
2	2 100~2 300	170	250	170	250			200	250	170	250		
3	2 400~2 700	200	300	170	250			200	300	200	250		
4	2 800~3 000	200	300	200	250			200	300	200	300		
5	3 100~3 300	200	300	200	300			230	350	230	300		
6	3 400~3 700	230	350	230	300			230	350	230	300		
7	3 800~4 000	230	350	230	300			250	350	250	350		
8	4 100~4 300	250	350	250	350			250	415	250	350		
9	4 400~4 700	270	415	250	350			270	415	270	350		
10	4 800~5 000	300	415	270	350	230	300	270	465	270	415	230	300
11	5 100~5 300	300	465	270	415	230	300	300	515	300	415	250	350
12	5 400~5 700	330	465	300	415	250	300	300	515	300	465	250	350
13	5 800~6 000	350	515	300	415	250	350	330	565	330	465	270	350
14	6 100~6 300	370	515	330	465	270	350	330	565	330	515	270	415
15	6 400~6 700	400	565	330	465	270	350	350	615	350	515	300	415
16	6 800~7 000	400	565	350	515	270	350	370	615	370	565	300	415

注：料石壁后应充填 50 mm 的混凝土。

2. 石材整体支护的施工

采用石材整体支护的巷道，多在掘进过后先架设临时支架，以防止掘、砌之间巷道的顶、帮岩石垮落。临时支架多采用金属拱形支架，使用的材料以 15～24 kg/m 钢轨最为广泛。支架间距一般为 0.8～1.0 m。

金属拱开拓临时支架分无腿的和带腿的两种，如图 5—20 和图 5—21 所示。无腿支架只有架拱，没有架腿，架拱撑托在打入巷道两帮的钢轨橛子（或托钩）上，它适用于中等坚固程度以上，没有侧压岩石的拱形巷道。金属拱形带腿临时支架适应于各种岩层，在无腿架拱下再加设可拆装的架腿。侧压不大时可不安架腿，和无腿支架一样使用。如果侧压大时，可在爆破后先安设架拱，待工作面矸石出净后再装设架腿。

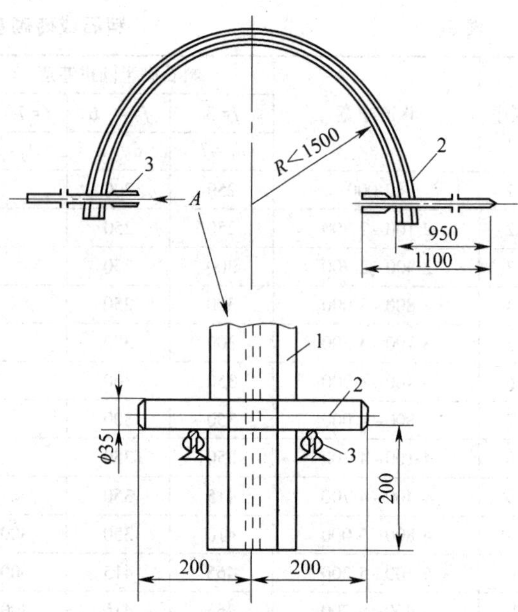

图 5—20 金属拱形无腿临时支架

1—架拱 2—托梁 3—铁道橛子

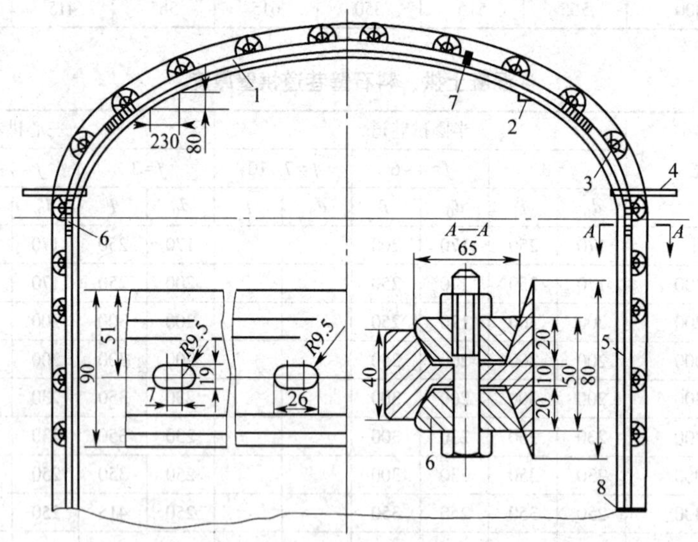

图 5—21 金属拱形带腿临时支架

1—架顶 2—顶托 3—架肩 4—钢轨橛子 5—架腿 6—连接板 7—拉钩 8—架腿垫板

为了提高支架的纵向稳定性，防止爆破崩倒支架，支架间应安设拉钩和撑柱，并用背板背紧。

石材整体支护施工顺序如下。

(1) 拆除临时支架架腿

当地压较大或两帮岩石破碎时，应先在顶托下面打上两根顶木，而后拆除架腿；岩石稳定、地压不大时，拆除架腿时架拱可仍承托在钢轨橛子上。

(2) 掘砌基础

基础深度要符合设计要求，并要做到实底上。在坚硬岩石中的基础深度，局部不得小于50 mm。

(3) 砌筑侧墙

砌筑料石墙时，灰缝要均匀、饱满，且在砌筑同时做好壁后充填工作。砌筑混凝土墙时，要根据巷道中、腰线组立模板，然后分层浇灌与捣固，如图 5—22 所示。

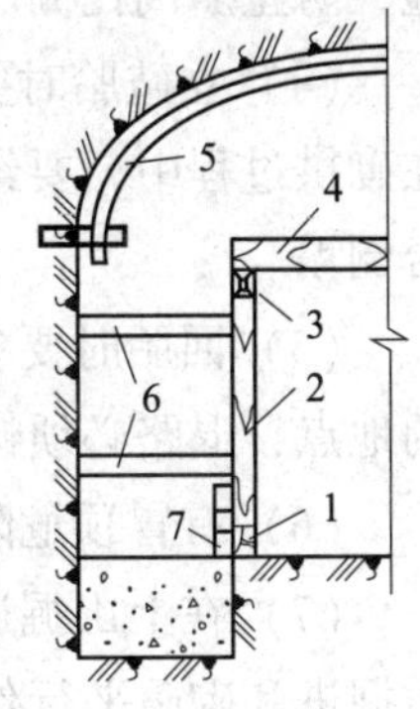

图 5—22 混凝土墙的施工

1—底梁 2—立柱 3—托梁 4—横梁 5—架拱 6—撑木 7—横板

(4) 砌拱

砌拱主要包括搭工作台、拆除临时支架架拱、立胎、砌碹等。拆除临时支架时一定要保证作业安全，先撬掉浮石，必要时局部打上顶柱或架过顶梁管理顶板。确认安全后，根据中、腰线架立碹胎（砌碹时用以支撑模板的骨架）、模板。碹胎分木碹胎和金属碹胎，如图 5—23 和图 5—24 所示。金属碹胎用 14~18 号槽钢或 15~18 kg/m 钢轨制成。模板一般用 8~10 号槽钢或 30~40 mm 厚木板制成。为了节省木材，提高复用率，常采用金属碹胎、模板。碹胎架立稳固后开始砌拱。砌拱必须从两侧拱基线开始，向拱顶对称砌筑，使碹胎两侧均匀受压，以防碹胎向一侧歪斜。砌料石拱时，砌块应垂直于拱的辐射线，楔形砌块的大头必须向上，各行砌块必须错缝。砌拱的同时，应做好壁后充填工作。封顶时，最后的砌块必须位于正中。

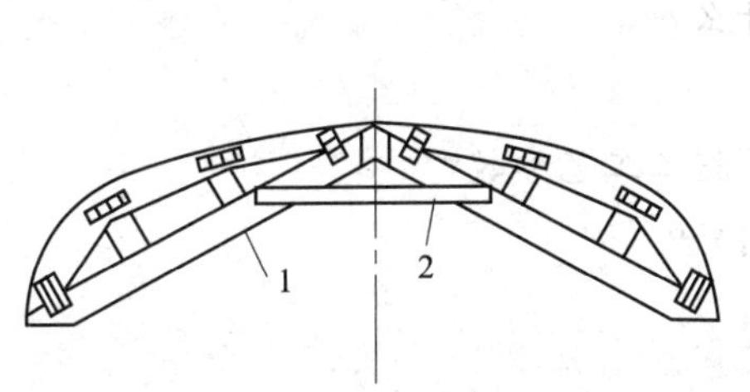

图 5—23 木碹胎

1—碹胎 2—固定板

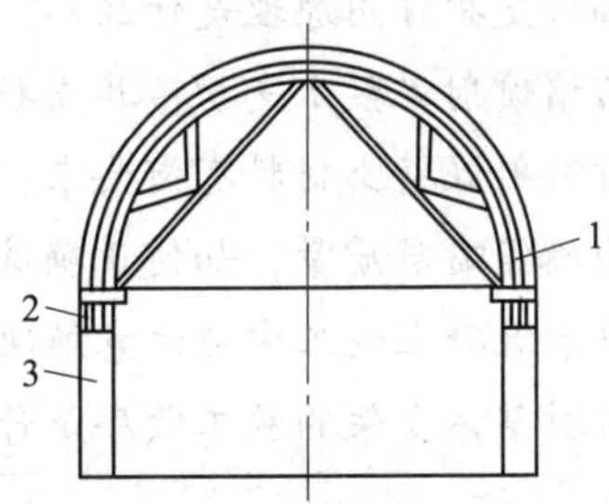

图 5—24 金属碹胎

1—碹胎 2—托梁 3—柱腿

每砌筑一段拱、墙，应留有台阶式咬合茬，以便下次砌筑接茬。

砌筑完毕后，要待拱、墙达到一定的强度后，才能拆除碹胎和模板。拆下的碹胎、模板应洗刷、整理，以便复用。

3. 石材整体支护施工安全注意事项

(1) 砌碹施工工艺复杂，区队负责人应与工人一起跟班工作，及时处理施工中出现的事故隐患，保证安全施工。

(2) 施工前应对施工地点的支护情况、环境等做全面检查，发现不安全因素要及时处理，处理后方可进行工作。

（3）掘砌基础的工作必须在临时支护的保护下进行。挖基础沟槽时，一般用风镐、手镐挖掘。岩石特别坚硬时，可打浅眼、少装药，起爆将岩石崩松，但必须制定专门的安全措施，防止崩倒托棚。挖基础沟槽前，要对空帮部位进行安全检查。

（4）立碹胎时要配足人员，由班长或经验丰富的工人统一指挥，保证立胎工作的安全。在砌拱过程中，要经常检查工作台的稳定性，不允许在工作台上存放太多的料石，防止工作台倒塌。

（5）回胎时要备足人力，在班长或老工人的统一指挥下进行，回收人员必须站在安全的地点，退路必须畅通，严禁无关人员在附近停留。

（6）有冒顶危险的地区不能掘、砌平行作业。巷道围岩破碎时要短段掘砌。

（7）在上山掘进和砌碹平行作业时，在砌碹工作面上方 5~10 m，要设置安全挡。在下山掘进和砌碹平行作业时，除在下山上部设置安全挡以外，砌碹和掘进工作面的上方 5~10 m处也要设置，以防跑车。同时，对砌碹处的材料和工具等都要有安全存放措施，防止向下滚动伤人。

思考练习题

1. 简述混凝土的组成材料及要求。
2. 煤矿常用的支护材料有哪些？
3. 煤矿常用锚杆的结构类型有哪些？
4. 锚杆支护作用原理是什么？
5. 何谓喷射混凝土支护？其支护作用原理是什么？
6. 对喷射混凝土材料有何要求？
7. 为确保喷层质量，如何正确选择喷射混凝土施工工艺参数？
8. 喷射混凝土施工中应注意解决好哪些实际问题？
9. 石材整体支架的施工顺序是什么？

第六章 上、下山掘进

学习目标

掌握上、下山掘进的施工工序，了解上、下山掘进的特点和安全措施。

上、下山施工过程与平巷相比，在破岩、装岩、运输、通风、排水、支护等方面都具有不同的特点，因此本章主要介绍上、下山施工与平巷施工的不同之处，凡与平巷施工相同之处，不予赘述。

第一节　上 山 施 工

上山巷道施工，即由下向上掘进和支护作业，施工方法与平巷施工的不同之处有以下几个方面。

一、炮眼布置

由于巷道具有向上倾斜的特点，因此炮眼布置应能使爆出的巷道符合倾斜角度的规定。此外，起爆时要特别注意防止崩倒支架，因此多采用底部掏槽，并要掌握好炮眼的深度和角度（上方掏槽眼应沿轴线方向稍向下倾斜）。为防止巷道“上漂”造成拉底，底眼应插入底板 50~100 mm，岩石较硬时，可插入底板 200 mm 左右。

倾斜巷道施工时，每掘进 40 m，应设躲避硐室。

二、通风

由于上山工作面附近容易积聚瓦斯，在沿瓦斯煤层掘进时，除正确选用爆破器材和采用隔爆电气设备外，应注意加强工作面的通风和瓦斯检查，在工作期间和交接班时都不能停止通风，如因检修、停电等原因停风时，要切断电源，撤出所有施工人员，待恢复通风及检测瓦斯之后，才准许人员进入工作面，以保施工安全。

相关法规

《煤矿安全规程》规定：上山掘进工作面采用爆破作业时，应当采用深度不大于1.0 m的炮眼远距离全断面一次爆破。

急倾斜突出煤层上山掘进工作面中，应采用阻燃抗静电硬质风筒通风。

三、装岩（煤）工作

上山掘进时，沿斜坡向下扒矸比较容易，可采用人工装车或溜车和机械装载方式。目前应用广泛的是耙斗式装载机，它可用在30°以内的倾斜巷道，生产率很高，但应特别注意安设牢固，防止下滑。为此，除在装载机下部装设卡轨器以外，还在装载机后立柱上装设两个可以转动的斜撑。耙斗式装载机距工作面不应小于6 m，每20~30 m移动一次。移动装载机可配合使用提升绞车。如上山倾角大，可用提升绞车和耙斗式装载机联合作业。使用耙斗式装载机装岩时，也可配合使用刮板输送机，这样耙斗式装载机能够连续作业，提高装岩生产率，但在耙斗式装载机卸载部位需要另加一斜槽。不管采用哪种装载机械，都必须设置安全可靠的防滑装置。

四、提升运输工作

由上往下运送煤、矸的方式与上山的倾斜角度有关。当倾斜角大于35°时，煤、矸可沿巷道底板靠自重下滑，这时应在巷道一侧做出一个密闭的溜矸间，专供矸石下滚，以免伤人或破坏设备；倾角为25°~35°时，可用铁溜槽；倾角为15°~25°时，可以采用搪瓷溜槽。溜槽的安装和接长都很方便，生产能力大，但粉尘也很大。为了防止煤矸飞起伤人，应在巷道中溜槽一侧设置挡板，巷道下口应设置临时储矸仓，以便装车，如图6—1所示。倾角小于25°的倾斜巷道皆可采用链板运输机和绞车运输。为了向工作面运送工具材料，在掘进断面允许的情况下，可在巷道一帮安装运输机，另一帮铺设轨道用绞车提升。双斜巷掘进时，可在一个巷道铺轨，另一个巷道铺运输机。

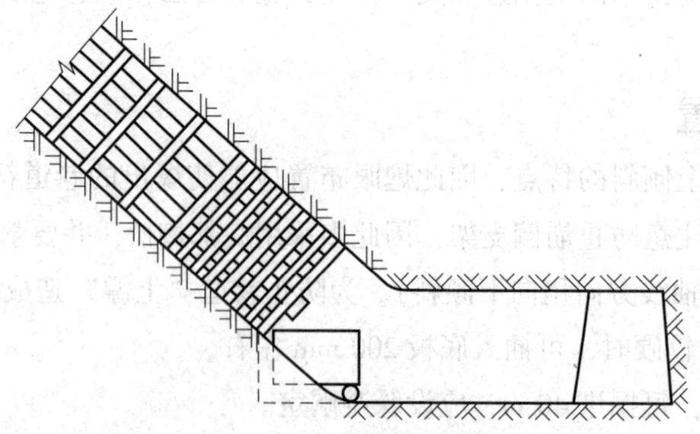

图6—1　上山掘进利用溜槽运输

提升或下放矿车，可用设在上山与平巷接口处一侧的专用小绞车，如图6—2所示。钢丝绳引至工作面，绕过一固定滑轮（回头轮）后用挂钩挂在矿车上。凡倾角小于30°的上山都可用矿车提升材料或运出矸石，但必须注意将回头轮安设牢固。上山长度超过绞车缠绳量时，则需在上山中部增设临时绞车进行分段提升，如图6—3所示。

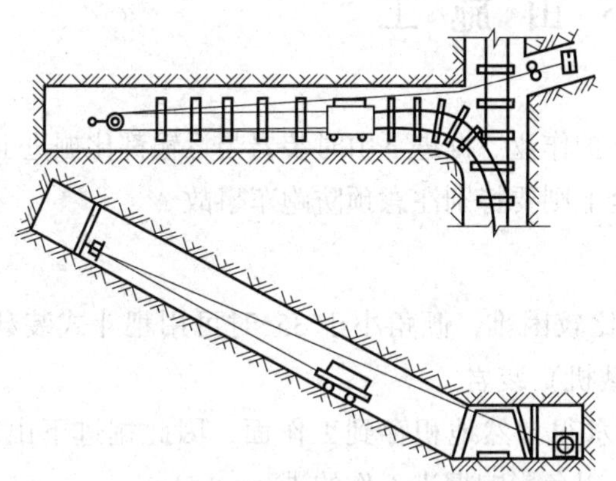

图 6—2　上山掘进时绞车及导绳轮的布置

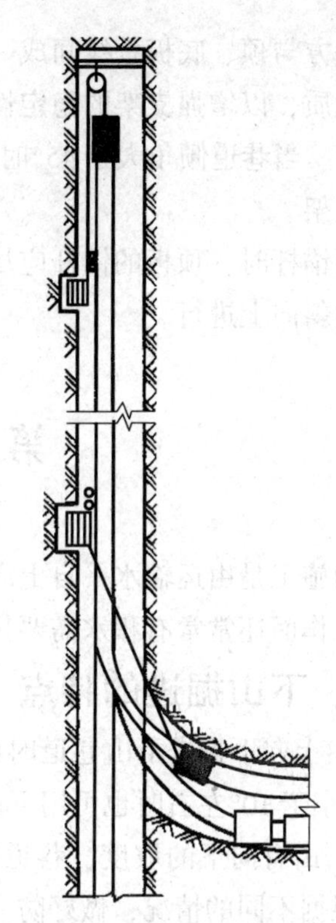

图 6—3　上山掘进时的分段提升方式

五、巷道支护

在倾斜巷道中，顶板岩石受重力的作用，有沿倾斜向下滑落的趋势。如图 6—4 所示，沿重力方向作用于斜巷地压 P 有两个分量：分力 $N=P\cos\alpha$（α 为斜巷倾角），它作用在支架平面内，对支架产生压力；分力 $T=P\sin\alpha$，有使支架向下移动的趋势。因此，架设的棚腿要

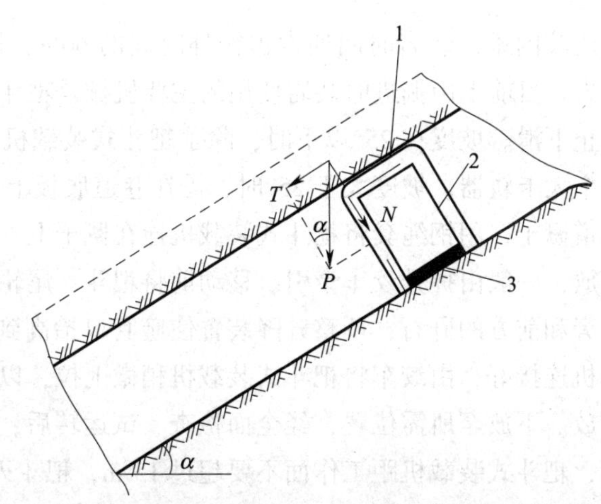

图 6—4　斜巷地压及棚式支架

1—顶撑　2—立柱　3—底撑

向倾斜上方与顶、底板垂线间成一夹角，这个夹角称为迎山角，其数值取决于巷道的倾角及围岩的性质，以增强支架的稳定性。当巷道倾角小于45°时，一般每倾斜6°~8°，便应具有1°迎山角。当巷道倾角大于45°时，应架设完全支架，并在架与架之间设撑木、拉条，或采用密集支架。

采用锚杆时，顶板的锚杆应尽量做到垂直于顶板岩层面。若采用砌碹支护，施工程序应由下沿倾斜向上进行。

第二节 下山施工

下山施工是由运输水平自上向下掘进和支护作业。掘进下山时装岩与运输都比掘进上山困难，工作面还常常有积水需要排除，在安全上则要特别注意预防跑车事故。

一、下山掘进的特点

1. 由上向下掘进下山巷道时的装载工作比较困难，倾角小于35°时可用耙斗式装载机（在倾角小于10°左右时也可用下山铲斗式装载机）装岩。

2. 下山有向下的坡度，巷道内各处的涌水很自然地积存到工作面，因此掘进下山时，一定要根据不同的情况，做好防、排水工作，以免影响掘进工作的进行。

3. 在使用矿车运输时，有可能因为牵引装置的滑落或断绳引起跑车事故，所以除提升绞车摘挂钩处、车场变坡点等设置断绳保险和挡车器外，在掘进工作面附近一定要有可靠的挡车器，防止跑车冲击工作面，保证工作面人员的安全。

二、破岩、装岩及提升

下山掘进的破岩工作多采用钻眼爆破法，施工中应特别注意下山的坡度，使其符合设计要求。

下山掘进装岩工作比较困难，装岩时间通常占循环时间的60%，因此应尽量采用机械装岩，而不采用人工装岩。目前下山掘进时装岩使用的主要机械是耙斗式装载机，使用时应特别注意安设牢固，防止下滑。坡度在25°以下时，除了耙斗式装载机自身所配的4个卡轨器外，还应另外加设两个大卡轨器。坡度大于25°时，需在巷道底板上钻两个深1 m左右的眼，楔入两根圆钢或铁道橛子，用钢绳套将耙斗式装载机拴在橛子上。

耙斗式装载机的下放，一般由提升绞车牵引。移动前将耙斗、尾轮及钢丝绳一起收入槽内，关闭电源，清理两旁和前方的矸石，调整升降装置使簸箕口抬高到距轨面50 mm以上，再将箕斗和耙斗式装载机连接好，由绞车将耙斗式装载机稍微上拉，以便松开卡轨器等固定装置，然后便可慢速下放。下放至所需位置，经全面检查、试运转后，才可以装岩。

为了提高装岩效率，耙斗式装载机距工作面不要超过15 m，耙斗刃口的插角选用65°左右为好，还可以在耙斗后背焊上一块斜高200 mm的铁板。工作面两侧上方的炮眼，可加深400~500 mm并填上炮泥，爆破后利用此孔固定尾轮。

下山施工时提升非常重要，倾角小于25°的下山，可使用刮板输送机，倾角小于30°的可使用矿车或箕斗，倾角在30°以上的只能使用箕斗。矿车提升设备简单，但提升能力较低；箕斗提升装卸简便，提升连接装置安全可靠，特别是大容积箕斗能有效地增大提升量，加快掘进速度。目前，多采用一种无卸载轮的前卸箕斗，其卸载方式如图6—5所示。当箕斗进入翻转架1时，箕斗2牵引框架3上的导轮开始沿导向架4的斜面上升，逐渐将斗门开启。同时，箕斗与翻转架绕回转轴旋转，向前倾斜50°卸载，然后绞车松绳，箕斗与翻转架利用自重复位。

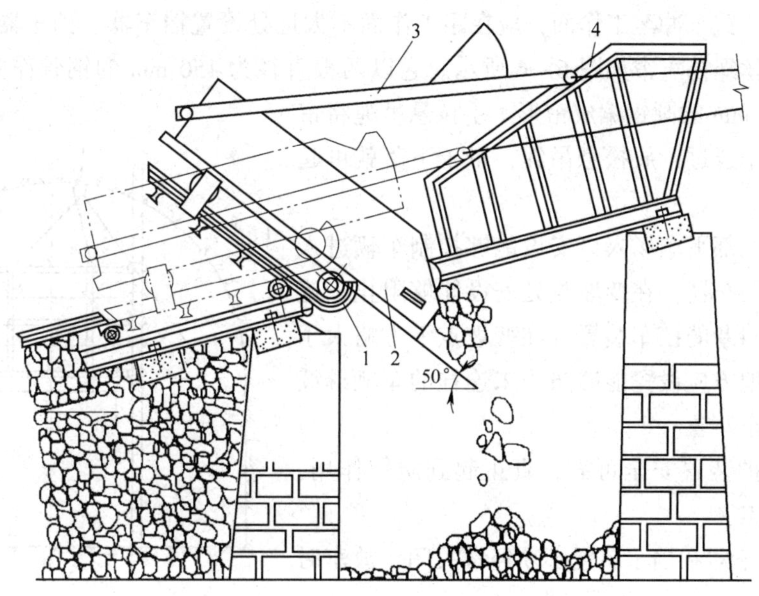

图6—5 无卸载轮前卸式箕斗卸载示意图

1—翻转架 2—箕斗 3—框架 4—导向架

三、排水工作

在掘进下山时，工作面积水不仅会带来繁重的辅助工作，而且会恶化工作面的作业条件，直接影响工程质量和安全。

在处理方法上，首先堵绝从下山联络巷道向下山的渗水、流水，消除下山巷道管路漏水。对巷道顶底板、工作面的涌水应采用截、排的方法解决。

工作面涌水小于5 m^3/h，可用矿车或箕斗随矸石把水排出。超过5 m^3/h的涌水，可在工作面以上安装水泵，铺设管路排水。如下山长度较长，工作面水泵直接排不出下山时，可在下山中间掘进腰泵房实行接力排水。工作面的水泵随工作面前进而移动，在工作面起爆时，一定要将水泵提放到安全地点，并做好掩护。

对下山顶、底板淋水，可根据水的位置、大小，采用搭设防水棚、临时水沟或永久水沟等方法将水排出。

四、安全工作

下山掘进的安全问题，最突出的就是防止跑车。矿车若脱钩或断绳，将加速下滑，直冲工作面，很容易造成人身伤亡事故。为此，必须提高警惕，严格按规程操作。要经常对钢丝绳及连接装置进行检查，做到防患于未然。巷道的规格、铺轨的质量都应符合设计要求，并采取切实可行的安全措施。例如，可采取如下方法防止跑车事故。

1. 安全绳法

在提升钢丝绳的尾部钩头以上连接一根环形的钢丝绳（安全绳），提升时把安全绳套在矿车上。这样，当插销脱出或连接装置失灵时，矿车即被钢丝绳兜住，不致发生跑车事故。

2. 挡车器法

为防止万一跑车冲至工作面，应在距工作面不太远处设置挡车器。挡车器形式有多种，其中常用的钢丝绳挡车帘如图 6—6 所示。它以两根直径为 150 mm 的钢管作立柱，用钢丝绳和直径为 25 mm 的圆钢编成帘形。手拉悬吊绳将帘提起，可让矿车通过；放松悬吊绳，帘子下落就可起到挡车作用。

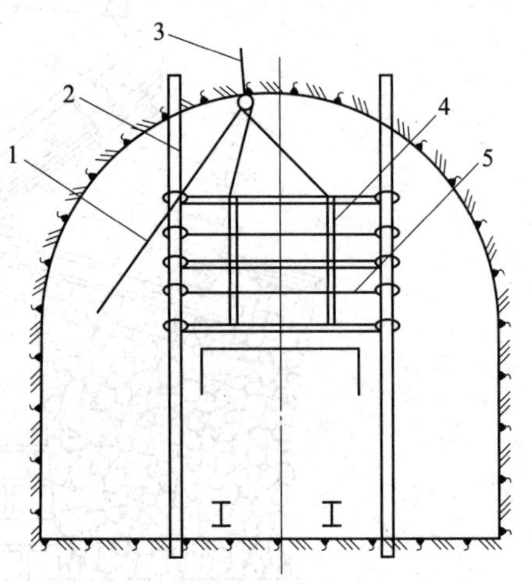

图 6—6 钢丝绳挡车帘

1—悬吊绳 2—立柱 3—吊环

4—钢丝绳 5—圆钢

同时，在上部平车场入口安设能够控制车辆进入摘挂钩地点的挡车器，在变坡点处安设能够阻止未连挂的车辆滑入斜巷的挡车装置，在变坡点下方略大于一列车长度的地方应设置能够防止未连挂的车辆继续往下跑车的挡车装置。

为了使防护装置安全可靠，真正起到防护作用，应做到以下几点：

（1）各挡车器和挡车装置必须经常关闭，放车时方准打开。

（2）加强各挡车器和挡车装置的检查、维修，保持开、关动作灵活，防止跑车性能可靠。

（3）对经过一次跑车撞击的挡车装置的损坏情况进行全面检查、加固，更换损坏部件，恢复原有强度。

思考练习题

1. 上山施工有何特点？
2. 下山施工有何特点？

第七章 硐室与交岔点施工

学习目标

掌握硐室及交岔点施工安全技术措施，了解硐室施工的特点及交岔点类型；能用各种施工方法进行硐室施工。

矿井巷道掘砌，包括一般巷道、硐室和交岔点施工等。本章重点讲述硐室和交岔点的施工特点和施工工艺。

第一节 硐 室 施 工

各种硐室由于用途不同，其结构、形状和规格也相差很大。在考虑这些硐室施工时，除应注意各自的结构特点外，还应注意硐室与其他巷道或井筒的联系，以及各工程之间的相互关系和制约，做到施工顺序合理，施工方法得当。

一、硐室施工特点

硐室是为某种专门用途在井下开凿和建造的断面较大或长度较短的空间构筑物。硐室由于用途不同，其形状与规格差异很大，施工时应注意以下几个特点：

1. 硐室的断面较大，而长度相对较短，大型机械设备难以在此施展，因而均采用一般巷道施工所使用的机具。同时，由于硐室施工受提升、运输、通风、排水，以及硐室本身结构等因素的限制，更增加施工复杂性。

2. 硐室往往与其他硐室、巷道相毗连，加之硐室本身结构复杂，故其围岩的受力状态比较复杂，难以准确分析，施工难度较大。

3. 硐室的服务年限长，工程质量要求高，多数硐室安设有各种不同的机电设备，硐室内需要浇筑设备基础、预留光缆沟槽、安设起重梁等，故施工时要精心安排，确保工程规格和质量。

4. 有些硐室，如机电设备硐室，应具有隔水、防潮性能，在支护质量方面有较高的要求。

二、硐室施工工艺

在选择硐室施工工艺时，除应注意上述特点外，还应全面分析以下几个因素，以便合理、正确地选择施工工艺。

1. 工程地质和水文地质条件

硐室所在围岩的工程地质和水文地质条件是确定硐室掘进和支护方法的关键因素。在确定硐室施工工艺前，应做好硐室围岩的工程地质和水文地质的勘探工作，摸清岩体的地质构造特征等，以便对围岩的稳定性作出工程性的评价，并以此为基础，正确地选择硐室掘进工艺。

硐室的布置要避开不稳定的岩层和地质条件复杂的地段。在不可能避开时，则应使硐室的轴线与岩体的结构面，特别是软弱结构面的走向尽可能垂直或斜交，以保持硐室围岩的稳定性。

2. 合理地选择硐室断面

硐室本身的断面大而复杂，这就增加了施工和维护的困难。断面形状应满足使用要求，并尽可能提高断面利用率。另外，硐室的断面形状应有利于提高硐室围岩的稳定性。

在通常情况下，拱形断面比矩形断面稳定性好，而半圆拱又较三心圆拱优越。

3. 合理地选择支护形式

硐室工程主要采用两种支护形式：整体砌碹和锚喷支护。锚喷支护在硐室中的使用范围正在逐步扩大，它和光爆相配合，成功地支护了一批重要硐室，如马头门、翻罐笼硐室、煤仓等。

整体砌碹仍然是硐室的一种主要支护方法。如中央泵房硐室，它的顶部布置有大量的钢梁，其支护形式还是基本上采用整体混凝土砌碹。

支护形式不同，硐室的施工工艺也不同。整体砌碹一般采用先墙后拱的施工顺序，而锚喷支护的硐室可采用先拱后墙的施工顺序。

综上所述，在选择硐室施工工艺时，主要考虑围岩的稳定情况、断面大小和服务年限等因素。

三、硐室施工方法

各种硐室的形状、规格和结构差别很大，所穿过的岩层性质也不相同，所以施工方法较多。这些施工方法可以归纳分为以下几类。

1. 全断面一次掘进法

全断面一次掘进法常用于岩层稳定、断面不特别大的硐室。由于全断面推进，采用较大凿岩台车、装载机和运输设备，可以取得较好的技术经济效果。但是，在一般矿井条件下，只采用巷道施工的常规设备，钻上部炮眼和打顶部锚杆眼就要蹬渣作业，装药连线必须用梯子。此外，还会遇到全断面一次爆破雷管段数不够、爆破后处理浮石困难等问题，故在常规设备条件下，全断面一次掘进硐室的高度以不超过 5 m 为宜。

2. 台阶工作面施工法

台阶工作面施工法用在岩层稳定或比较稳定的条件下。由于硐室的高度大，不便于操作，便将硐室分为几层，施工时形成台阶状。该方法按台阶工作面布置方式的不同，又分为正台阶工作面法和倒台阶工作面法：前者上分层超前施工，又称下行分层法；后者下分层超前施工，又称上行分层法。

(1) 正台阶工作面施工法

根据硐室的全高，整个断面可分为2~3层，每层的高度以1.8~2.5 m为宜，最大不要超过3 m。如某矿水泵房施工时，采用正台阶工作面法，如图7—1所示。上分层工作面高2.5 m，超前2 m左右，下分层工作面呈45°斜坡是为了便于溜放上分层的矸石，在下分层用装载机装岩。

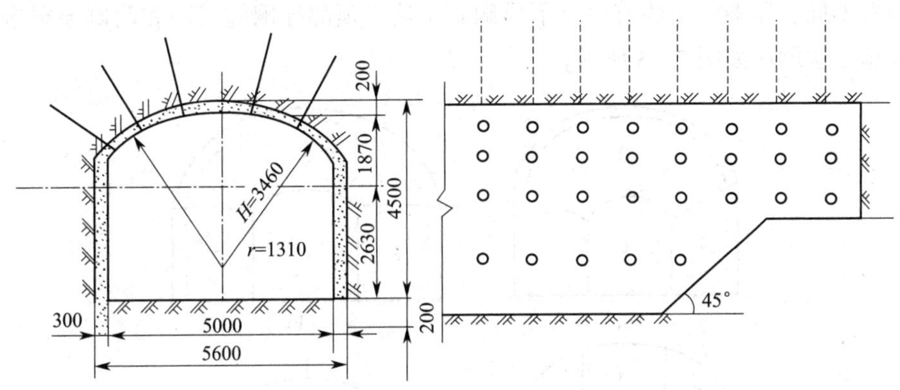

图7—1 正台阶工作面施工法

一般先掘上分层3~5 m，爆破后，应及时锚喷或架设临时支架护顶。然后上下分层同时掘喷或掘支。当永久支护采用砌碹时，多采用先墙后拱的施工方式，砌碹工作落后于下分层掘进工作面1.5~2.5 m。若顶板不稳定，也可采用先拱后墙的施工方式，即上分层采用短段掘砌、先砌拱。此时，为了防止卧底砌墙时拱顶下沉，往往保留拱基线下的岩柱不一次掘出，待砌墙时，再逐段用风镐刷出，或者在拱基处砌筑小壁座，以承托碹拱。

(2) 倒台阶工作面施工法

先掘下分层工作面，下分层工作面超前距离3~5 m，并做好临时支护。等下分层掘进完成后，再由外向里掘砌上分层，如图7—2所示。上分层工作面施工时，站在挑顶下来的矸石堆上打锚杆。顶板岩石不大稳定时，可边掘边挂网，最后喷射混凝土。

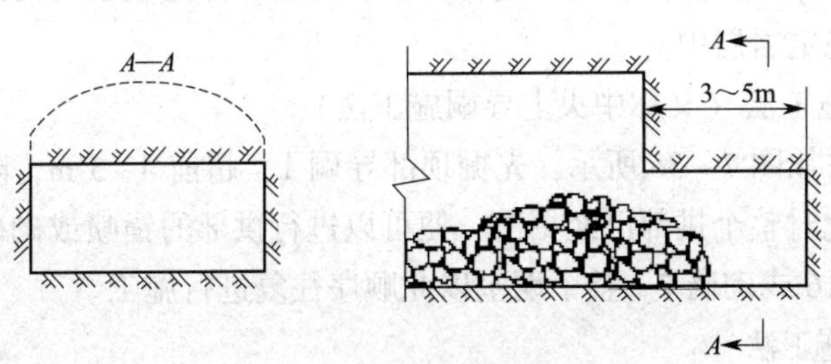

图7—2 倒台阶工作面施工法

采用砌碹的硐室，下分层高度应相当于设计墙高，超前量可以是 4~6 m 或更长一些。下分层掘进时，一般采用棚式临时支架。砌墙时先要架抬棚，将原来的顶梁拖住，上分层挑顶工作是在下分层掘砌完成后进行，挑顶后立即砌拱。

正台阶工作面施工方法比较安全可靠；倒台阶工作面施工法挑顶爆破效率高，装岩方便。两者都适合用于围岩比较稳定、整体性比较好的岩层。其中，先拱后墙正台阶法的适应性更为广泛，在较松软的岩层中也可应用。

3. 导硐施工法

导硐施工法多用于松软破碎地带，在稳定岩层中，特大断面（如 50 m^2）的硐室也可采用。导硐施工法就是先以小断面超前掘进，然后再逐步刷大到设计断面。导硐的位置、断面应满足通风和装运的要求，导硐的断面一般为 4~8 m^2，高度和宽度一般不小于 2 m。根据导硐的位置不同，导硐施工法有中央下导硐施工法、顶部导硐施工法和两侧导硐施工法之分。导硐施工法顺序如图 7—3 所示。

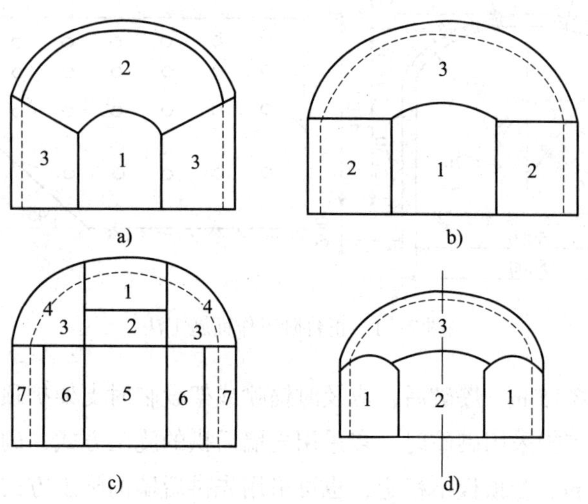

图 7—3 导硐施工法顺序

a）中央下导硐施工法（先拱后墙） b）中央下导硐施工法（先墙后拱）

c）顶部导硐施工法 d）两侧导硐施工法

（1）中央下导硐施工法

中央下导硐施工法如图 7—3a 和图 7—3b 所示，导硐位于硐室的中下部并沿底板掘进，一般导硐沿硐室的全长一次掘出，然后进行开帮、挑顶，并完成永久支护。中央下导硐施工法适用于稳定和较稳定岩层中。

（2）顶部导硐施工法（又称中央上导硐施工法）

顶部导硐施工法如图 7—3c 所示，先掘顶部导硐 1，超前 4~5 m，随之卧底 2，再落后 15 m 左右开帮 3。此时整个拱部已经掘出，便可以进行拱部的锚喷或砌碹 4。然后再卧底中心底部 5。最后刷帮 6 或砌墙 7。整个硐室以此顺序往复进行施工。

（3）两侧导硐施工法

两侧导硐施工法如图 7—3d 所示，这是在松软破碎岩层中采用的一种安全有效的施工方法。两侧导硐施工法是从硐室的底板开始，在两侧墙部开掘两条小硐室超前掘进，逐步向上扩大。小硐室断面不宜过大，一般宽1.5~1.8 m，以利于控制顶板，高2.0 m左右。掘一层导硐，随即砌墙，再掘上一分层小导硐，将墙接砌上去，最后将拱部整个掘砌好后，再除去中间岩柱。这种施工方法比较安全，但施工步骤多、速度慢，当硐室穿过的岩层很不稳定，特别是穿过断层破碎带时，很适合采用。

总的来说，在选择硐室施工方法时，应密切结合工程地质条件、施工设备情况，以及施工队伍的管理和技术状况，灵活进行考虑。

4. 设备基础浇注的方法

（1）必须有经过批准的设备基础施工图。并要熟悉图样的各项规定和要求，同时要熟悉地角螺栓的空间位置，并应记牢尺寸。

（2）按图样规定备足浇筑混凝土设备基础所需的各种材料。

（3）按图样规定进行刨槽，必须确保基础槽的长度、宽度、深度尺寸，槽帮槽底必须刷平整。

（4）设备基础露出地面部分，要钉好模板，保证这部分尺寸和台面平整。要钉好地脚螺栓的预留孔槽。

（5）要准确充分地预留出地脚螺栓的预留孔。

（6）浇灌混凝土前，应认真检查基础槽的位置、各部尺寸是否合适，槽帮底面是否平整，浮物是否干净，一切合格才可以浇灌混凝土。

（7）浇灌混凝土的垂直下落高度较大（2 m以上）时，应当使用溜槽运送或分段转运，以免混凝土在下落过程中发生分离现象。

（8）每次浇灌混凝土的厚度不应超过300 mm，过厚了不容易捣固。同时，浇灌混凝土在到达地脚螺栓的预留孔部位时，要注意保持预留孔位置不偏移、不歪斜、不缩短，孔内不进杂物。

（9）为保持混凝土的密实性和整体性，需采取连续浇灌法。在浇灌中，如间隔2 h以上，必须把上次浇灌混凝土的表面凿成麻面，并铺设一层稀灰浆，然后再浇灌混凝土。

（10）在开始浇灌混凝土时，应先铺一层厚度12~15 mm的铺底灰浆，铺底灰浆用1∶3的水泥砂浆。

（11）捣固和混凝土养护应按有关要求操作。

（12）混凝土养护后就可以拆模，注意预留孔的模板必须拆净，并注意用木塞封堵，防止掉入杂物。

（13）基础台面的抹面修饰工作，按施工图样的规定进行。

（14）在预留孔内固定地脚螺栓的工作，应在设备安装时进行。

第二节　交岔点施工

一、交岔点类型

交岔点是指巷道相交或分岔的地点的那段巷道，它的几种类型如图7—4所示。交岔点按使用的支护方式不同，可分为棚架式交岔点和砌碹式交岔点；按结构不同又可分为牛鼻子交岔点和穿尖交岔点，如图 7—5 所示。在现场，牛鼻子交岔点应用广泛，因为它受力较好。穿尖交岔点长度短、拱部低，工程量小，施工简单、通风阻力较小，但承载能力较低，不便使用标准道岔，故多用于岩层坚固稳定且整体性好、最大宽度不超过 5 m、巷道转角大于 45°的交岔点。

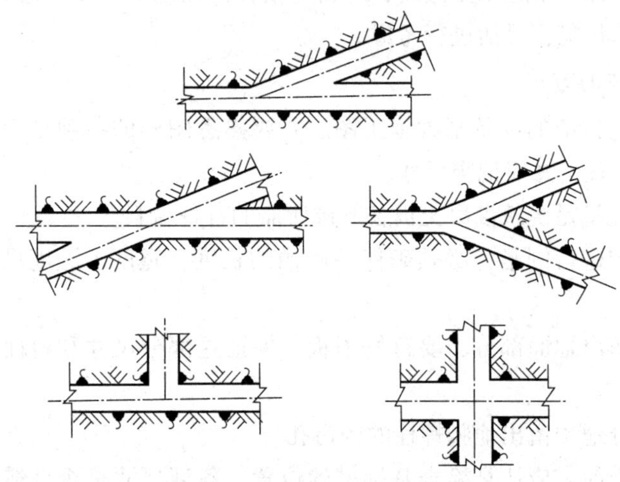

图 7—4 交岔点的几种类型

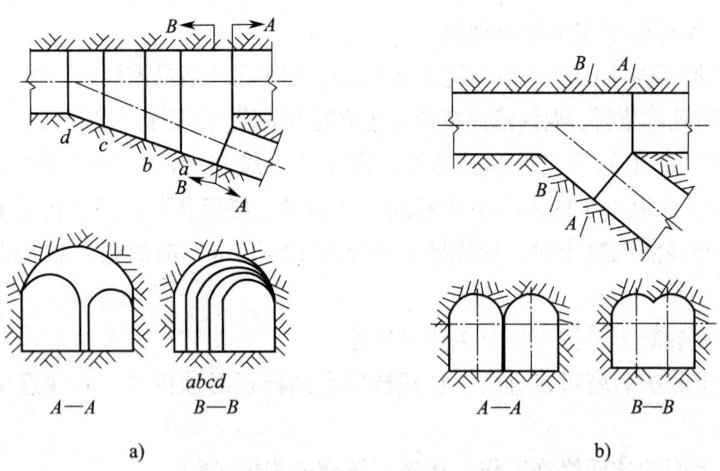

图 7—5 牛鼻子交岔点与穿尖交岔点

a）牛鼻子交岔点 b）穿尖交岔点

交岔点与巷道相比，断面较大，在施工中必须加强顶板管理，即使在稳定的岩层中施工，也不准空顶作业。另外，由于交岔点中间断面是变化的，必须按设计严格控制高度和宽度，以免影响使用。交岔点支护过去多采用料石砌碹、混凝土砌碹、大直径木棚和金属棚等，现采用锚喷支护多年，支护效果较好。由于锚喷支护交岔点与砌碹交岔点相比，具有施工安全、简单、速度快、效率高等一系列优点，因此近年来应用非常广泛。

二、交岔点施工方法

交岔点施工主要取决于断面大小、支护形式、穿过岩层的地质条件、从主巷还是从副巷开始施工，以及施工期间的运输条件等因素。

交岔点施工应尽量做到全断面掘进一次成巷，要尽量缩短岩石暴露时间，防止围岩风化冒落，为了不中断连锁工程的施工，在通过稳定岩层的交岔点时，可按一般巷道向前掘进，当掘过交岔点适当距离，即可在后边进行刷大与锚喷或砌碹。但是，此时交岔点的刷砌工作应不影响矿车顺利通过，以保证连锁工程的连续快速施工。

1. 全断面掘进法

在稳定性较好的岩层中，交岔点可采用全断面一次掘进法，随掘随支，一次完成。

这种施工方法掘支方便、工序简单、速度快、效率高、节省临时支护材料、成本较低，适用于以各种支护方法支护的交岔点，特别是采用锚喷支护或不支护的交岔点最为合适。

2. 扩帮刷大法

在中等稳定岩层中，或巷道断面较大时，为了使顶板一次暴露面积不致过大，可先将一条巷道掘出，并将边墙先行锚喷，余下周边喷上一层厚 30~50 mm 的混凝土或砂浆（岩石条件差时，可加打锚杆）作临时支护，然后再刷帮挑顶，随即进行锚喷。采用砌碹支护的交岔点，开始以全断面由主巷向支巷方向掘砌，至断面较大处，改用以小断面向两支巷掘进，架设棚式支护临时支架维护顶板，掘过柱墩断面 2 m，先将此 2 m 砌好，然后再由小断面向柱墩进行刷砌，最后在岔口封顶并做好柱墩端面（齐脸、迎脸）。

3. 掘小导硐法

当岩层松软不稳定或交岔点跨度较大时，可采用掘小导硐法施工，此法是先掘出一条巷道，并将与之相连的另一条巷道也扩出一部分。由于跨度增大，顶板维护困难，便不能继续扩帮，而是向碹垛方向沿交岔点的另一侧开小导硐，在中间留下岩柱，随掘随砌墙，在碹垛位置和已掘进的巷道打通。做好碹垛，并将分岔巷道永久支护做好，随后将碹岔的其余部分挑顶砌砖。为争取时间，可先挑拱顶部分，中间岩柱暂时保留，待砌碹后用放小炮的方法处理。

交岔点的砌碹和一般巷道砌碹基本相同，但由于交岔点的断面不断变大，施工中应注意以下几点：

（1）采用扩帮刷大或掘小导硐施工法在扩帮和刷大时，应采用打浅眼、少装药、多打眼的方法，减少对围岩的振动。

（2）交岔点顶板标高是变化的，在挑顶时应掌握好炮眼的方向和深度，以免造成局部超挖或欠挖。

（3）交岔点支护，一般应随掘随支，缩短掘进与刷帮挑顶、砌碹的时间间隔，以利于控制顶板，减少对井下运输的影响。在采用砌碹支护时，先做好两个分岔巷道的支护，砌好碹垛，然后按顺序将整个交岔点支护好，如图 7—6 所示。如果岩层较软，为了更好地维护顶板，可采用如图 7—7 所示的施工顺序，使最大断面处的永久支护及早起作用。

（4）碹垛受力较大，可用料石砌筑，但最好是用混凝土浇筑而成。

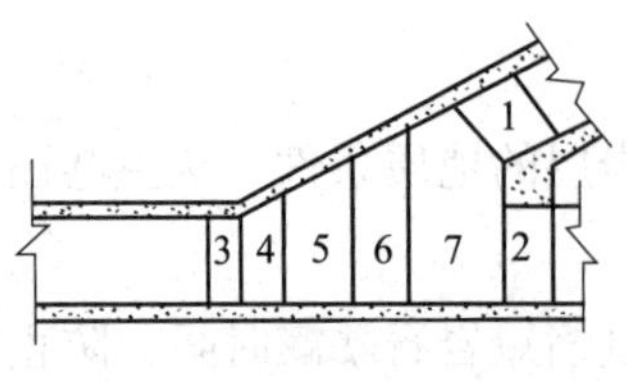

图 7—6　交岔点支护顺序

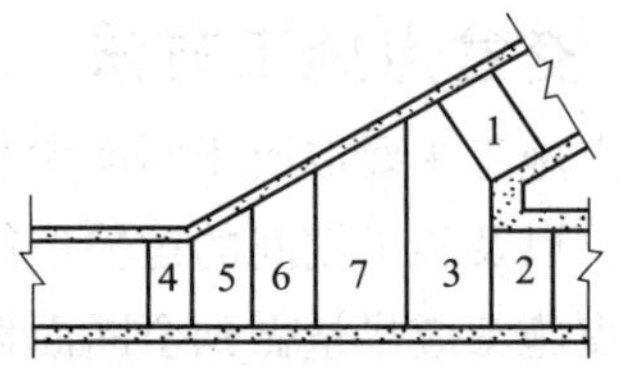

图 7—7　岩层较软时的交岔点支护顺序

4. 石材支护交岔点施工方法

（1）先掘小断面导硐。可以一次掘出全宽，也可先掘导硐。

（2）开帮砌墙。如采用导硐法，可先掘出分巷，然后刷大。砌墙时，为了保证斜墙质量，可先放线，砌墙方法和质量标准与巷道相同。

（3）放顶砌拱

1）搭工作台。与平巷砌筑搭工作台方法相同。

2）放顶。为了减少对围岩的振动，常采用多打眼、少装药的方法。每次放顶不超过 2 m，为了工作方便，应使碹胎前留有 300～500 mm 的间隙。如岩石条件差，挑顶后需采用过顶梁作临时支护。过顶梁一端搭在已砌好的碹拱上，另一端插入迎头岩石面上的梁窝内，或搭在支于原支架顶梁上的小柱上，依次由中间向两侧刷大，逐步穿梁，梁后用背梁楔紧，一直到墙为止，将顶板维护好。

3）立碹胎。在过顶梁的保护下，架设碹胎。必须严格检查碹胎的中心线、碹胎的高度、碹胎是否放平，以及相邻两碹胎是否符合要求。为保证碹胎的稳定性，在斜墙的一边必须架设若干顶柱，一端顶在碹胎上，另一端在未刷的帮顶上或临时支架上，以免料石将碹胎推倒。

4）砌拱。碹胎稳固后，铺模板砌拱，拆一根梁砌一部分拱，两边对称拆、对称砌，直到封顶为止。当碹拱砌至岔口时，同时在 *W* 处安装⑨、⑩碹胎，两碹胎紧靠。这两架碹胎的模板应超过 *WabM* 折线 200～300 mm，以便搭在特殊碹胎上。特殊碹胎是为了施工 *WabM* 三角区的拱部而设的，此碹可按 *Wa* 与 *Ma* 宽度之和制作，做成后从牛鼻子中点锯成两段，井下组装时形成 *WabM* 折面，如图 7—8 所示。

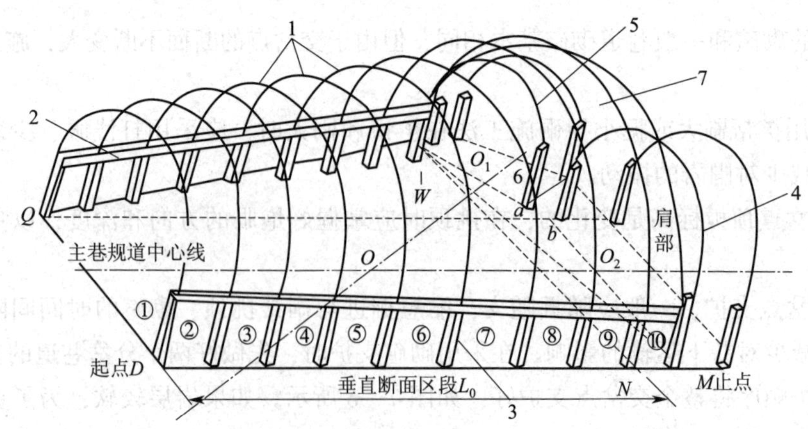

图 7—8　碹胎布置

1—碹胎　2—稳碹胎的横木　3—木柱　4—主巷碹胎　5—分巷碹胎　6—牛鼻子　7—迎脸

5）牛鼻子施工。砌之前必须放线，如图 7—9 所示。由Ⅰ组线前视，从 O 点量取设计长度 L' 得 O_1 点，由 O_1 点做Ⅰ组线的垂线，按分巷规格量取 $O_1a=b_3$。再由Ⅱ组线前视，由 B 点量取设计长度 L_0 得 O_2 点，由 O_2 点作Ⅱ组线的垂线，按主巷的规格量取 $O_2b=b_2$。显然，ab 即牛鼻子位置，可在 a、b 点拴上垂线指导施工。

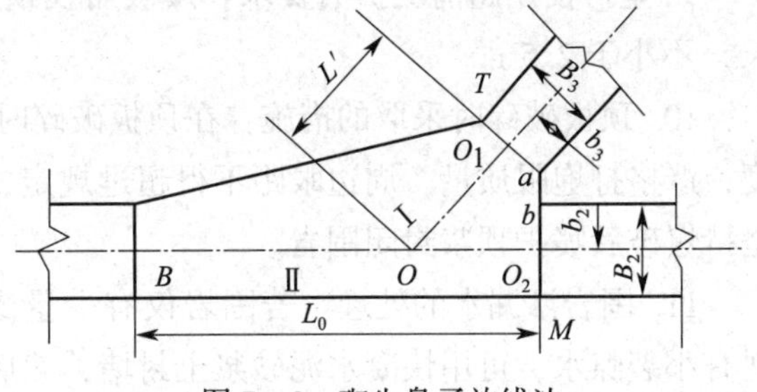

图 7—9　砌牛鼻子放线法

砌牛鼻子时，要特别注意将基础放在实底岩石上，以免顶板来压下沉而遭到破坏。由于此处是应力集中区，最好用混凝土浇筑。牛鼻子砌好后，接着完成大拱（迎脸碹）砌碹。

6）砌迎脸。迎脸在平面图上是一折线，为了接茬美观，施工时往往做成曲面。砌筑方法与砌墙相同。

砌筑迎脸前，大拱已做好并超出迎脸 150~250 mm。拆除所有碹胎后，必须将大拱之上和迎脸内的空间用矸石填实，不得遗留坑木等杂物，最后将迎脸砌上，与大拱密接。

第三节　硐室和交岔点施工安全技术措施

一、顶板管理

1. 严格执行敲帮问顶制度，利用钢钎之类的工具，去敲击巷道周围已经暴露而未加强管理的岩石，使其发出回声，探明四周围岩体内部是否松动、断裂和离层。

2. 开工前，跟班队长或班组长必须对工作面的安全支护情况进行详细检查，发现隐患或问题必须及时处理，确认无隐患后，方准其他人员进入工作面施工。

3. 找顶者应站在支护完好的安全地点，由外向里，先顶后帮逐段进行。找顶者所使用工具的长度不得小于 2 m。找顶时必须指派一名有经验的老工人监护，发现隐患及时向找顶者发出信号。

4. 敲帮问顶工作必须由班组长亲自负责。打眼前、爆破前、爆破后，扒窝头期间或其他工作中，凡在窝头作业人员均必须时刻注意帮、顶，加强敲帮问顶工作。敲帮问顶前，应将风动工具转移到安全地点。

5. 在找顶期间，若有无法找掉的危岩，必须采取打点柱或戗柱措施。点柱或戗柱采用直径不小于 18 cm 的木料，用大锤将木料打紧打牢，然后进行打锚杆支护。

6. 在断层破裂带或松软岩层中施工，应采用预留爆破周边围岩法。预留岩层用风镐掘至毛断面，以保持围岩不受破坏。

7. 锚网喷巷道，网的规格、安装，以及喷混凝土的厚度、强度、表面质量应符合质量标准化要求。

8. 施工过程中遇到新开口、贯通、相邻、相过、过构造、断层、集中应力区、冒落区等，另补充制定专项技术措施。

9. 坚持使用超前支护的要求：爆破后找顶、喷护顶浆，采用超前探梁，护顶宽度（弧长）不小于2.5 m。

10. 顶板破碎时采取的措施：在顶板破碎时，采用“一掘一砌”作业方式，缩小循环进度，严格打炮眼质量，周边眼距不得超过规定，控制周边眼装药量，周边眼单独装药起爆，坚持爆破后喷护顶浆封闭围岩。

11. 围岩渗漏水的处理：若围岩仅有少量渗水、滴水，可用压风清扫，边吹边喷即可；遇有小裂隙水，可用快凝水泥砂浆土封堵，然后再喷；有成股涌水或大面积漏水，必须将水导出引入水沟。

二、防水措施

1. 对水文地质预报做详细阅读分析，了解地质情况。

2. 工作面或其他地点发现有挂红、挂汗、空气变冷，或出现雾气、水叫、顶板淋水加大、顶板来压、底板鼓起，或产生裂隙，出现渗水、水色发浑、有臭味等突水预兆时，必须停止作业，采取措施，立即报告矿调度室，发出警报，撤出所有受水威胁地点的人员。

3. 严格执行“有疑必探、先探后掘”制度。

三、防火措施

1. 加强通风管理，确保工作面有充足的风量。

2. 掘进过程中出现高温现象时，要立即通知瓦斯检查员，并向上级汇报。

3. 掘进工作面严禁空帮空顶，要定期清理巷道内的浮矸，特别是机电设备处，防止浮矸埋压电气设备，产生高温发火。

4. 当工作面出现发火征兆时，特别是出现一氧化碳，有煤油、汽油或松节油味时，要立即停止施工，撤出人员并及时汇报。

5. 工作面必须使用不燃性电缆和风筒，风筒电缆按规定两帮敷设，严禁出现电气失爆现象或带电作业，以免出现电火花，引起火灾。

6. 井下所使用的棉纱及其他易燃物品，要远离电气设备存放，用完后及时回收上井，不准乱丢、乱放，严禁将废油、剩油泼洒在巷道内。

7. 配电点及其他用电设备附近，在进风侧配备沙箱、灭火器及其他灭火器材。

8. 爆破作业炮眼封泥必须使用不少于两个水泥炮，其余用黄沙封实。

9. 任何人员不能带点火物品入井。

思考练习题

1. 有哪几种硐室施工方法？适于何种条件？

2. 硐室施工的特点是什么？

3. 何为台阶法施工？如何实现台阶法施工？

4. 交岔点有哪几种类型？施工方法有哪些？

第八章

综合机械化掘进

学习目标

掌握综合机械化掘进（以下简称综掘）工艺，了解综合机械化掘进机械（以下简称综掘机）；能熟练操作综合机械化掘进机械进行施工。

近年来，随着大功率电牵引采煤机在矿山的发展与应用，特别是综合机械化采煤的发展，使回采工作面的推进速度大大加快。为实现采掘平衡，要求巷道的掘进速度必须相应地跟上，这就必须提高掘进机械化程度。掘进机在我国煤矿巷道掘进中得到了推广使用，多数矿井都使用了掘进机，取得了较好的经济效益，为增加掘进进尺发挥了积极作用。

巷道掘进机是巷道掘进技术发展的方向。与钻爆法相比，掘进机具有以下优点：

1. 掘进机可大幅度提高掘进速度，平均日进尺在 10 m 以上，劳动效率平均提高 1~2 倍，采掘成本可降低 30%~50%。快速掘进还能及时查明必要的煤田情况，并能按时准备好接替工作面。

2. 围岩不受破坏，掘进断面规整，从而增加了岩层的支撑能力和巷道的稳定性，有利于使用轻型支架，加大棚距，更适于用喷射混凝土作为支架。

3. 没有爆破振动和烟雾，改善了作业环境。

4. 改善了劳动条件，减少了笨重的体力劳动。

5. 施工更安全。

第一节　综合机械化掘进机械

掘进机是用于开凿平直地下巷道的机器，是能够同时实现切割、破碎和装载运输等目的的一种特殊机械设备，如图 8—1 所示。其适用于各种矿山巷道的掘进，也可在铁路、公路、水利及地下工程隧道中使用。

一、掘进机的主要结构和工作原理

以如图 8—2 所示的 EBZ260 型掘进机为例，其总体结构主要由截割部、装载部、刮板输送机、左右行走部、机架和回转台、液压系统、水系统及机载除尘系统、电气系统等部分组成。

图 8—1　EBZ260 掘进机外形

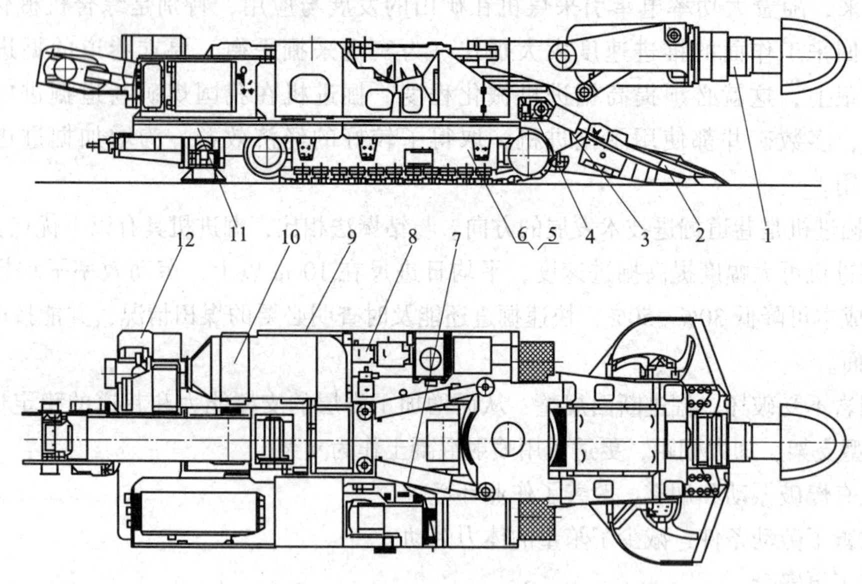

图 8—2　EBZ260 型掘进机的结构

1—截割部　2—装载部　3—刮板输送机　4—机架和回转台　5—左行走部　6—右行走部
7—电气系统　8—液压系统　9—水系统　10—除尘系统　11—护板总成　12—标牌总成

1. 截割部

截割部又称工作机构，结构如图 8—3 所示，主要由切割电动机、二级行星减速器、悬臂段、切割头等部分组成。

截割部直接在工作面上，通过切割头的旋转和履带推进实现钻进运动，通过切割头的旋

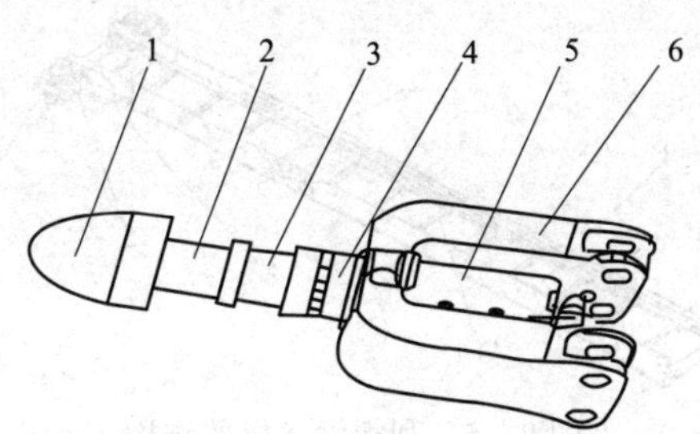

图 8—3　截割部的结构

1—切割头　2—悬臂段　3—加长段　4—二级行星减速器　5—切割电动机　6—叉形架

转和升降，以及回转台水平回摆实现径向切割破碎煤岩，从而形成所需断面形状的巷道。

2. 装载部

装载部的结构如图 8—4 所示，主要由铲板及左右对称的驱动装置组成，通过低速大转矩液压马达直接驱动转盘转动，将工作机构破落下来的煤岩通过耙爪或刮板的运动集装到中间刮板输送机上，从而达到装载煤岩的目的。

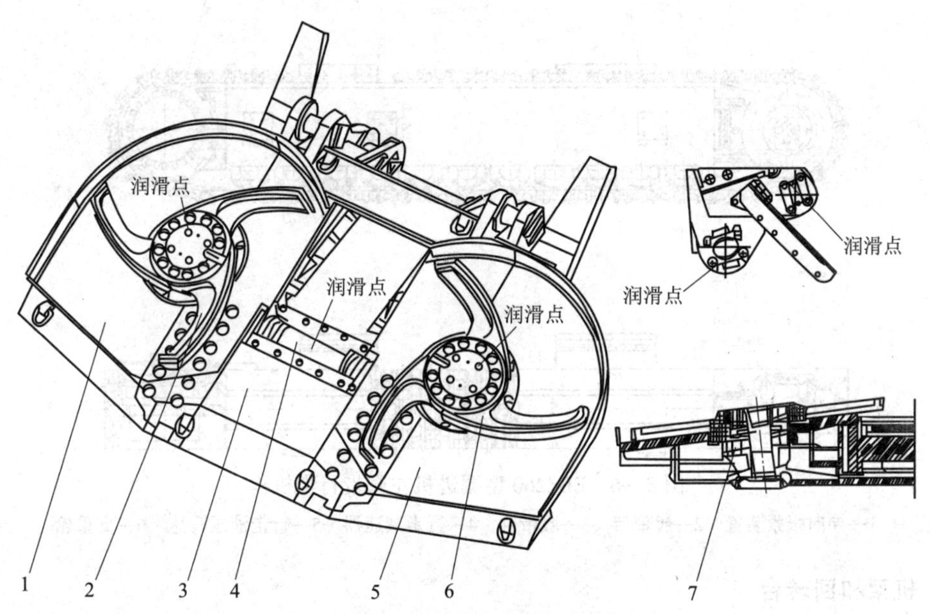

图 8—4　装载部的结构

1—右副铲板　2—右转盘　3—主铲板　4—改向轮组　5—左副铲板　6—左转盘　7—驱动装置

3. 刮板输送机

刮板输送机的结构如图 8—5 所示，主要由机前部、机后部、驱动装置、边双链刮板、张紧装置和脱链器等组成。

刮板输送机位于机器中部，前端与主机架和铲板铰接，后部托在机架上。刮板输送机采用低速大转矩液压马达直接驱动，在液压回路上设有安全阀，即使有大的岩块卡在龙门上也不会造成机器的损坏，刮板链条的张紧是通过在输送机尾部的张紧油缸来实现的。

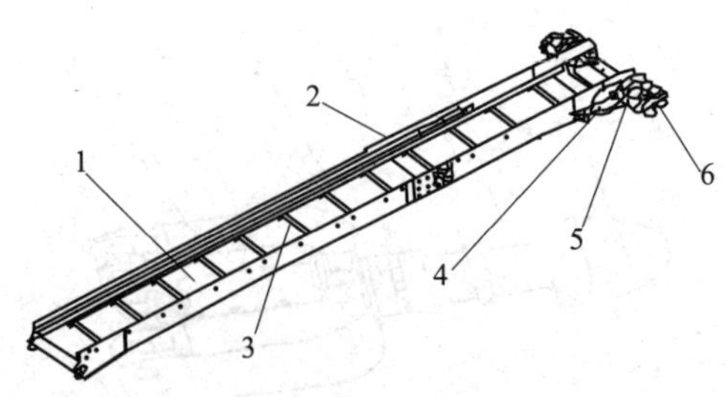

图 8—5 刮板输送机的结构

1—机前部 2—机后部 3—边双链刮板 4—张紧装置 5—驱动装置 6—液压马达

4. 行走部

行走部采用支重轮履带式行走机构。掘进机的左、右履带行走机构对称布置，分别驱动。其左履带行走机构如图 8—6 所示，各由 11 条高强度螺栓（M30×2、10.9 级）与机架相连。每个行走机构均由液压马达提供动力，经行走减速器→驱动链轮→履带链，驱动履带行走。行走机构既是驱动掘进机行走、调动的执行机构，又是整台机器的连接、支撑基础。

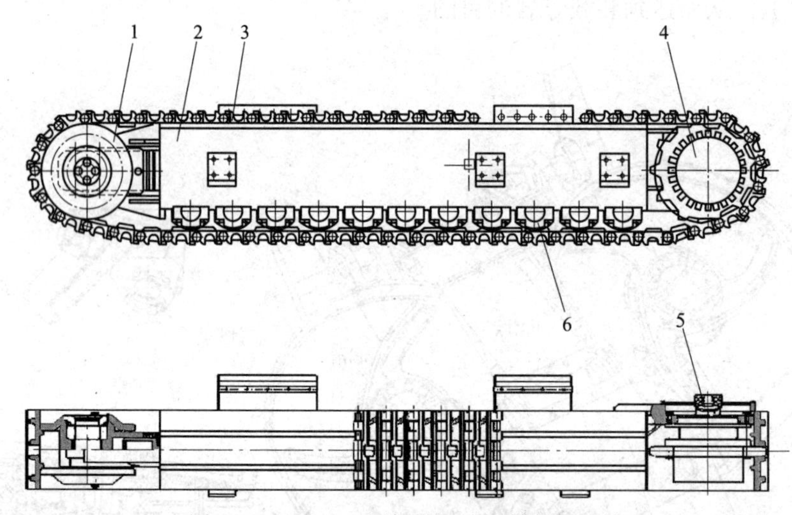

图 8—6 EBZ260 型掘进机左履带行走机构

1—导向张紧装置 2—履带架 3—履带链 4—行走减速器 5—行走液压马达 6—支重轮

5. 机架和回转台

机架是整个机器的骨架，主机架分为前、后机架两个整体钢结构件，其结构如图 8—7 所示。它承受着来自截割部、行走部和装载部的各种载荷。机器中的各部件均用螺栓或销轴与机架连接。

回转台主要用于支撑、连接并实现截割机构的升降和回转运动，结构如图 8—8 所示。回转台通过止口、高强度螺栓和螺柱与机架相连，在工作时，通过回转和升降油缸来实现截割机构的水平和竖直摆动。

6. 机载湿式除尘系统

该除尘系统与综合机械化掘进机组和掘进压入通风配套使用，组成长压短抽湿式除尘系统，如图 8—9 所示。

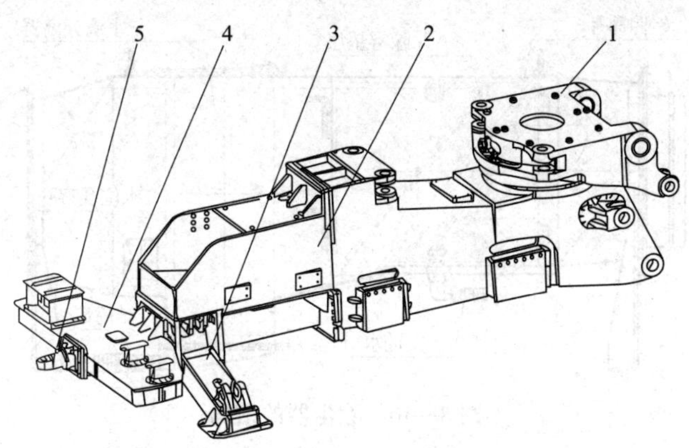

图 8—7　EBZ260 型掘进机机架

1—前机架　2—后机架　3—后支撑腿　4—配重　5—转载机耳架

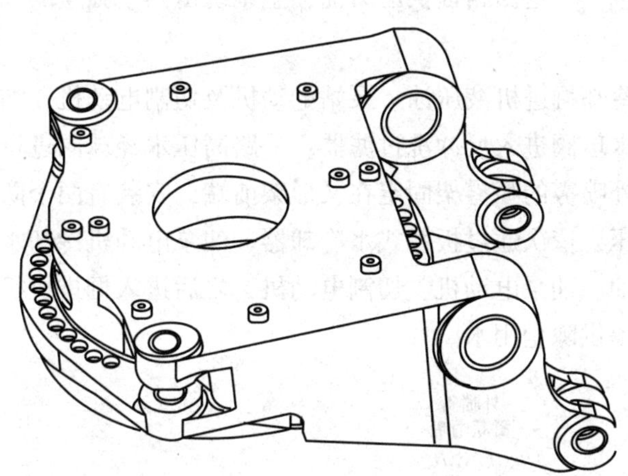

图 8—8　EBZ260 型掘进机回转台

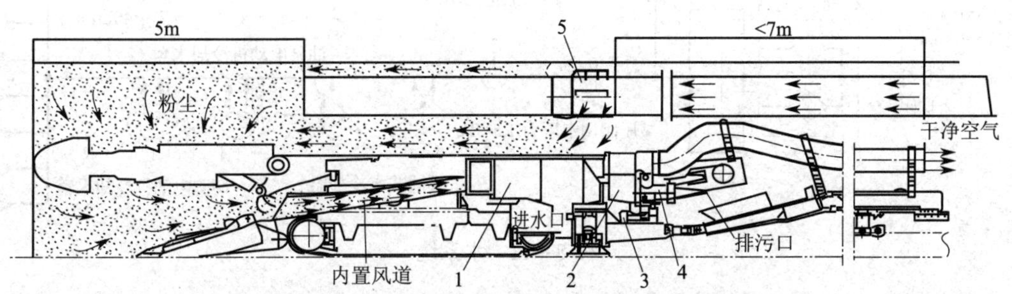

图 8—9　机载湿式除尘系统

1—附壁风筒　2—除尘器　3—风机　4—电动机　5—排污泵及电动机

除尘部分设备主要有除尘器、风机、电动机、排污泵等。当除尘设备开动时，截割产生的粉尘将通过置于掘进机机架内部的吸风风道进入除尘器处理，除尘器的结构如图 8—10 所示。

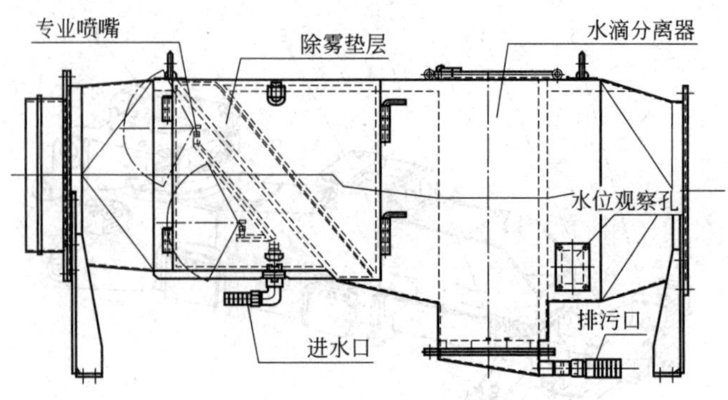

图 8—10　除尘器的结构

7. 液压系统

液压系统主泵站由一台 132 kW 的水冷电动机驱动一台两联恒功率变量柱塞泵，分别向油缸回路和行走、装载、输送回路提供压力油，主系统由两个独立的开式系统组成。

8. 水系统

水系统主要用于冷却掘进机液压油、泵站电动机及切割电动机，如图 8—11 所示。水从井下输水管通过总进水球阀进入反冲洗过滤器：一路高压水经球阀进行外喷雾，作用是冷却掘进机截齿和灭尘，外喷雾的喷雾架固定在叉形架前端，安装有两个防堵塞螺旋喷嘴；另一路高压水经减压阀减压，依次通过板翅式水冷却器、油泵电动机冷却水套、切割电动机冷却水套，分别冷却液压油、油泵电动机、切割电动机，之后进入掘进机机载除尘系统，为掘进机机载湿式除尘系统提供除尘用水。

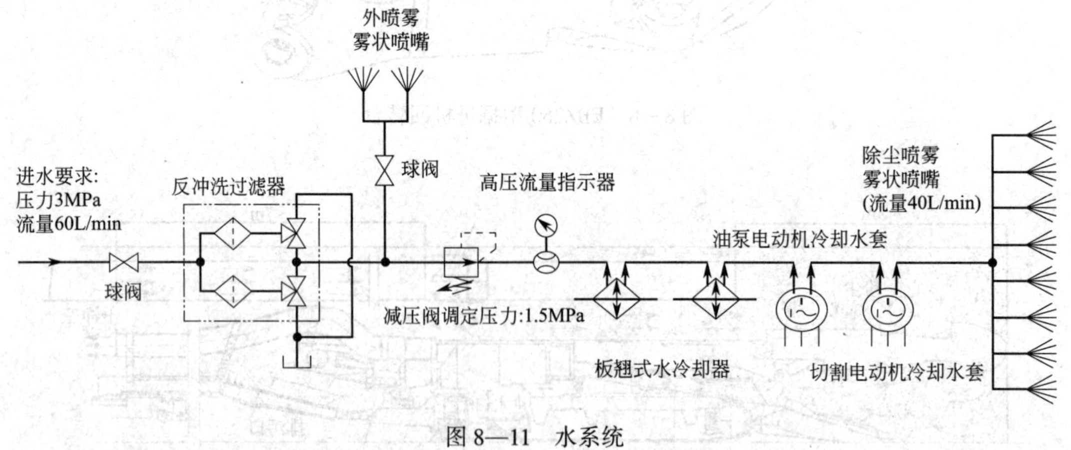

图 8—11　水系统

二、掘进机分类

掘进机的类型很多，可按其使用范围和结构特征进行分类。

1. 根据掘进机所能截割岩石的硬度系数 f 值进行分类

（1）煤巷掘进机适用于 $f \leqslant 4$ 的煤巷。

（2）半煤岩巷掘进机适用于 $f \leqslant 6$ 的煤或软岩石巷道。

（3）岩巷掘进机适用于 $f \geqslant 6$ 或研磨性较高的岩石巷道。

2. 根据掘进机可掘巷道的断面大小分类

（1）大断面掘进机可掘进巷道断面≥8 m^2。

（2）小断面掘进机可掘进巷道断面≤8 m^2。

3. 按结构特征分类

按结构特征不同，掘进机可分为部分断面巷道掘进机和全断面巷道掘进机两种。

（1）部分断面巷道掘进机

部分断面巷道掘进机的工作机构仅能同时截割工作面煤岩断面的一部分，为截割破落整个工作面的煤岩，必须在断面内多次连续地移动工作机构的截割头，其截割原理如图 8—12 所示。将不同形式的截割头安装在工作机构的悬臂上，悬臂又可沿工作面的水平或垂直方向做左右或上下的摆动，所以部分断面巷道掘进机又称悬臂式巷道掘进机。悬臂式巷道掘进机目前在国内外的煤岩掘进机中得到广泛应用。目前，国内外悬臂式巷道掘进机的种类很多，可按下列方式分类。

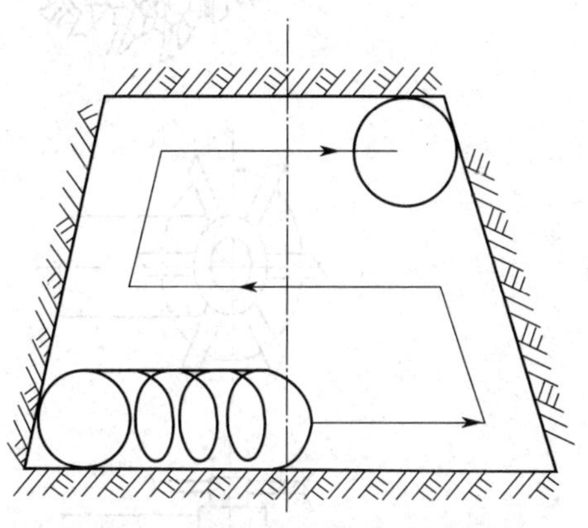

图 8—12 部分断面巷道掘进机截割原理

1）按工作机构分类。根据截割头的布置方式不同，悬臂式巷道掘进机可分为横轴式和纵轴式两种；根据工作机构截割头的形状（见图 8—13）不同，悬臂式巷道掘进机可分为螺旋式、铣盘式、滚筒式和综合式四种。

2）按装载机构分类。按照部分断面巷道掘进机装载机构不同，可分为铲斗式、耙爪式、环形刮板链式、螺旋式和星轮式等。目前在煤巷掘进机和半煤岩巷掘进机中以耙爪式和星轮式应用最多，在岩巷掘进机中则多采用铲斗式。

3）按行走机构分类。部分断面巷道掘进机的行走机构可分为履带式、液压迈步式和轮胎式等。

（2）全断面巷道掘进机

全断面巷道掘进机又称连续作用式巷道掘进机，它可同时切割、破碎煤岩并连续推进，掘出的巷道断面形状为圆形与拱形，用于掘进岩石巷道。全断面巷道掘进机在我国主要用于水电水利引输水隧洞的快速开挖，还可用于铁道、交通、地铁和市政等工程建设，近年来在我国煤炭工业中也得到部分应用。

三、综掘机的选型

1. 综掘机装载机构的形式选择

（1）单、双环形刮板链式

单环形刮板链式装载机构是利用一组环形刮板链直接将煤岩装到机体后面的转载机上。双环形刮板链式装载机构是由两排并列、转向相反的刮板链组成。若刮板链能左右张开或收拢，就能调节装载宽度，但结构复杂。环形刮板链式装载机构制造简单，但由于单向装载，在装载边易形成煤岩堆积，从而会造成卡链和断链。同时，由于刮板链易磨损，功率消耗大，使用效果较差。

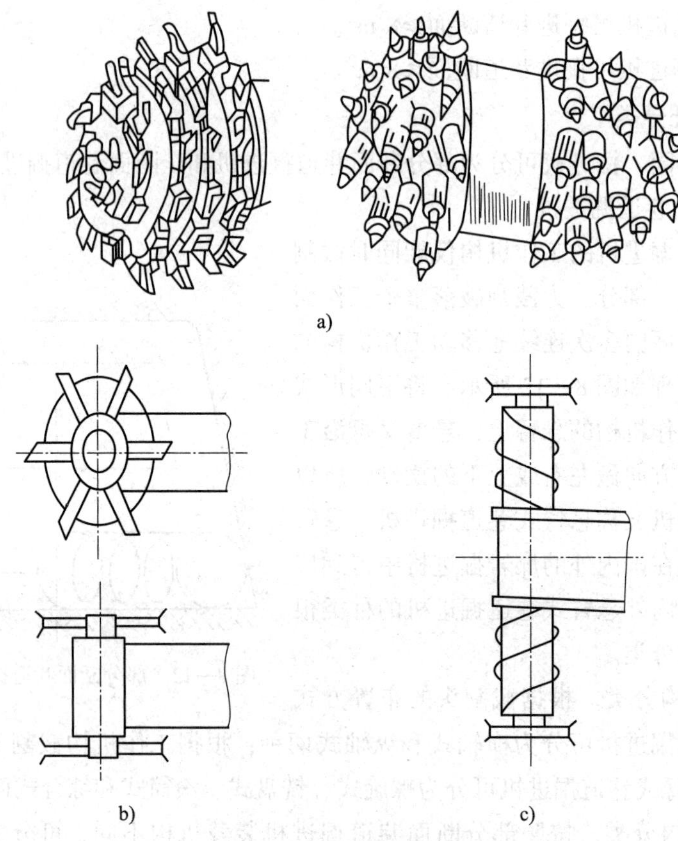

图 8—13　截割头的类型
a）螺旋式　b）铣盘式　c）滚筒式

（2）螺旋式

螺旋式装载机构是横轴式综掘机上使用的一种装载机构，它利用左右两个截割头上旋向相反的螺旋叶片将煤岩向中间推入输送机构。由于头体形状的缺点，这种装载机构目前使用很少。

（3）耙爪式

耙爪式装载机构利用一对交替动作的耙爪，不断地耙取物料并装入转载运输机构。这种装载机构结构简单、工作可靠、外形尺寸小、装载效果好，目前应用很普遍。但这种装载机构宽度受限制，为扩大装载范围，可使铲板连同整个耙爪机构一起水平摆动，或设计成双耙爪机构。

（4）星轮式

该种装载机构比耙爪式简单，强度高、工作可靠，但装大块物料的能力较差。

通常应选择耙爪式装载机构，若考虑装载宽度问题，可选择双耙爪机构，也可设计成耙爪与星轮可互换的装载机构。

装载机构可以采用电动机驱动，也可用液压马达驱动。但考虑煤矿井下工作环境潮湿、有泥水，选用液压马达驱动为好。

2. 综掘机输送机构的形式选择

综掘机多采用刮板链式输送机构。输送机可采用联合驱动方式，即将电动机或液压马达和减速器布置在刮板输送机靠近机身一侧，在驱动装载机构的同时，间接地以输送机构机尾为主动轴带动刮板输送机构工作。这样传动系统中元件少，机构比较简单，但装载机构与输送机构两者运动相牵连，相互影响大，且该位置空间一般较小，布置较困难。

输送机构也可以采用独立的驱动方式，即将电动机或液压马达布置在远离机器的一端，通过减速装置驱动输送机构。这种驱动方式的传动系统布置简单，和装载机构的运动互不影响，但由于传动装置和动力元件较多，故障点有所增加。

目前，输送机构一般常采用与装载机构相同的驱动方式。

3. 综掘机行走机构的形式选择

综掘机的行走机构有迈步式、导轨式和履带式 3 种。

（1）迈步式

迈步式行走机构是利用液压迈步装置来工作的。迈步式行走机构采用框架结构，使人员能自由进出工作面，并可越过装载机构到达机器的后面，使用支撑装置可起到掩护顶板、临时支护的作用。但由于向前推进时，支架反复交替地作用于顶板，综掘机对顶板的稳定性要求较高，局限性较大，所以这种行走机构主要用于岩巷综掘机，在煤巷、半煤岩巷中也有应用。

（2）导轨式

导轨式行走机构中，将综掘机用导轨吊在巷道顶板上，躲开底板，达到冲击破碎岩石的目的。这就要求导轨具有较高的强度。这种行走机构主要用于冲击式综掘机。

（3）履带式

履带式行走机构适用于底板不平或松软的情况，不需修路铺轨。履带式行走机构具有牵引能力大、机动性能好、工作可靠、调度灵活和对底板适应性好等优点，但结构复杂、零部件磨损较严重。

目前，部分断面综掘机通常采用履带式行走机构。由于其工作环境差，用电动机驱动易受潮烧毁，最好选用液压马达驱动。

4. 综掘机工作机构的形式选择

综掘机的工作机构有截链式、圆盘铣削式和悬臂截割式等。因悬臂截割式综掘机机体灵活、体积小，可截出各种形状和断面的巷道，并能实现选择性截割，而且截割效果好，掘进速度较高，所以，现在主要采用悬臂截割式，并已成为当前综掘机工作机构的一种基本形式。

截割头按布置方式不同，分为纵轴式和横轴式两种。纵轴式截割头传动方便、结构紧凑，能截出任意形状的断面，易于获得较为平整的断面，有利于采用内伸缩悬臂，可挖柱窝或水沟。截割头的形状有圆柱形、圆锥形和圆锥加圆柱形，由于后两种截割头利于钻进，并使截割表面较平整，故使用较多。缺点是由于纵轴式截割头在横向摆动截割时的反作用力不通过机器中心，与悬臂形成的力矩使综掘机产生较大的振动，故稳定性较差。因此，在煤巷掘进时，需加大机身质量或装设辅助支撑装置。

横轴式截割头分滚筒形、圆盘形、抛物线形和半球形几种。这种综掘机截割方向比较合理，破落煤岩较省力，排屑较方便。由于截深较小，截割与装载情况较好，纵向截割时，稳定性较好。缺点是传动装置较复杂，在切入工作面时需左右摆动，不如纵轴式工作机构使用方便。而且，因为截割头较长，对掘进断面形状有限制，难以获得较平整的侧壁。这种综掘机多使用抛物线形或半球形截割头。

由于工作机构的载荷变化范围大、驱动功率大、过坚硬岩石时短期过载运转、振动较大，要求其传动装置体积小，最好能调速。考虑到综掘机工作时，截割头不仅要具有一定的转矩和转速以截割煤岩，而且要能上下左右摆动，以掘出整个断面，综掘机工作机构一般都采用单机驱动。虽然液压传动具有体积小，调速方便等优点，但由于对冲击载荷很敏感，元件不能承受较大的短时过载，一般选择过载能力较大的电动机驱动。

四、综掘工作面的设备布置

综合机械化掘进工作面的设备布置如图 8—14 所示，以掘进机 1、桥式转载机 2、胶带输送机 6、湿式除尘器 5 和吸尘软风筒 3 配套。

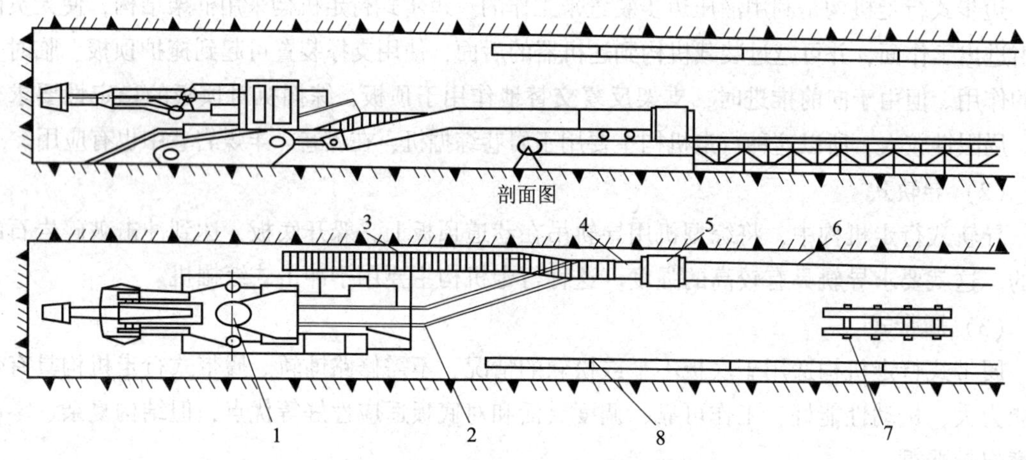

图 8—14　综合机械化工作面的设备布置

1—掘进机　2—桥式转载机　3—吸尘软风筒　4—可伸缩胶带输送机的外段机尾部
5—湿式除尘器　6—胶带输送机　7—钢轨　8—压入式软风筒

掘进机 1 工作时，为了适应桥式转载机 2 与可伸缩胶带输送机搭接长度要求，可伸缩胶带输送机的外段机尾部 4 的长度必须能延长 12~15m，以保证转载与运输的连续性，减少伸缩次数，缩短辅助工时，加快掘进速度。

第二节　综合机械化掘进工艺

掘进机能同时完成破落煤岩、装载与转载、运输、喷雾降尘和调动行走等工作，具有掘进速度快、掘进巷道稳定、减少岩石冒落与瓦斯突出、减少巷道超挖量和支护作业充填量、改善劳动条件、减轻劳动强度等优点。

要正确掌握不同施工条件下掘进机的操作方法，就要学习掘进机械的拆装、截割方式方法、质量标准、工作工序及停工整理等内容，如掘进到巷道变坡点时如何进行截割施工、在巷道直角转弯处如何进行截割施工等。要熟练地操作和使用掘进机，就需要掌握相关掘进工艺流程。

一、掘进机的拆卸

掘进机结构尺寸比较大，升井和下井都是以部件的形式运输的，这就需要对机器进行拆卸，以便运输下井安装。

1. 掘进机拆卸顺序

掘进机拆卸的顺序是截割臂、装载机构、回转台、右履带架、左履带架、后稳定器、横向部件、带电动机的油箱、电控箱、带驱动装置的刮板输送机。

2. 掘进机拆卸注意事项

(1) 拆卸时，拆下的螺钉、垫片及附件应放入适当的容器里，以防丢失。

(2) 各软管、硬管和螺孔要堵好（不准用棉纱），以防弄脏。

(3) 各配合面要进行适当的保护，以保证在运输过程中不会碰伤。

(4) 拆卸电气设备时，电缆要从电动机、操纵台和头灯处拆开，不要在电控箱处拆卸，同时在接头两端做上标记。

二、掘进机安装前准备

在新的综掘工作面开窝后，即新综掘工作面长度大于掘进机机身长度3~4 m，就要设计综掘机械主要设备安装场地。若原设计的巷道断面（高度和宽度）能满足综掘机械主要设备安装要求，根据综掘机械主要设备的机构和其安装顺序，以及不同的机器型号，设计综掘机械主要零部件摆放方式。若原设计的巷道断面（高度和宽度）不能满足综掘机械主要设备安装要求，则还要设计安装硐室。不论是哪种情况，为了能安全、快速安装掘进机，必须在安装前，设计好掘进机主要设备的摆放方式。

掘进机各主要部件在工作面安装地点的布置，也就是卸车时各部件应当存放的位置，在地面拆卸、装车、运输时应周密考虑，即先安装的部件应先卸车。截割头在机器的最前部，应布置在工作面最前端，然后以机架为主，其他各部件布置在它的周围。在拆卸机架时应将轨道撤除，以便能在底板上组装综掘机。刮板输送机和转载机最后安装，可以不用卸车，待安装时直接卸装到机架上即可。

掘进机各主要设备摆放要求如下：

1. 截割头的端部距离工作面迎头应为2~3 m，在巷道的中心放置截割臂。

2. 在截割臂后部（巷道的中心处）放置主铲板，在主铲板的两侧放置侧铲板。

3. 在主铲板后部（巷道的中心处）放置机架；在机架的右侧，在其前面放置截割头的回转台，在其后面平行放置油箱和右履带架；右履带架放在巷道的里侧，油箱放在巷道的外侧，并在油箱的后部放置液压泵及电动机。

4. 在机架的左侧，平行放置左履带架和操作台，左履带架放在巷道的里侧，操作台放在巷道的外侧，并在操作台后放置电气开关箱。

5. 在机架的后部（巷道的中心处）放置后支撑连接架。

6. 在后支撑连接架的后部（巷道的中心处）放置输送机的回转台，在输送机的回转台两侧分别放置左右后支撑座。

7. 在输送机的回转台后部（巷道的中心处）放置刮板输送机的部件。

三、掘进机的井下安装

1. 安装及注意事项

（1）连接机架和装有稳定器的行走机构，通过调整履带，使机架内侧面相互平行，并用螺钉连接到后稳定器上。

（2）安装回转台时，将所有螺钉均匀地略微拧紧，回转台的各部件装配互相靠平时，装上弹性圆柱销，按规定力矩拧紧螺钉。

（3）安装横向部件，螺钉要紧固并使用防松剂。

（4）安装油箱及控制箱。

（5）安装装运机构。安装时要注意装运机构即机头、溜槽、机尾要成直线，最大允许偏差不超过 8°。

（6）安装刮板输送机，保证刮板输送机能准确地固定在铲板的中心线上。

（7）安装截割臂，安装时要注意保持接触面清洁无损。

（8）安装液压软管和硬管，安装时要注意所有管路连接都要保持清洁。

（9）接上电动机和头灯。

2. 掘进机组装后的试运转要求

在开机调试运转前，要向减速器注油，对整机进行润滑，向冷却系统注水，装上截齿并接通电源，检查拖曳电缆能否拖曳，检查电动机旋转方向是否正确，检查油泵的转向、流量及安全阀和节流阀是否符合要求。

此外，还要检查刮板输送机和履带链松紧是否适度，完成以上工作后，在确定掘进机周围危险区内无人的情况下，才允许启动机器，进行相应的调试工作。

四、选择掘进机截割方式与工序的一般原则

为了缩短单位截割时间，提高掘进效率，应根据不同的煤岩层地质条件、软硬程度，选择合理的截割方式与工序。

1. 合理截割的一般原则

（1）应有利于顶板的控制与维护。

（2）以较小的截割阻力钻进与开掘。

（3）尽量增加钻进深度，减少截割头的空行程。

（4）少出大块，以便于装载和运输。

2. 正确的截割工序

（1）对于较均匀的中硬煤层，应先割柱窝、掏底槽，由下向上横向截割。

（2）对于半煤岩工作面，应先割软后割硬，先掏槽后割底，在煤岩分界线的煤侧钻进

开割，沿线掏槽。

（3）对于层理发达的软煤层，应采用中心开钻、四周刷帮的方法。

（4）对于破碎顶板，应采用预留顶煤先割两帮、中间留煤垛的方法。

无论采用哪种方法截割，都必须使铲板落地，注意扫底，防止出现越掘越高的现象。

3. 掘进机截割质量一般要求

掘进机截割质量一般要求可归纳为“两低”“四够”“一规整”。

（1）“两低”

“两低”是指截割功率低，截齿消耗低。

（2）“四够”

“四够”是指按作业规程规定的断面尺寸、规格质量，一次截割够高、够宽、够深、够远，以便于支护。

（3）“一规整”

“一规整”是指截割出来的巷道断面要求周边轮廓规整，既满足支护要求又不超掘。

掘进机掘成巷道的质量标准见表 8—1。

表 8—1　　掘进机掘成巷道质量标准

项目	检查内容		质量要求及允许误差		检查方法及说明
			合格	优良	
保证项目	临时支护		必须符合作业规程规定		对照作业规程抽查施工记录，并现场实查
	掘进机掘进操作		操作规程必须符合作业规程规定		对照作业规程抽查施工记录，并现场实查
基本项目	深度（mm）	主要巷道	−50～200	0～200	选择检查点和测点，每侧取拱基线、墙中、墙角（梯形、矩形巷道每侧取上、中墙角）3 个测点，从中线向两帮量净宽，无中线的巷道测全宽
		一般巷道	−50～200	0～200	
		无中线巷道	−50～250	0～250	
	高度（mm）	主要巷道	−50～200	0～200	选择检查点与测点，由腰线（或半圆拱的圆心点）向上测拱顶和左、右肩，向下垂直到底板（或轨面）测高度，无腰线的巷道测全高
		一般巷道	−50～200	0～200	
		无腰线巷道	−50～250	0～250	
	坡度		±1%	±0.5%	测量腰线至永久轨面或底板之间的垂直距离，检查 50 m 范围内的坡度
	全断面掘进机掘进的中心偏移（mm）		−100～+100	−50～+50	班组次循环检验，做好施工记录，中间、竣工验收时选择检查点抽查

五、掘进机一般截割操作方法

1. 横轴式截割头

截割头首次横向截割之前，必须先在工作面开槽钻进，在开槽钻进过程中，依靠行走履带向前移动，然后横向迂回截割，直至完成整个断面的截割工作，如图 8—15 所示。

2. 纵轴式截割头

（1）清扫场地

掘进机启动后收回截割头，将铲板放至底板，然后移动掘进机至工作面，用截割头清扫工作面迎头及两帮浮煤。

（2）截割柱窝

下放后支撑座到适当的高度，以增加截割深度，将截割头对着工作面左下角，逐渐伸出截割头截割柱窝，如图 8—16 所示。待截割头全部伸出，听到溢流阀动作声音时缩回截割头，将截割下来的煤岩用截割头运到铲板附近，装运出去。

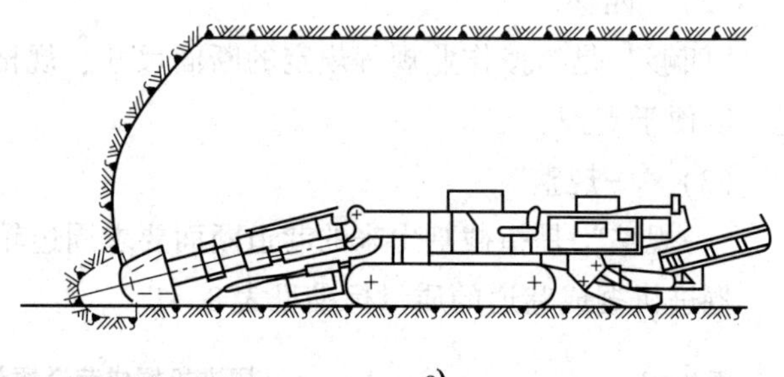

a)

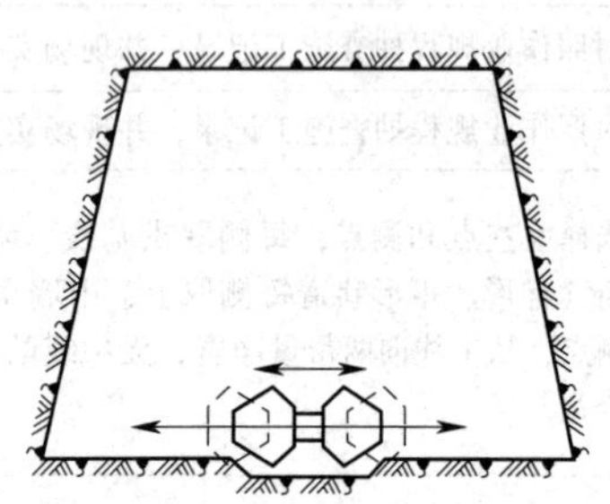

图 8—15　横轴式截割头左右摆动钻进

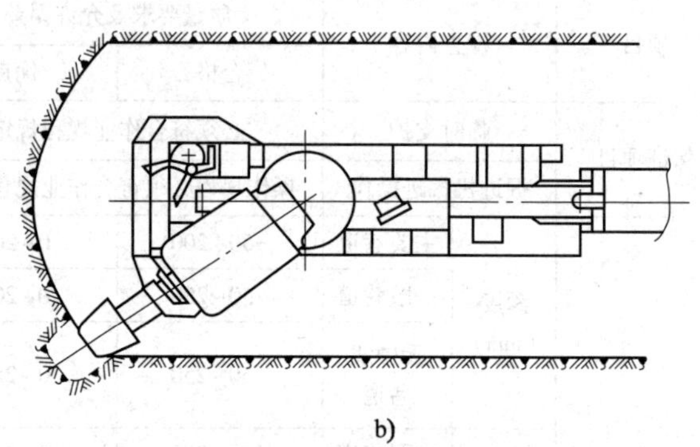

b)

图 8—16　纵轴式截割头截割柱窝

a) 平视图　b) 俯视图

（3）横向掏槽

将深入柱窝的截割头紧贴底板向右移动，进行横向掏槽，横向截割时，截割头必须在缩回的位置。

（4）迂回截割

截割头达到右帮后，向上挑起一定距离，进行迂回截割，如图 8—17 所示。

六、不同条件下的截割方法

1. 煤质中硬、层理明显、节理发育、顶板条件较好掘进工作面的截割方法

煤质中硬的全煤工作面可先割底掏槽，然后向上截割右帮，留一定厚度的顶煤（截割中部后自动落下），然后再从左帮向中间截割，如图 8—18 所示。

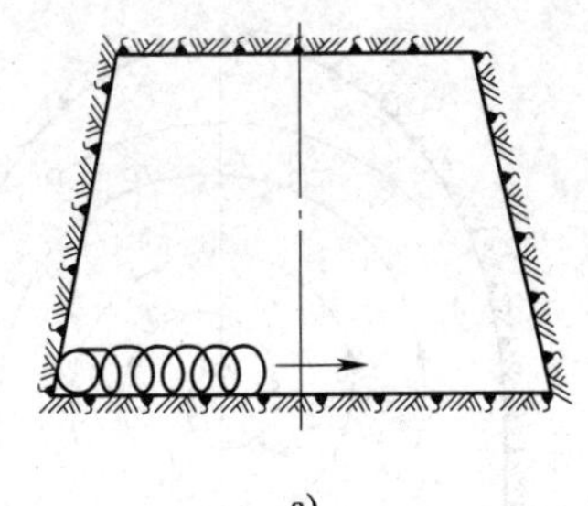
a)

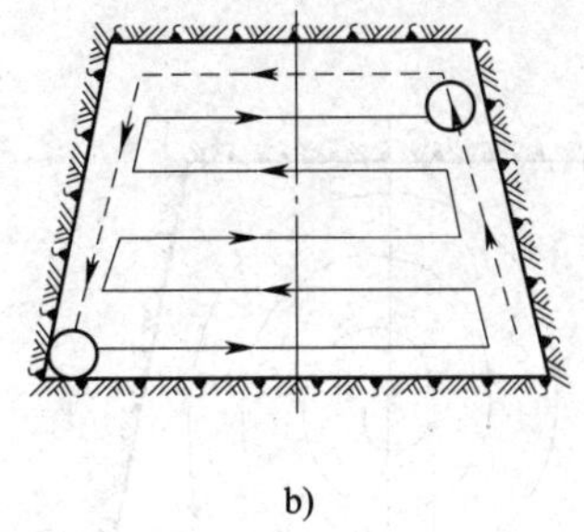
b)

图 8—17　掘进机横向掏槽和迂回截割

a）横向掏槽　b）迂回截割

2. 工作面宽度超过掘进机定位截割性能的截割方法

当掘进机截割宽度达不到作业规程要求的宽度时，可以将工作面分两次截割，即先沿工作面左侧截割出大半个断面，然后移动掘进机到右侧，再截割出剩余的小半个断面，如图 8—19 所示。

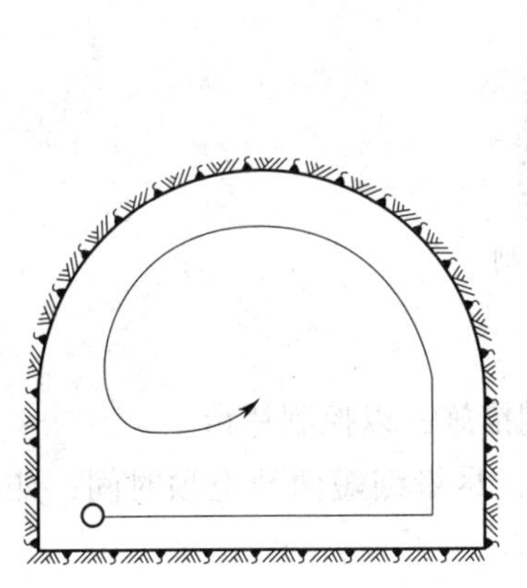
图 8—18　中硬全煤的截割方法

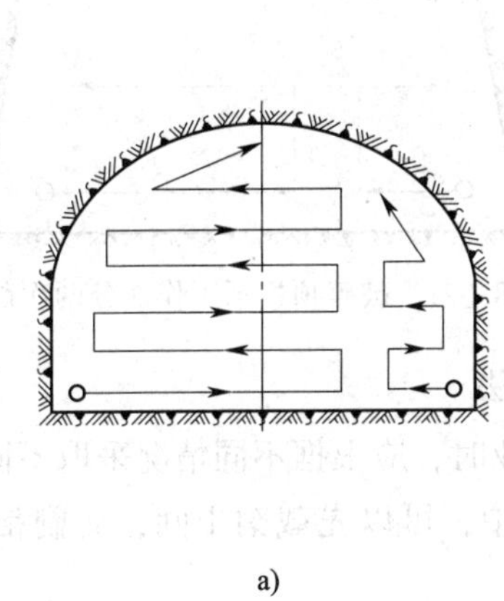
a)

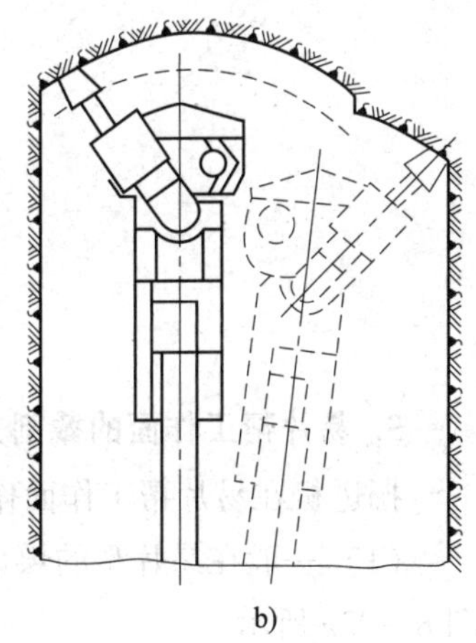
b)

图 8—19　宽工作面二次截割

a）剖面图　b）俯视图

3. 煤质松软、层理明显、节理发育、顶板条件较好掘进工作面的截割方法

煤质松软、层理明显、节理发育的煤层容易崩落，因此，截割时可不受迂回截割的限制，采用先在工作面中部截入，达到截深后，以此为中心，按顺时针方向摆动截割臂做圆周运动截割，巷道基本形成后，再用截割头刷帮、钻柱窝，使巷道断面达到设计要求，如图 8—20 所示。

4. 顶板破碎、直接顶易冒落掘进工作面的截割方法

顶板破碎、直接顶易冒落的掘进工作面掘进时，为了减少顶板的暴露时间，可以将工作面分两次截割，先截割工作面宽度的 1/3，后截割剩余的 2/3 宽度，如图 8—21 所示。

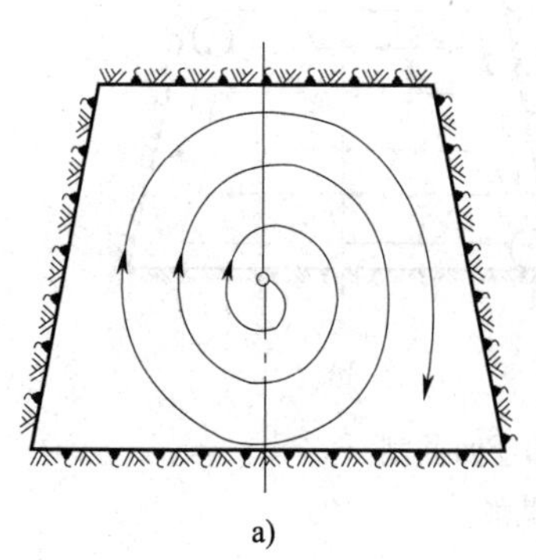

a)

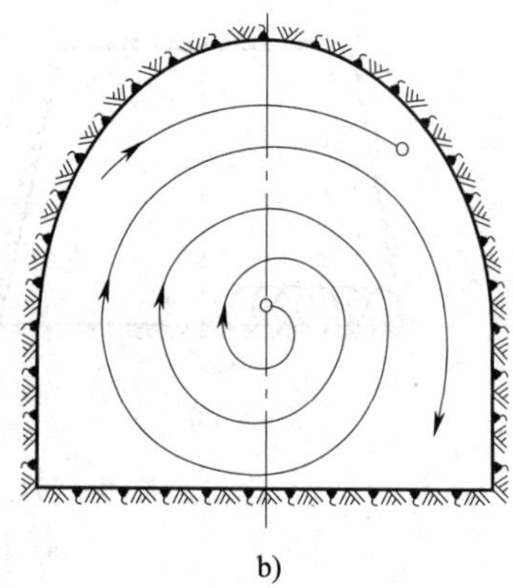

b)

图 8—20　软煤层截割方法

a）梯形断面　b）拱形断面

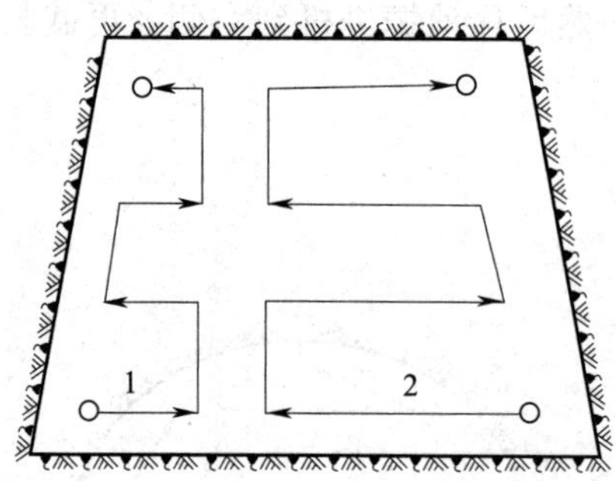

图 8—21　破碎顶板下工作面分两次截割

5. 易片帮工作面的截割方法

掘进机在易片帮工作面作业时，应根据不同情况采取不同措施，以控制片帮。

（1）一般在易片帮的煤层中，可以先截割中间，后刷帮，尽量缩短两帮空顶时间，如图 8—22a 所示。

（2）在倾斜的易片帮煤层中，可以先截割下帮，后截割上帮，先截割底部，后截割顶部，最后上角收尾，如图 8—22b 所示。

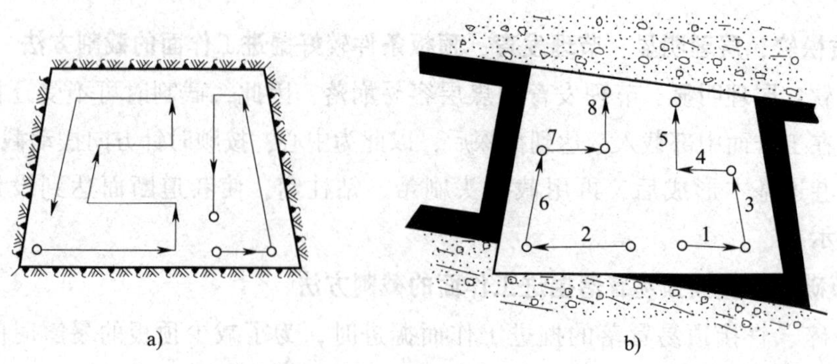

图 8—22　易片帮掘进工作面截割方法

a）先截割中间，后刷帮　b）先截割下帮，后截割上帮

6. 有夹石工作面的截割方法

工作面遇有夹石时，应根据夹石软硬度和厚度分别处理，如图 8—23 所示。

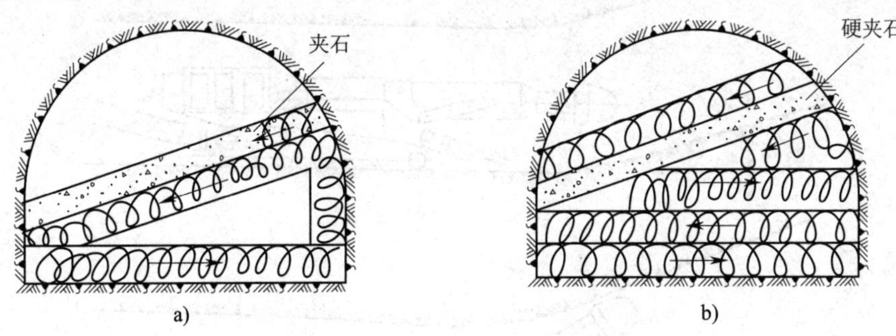

图 8—23　有夹石工作面的截割

a）一般夹石工作面截割　b）硬夹石工作面截割

（1）对于较软的夹石，可采用正常的方法与煤层同时截割。

（2）对于较硬的夹石，由于夹石下有自由面，夹石易崩落，不宜用正常方法截割，应先在夹石下的煤层里掏槽，然后低速对夹石进行截割。

（3）对于 $f \geqslant 6$ 的硬夹石，不能用截割头截割时，可以在夹石周围截割，使夹石坠落，然后处理大块，特别大的夹石必须打眼放震动炮，然后再截割（起爆时应将机器退出 15 m 以上）。

7. 掘进机工作中遇有变坡时的截割方法

（1）掘进机由平巷转入坡度小于 15°的上山时，截割头应稍高于铲板前沿割煤，进一刀后，铲板稍抬起前进，当到达规定倾斜角度时，再按正常方法放下铲板截割，如图 8—24a 所示。

（2）掘进机由平巷转入坡度大于 15°的上山时，如果斜坡高度超过机器本身的截割高度，可以将机器退回 6～7 m，将机器前端用木板垫高后开到木板上，使机器前部抬高进行截割，以后每进一刀都要调整垫板一次，直至达到规定的坡度再撤去垫板，如图 8—24b所示。

（3）掘进机由平巷转入下山（坡度小于 15°）截割时，应放下铲板，截割头卧底截割，随着机器的前进，随时调整铲板。

（4）当下山坡度超过机器卧底的性能时，可利用后支撑在机器后部履带下加垫板，使机器呈前低后高的状态工作，以增加卧底功能进行截割，如图 8—24c 所示。

七、掘进机停止作业的顺序

1. 把工作面及两帮浮煤、矸石装净，以便架设棚梁。

2. 把刮板输送机与转载机的煤、矸石输送干净。

3. 停机的顺序是：停止截割头运转、停止内外喷雾、停止耙爪、停止刮板输送机、停止转载机、截割臂落地、后支撑落地、停泵、切断电磁开关箱电源、取下电源开关手柄、停止上一级磁力启动器。

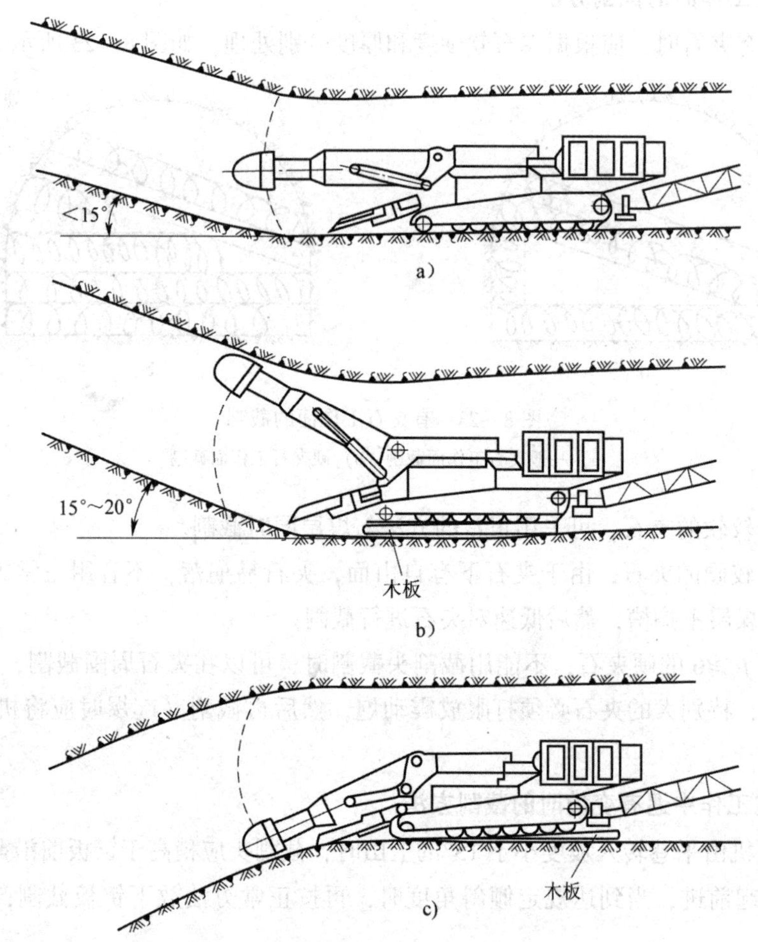

图 8—24　掘进机在变坡状态下截割

a）上山角度小于 15°　b）上山角度大于 15°　c）下山角度大于机器卧底性能的截割

思考练习题

1. 综合机械化掘进有什么优点？
2. 掘进机主要由哪几部分组成？各部分有什么作用？
3. 如何选择掘进机？
4. 掘进机如何进行井下安装？
5. 简述掘进机截割方式与工序的一般原则。
6. 简述掘进机的一般截割操作方法。
7. 简述掘进机停止作业的顺序。

第九章

煤巷、半煤岩巷掘进及特殊掘巷法

学习目标

掌握煤巷、半煤岩巷的掘进方法，了解有煤和瓦斯突出危险地区的巷道掘进方法及松软破碎地带的巷道掘进方法。

煤巷、半煤岩巷这类巷道施工的特点是：破煤（岩）比较容易，提高掘进速度的关键在于实现装、运机械化；大多数情况下，由于围岩稳定性较差，而且还受采动压力的影响，所以维护困难；由于受到沼气和煤尘的威胁，在爆破作业、设备选型等方面应特别注意安全；由于煤层褶曲起伏和断层影响，施工时必须根据生产使用要求和安全原则正确决定巷道方向，以免造成过多的无效进尺。半煤岩巷道掘进，还应注意巷道位置的选择和合理安排煤、岩工作面作业。

巷道掘进，有时还会遇到松软岩层，这些岩石经短时间暴露就会垮落，巷道竣工不久就发生严重变形和破坏，需要经常翻修，施工时应尽量使围岩面积小、暴露时间短，采取合理的掘进破岩工艺，使巷道易于维护且处于稳定状态。

第一节　煤 巷 掘 进

在掘进断面中，若煤层面积占全部或绝大部分（一般大于4/5）的巷道，称为煤巷。据统计，全煤巷掘进量占生产矿井掘进总量的50%以上，因此全煤巷掘进是矿井掘进的重要组成部分。煤巷可采用钻眼爆破法掘进，也可使用掘进机掘进。对于钻眼爆破法而言，由于掘进中破碎煤比较容易，装煤工作量相对占掘进循环作业时间较长，因此，应尽力解决装煤机械化问题，以减轻工人劳动强度，提高劳动效率，加快煤巷掘进速度。由于煤巷具有受动压影响、地压大、维护困难、服务年限短等特点，因此，合理地选择支架形式甚为重要。再者，煤层内多含有瓦斯、煤尘，在爆破器材和爆破方法上应慎重选择，以免引起瓦斯或煤尘爆炸事故。

一、钻眼爆破法及风镐掘进煤巷

1. 钻眼爆破法

煤巷掘进使用旋转式煤电钻钻眼，炮眼深度一般为 1.5～2.5 m，炮眼布置方法与岩巷基本相同，多数情况采用楔形掏槽和锥形掏槽。为了防止崩倒支架，多将掏槽眼布置在工作面的中下部。当煤巷掘进断面内有一层较软的煤带时，掏槽眼应布置在软煤带中，可用扇形或半楔形掏槽，若炮眼较深，则可用复式掏槽，如图 9—1 所示。

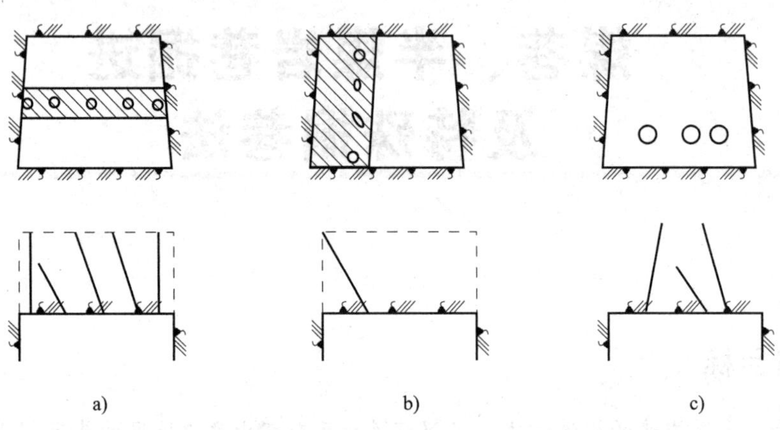

图 9—1　煤巷掘进的掏槽方式

a）扇形掏槽　b）半楔形掏槽　c）复式掏槽

在煤巷掘进中，采用光面爆破和毫秒电雷管全断面一次爆破。在瓦斯煤层中，煤矿许用毫秒雷管的总延期时间不得超过 130 ms。

由于煤层较松软，为达到光面爆破的要求，布置周边眼时要考虑巷道顶、帮由于爆破作用而产生的松动范围。松动范围的厚度与煤层的性质有关，一般硬煤为 150～200 mm，中硬煤为 200～250 mm，软煤为 250～400 mm。因此，周边眼要与顶帮轮廓线保持适当距离，并适当减少其装药量，以免发生超挖现象。

当在“三软”（顶板、底板、煤层强度较小）煤层、复合顶板和再生顶板煤层掘进巷道时，可推广在岩巷掘进中使用的“三小”（小直径钻孔、小直径药卷和小直径钻杆）钻爆新工艺，以提高掘进效率和维护好顶板。因为目前普遍采用的 ϕ38～40 mm 钻杆、ϕ42～43 mm 钻头和 ϕ32～35 mm 煤矿许用炸药，装药量相当集中，炸药爆炸能量集中释放，不利于保证软弱顶板的稳定性控制。例如，某煤矿在复合顶板和再生顶板中使用 ϕ32 mm 的小直径钻头、ϕ27 mm 的药卷进行煤巷钻爆掘进，不仅炸药消耗量节约 25%，而且有效控制了顶板的破碎，巷道成形规则，节约了支护材料，提高了月进尺。

2. 风镐掘进煤巷

风镐掘进煤巷是一种简便、设备少、无瓦斯爆炸危险和有利于通风的煤巷掘进法。

风镐破煤时，应首先从工作面上节理较发达的部位开始掏槽，然后向四周刷大。如顶板较好，可待工作面掘进够一架棚距时再行架设支架。如顶板破碎，可先掘落顶煤，随即架上临时顶梁，并用立柱撑紧，然后再刷巷道两侧上部的煤，与此同时刷出柱腿槽，以柱腿托住顶梁，最后去掉立柱，掘出煤柱，巷道即推进一个支架距离。如果巷道顶板稳定性较差或在倾斜煤层中，沿顶板掘进，为防止三角煤的冒落而影响掘进速度，亦可采用巷道中、下部钻眼爆破，然后用风镐刷顶。

3. 装煤

我国煤巷掘进可采用多种装煤机械，其中 ZMZ-17 型装煤机使用得较多。该机适用于断面在 8 m^2以上、净高 1.6 m 以上的煤巷及倾角小于 10°的上、下山。它由蟹爪、可弯曲的刮板输送机及行走部组成。

在煤巷和半煤岩巷断面能满足装载要求时，同样也可以采用耙斗式装载机进行装载。为满足小断面煤巷装车的需要，各矿可自制一些小型装煤转载机械，它不但能减轻工人劳动强度，而且比人工装车效率提高几倍。

二、掘进机掘进煤巷

我国传统的煤巷掘进方法是钻眼爆破法，这种方法有不少缺点，例如施工工序多，劳动强度大，效率低，月进尺只在 200 m 左右。它和传统的炮采工作面日产 300 t、月推进度约 50 m、消耗准备巷道约 200 m 的情况基本上相适应。但随着开采机械化的发展，普采、高档普采、综采工作面和高产高效综采放顶煤工作面的不断出现，回采工作面日产由 300 t 上升到 1 000~20 000 t，工作面月推进度达 100~300 m，准备巷道的月消耗最大达 600 m 左右，传统的钻眼爆破法掘进煤巷已不能适应。

煤巷掘进机能够把掘进中破煤、装煤、转载等工作用 1 台机器完成，有的掘进机上还装有锚杆钻装机，可同时完成支护工作。它与钻眼爆破法相比，具有工序少、速度快、效率高、质量好、施工安全、劳动强度小等优点。

近年来，我国煤巷掘进机械化发展迅速，各大煤业集团和一些矿业建设集团都装备了不同型号的煤巷掘进机，目前我国研制、引进和中外合作生产的煤巷掘进机中，性能好、质量稳定的掘进机有 ELMB 型、EL-90 型、EM_{IA}-30 型、AM-50 型和 MRH-S100-41（S-100）型 5 种。

这 5 种煤巷掘进机的构造及工作原理大体相同，都属于装有悬臂和截割头的部分断面巷道掘进机，它是依靠安装在悬臂前端的截割头的旋转和悬臂的上、下、左、右摆动，依次破落所掘进断面的煤，从而掘进出所需断面形状，实现整个断面的掘进。根据截割头布置方式的不同，截割机构有横轴式和纵轴式 2 种，其割煤方式如图 9—2 所示。

1. ELMB 型煤巷掘进机

ELMB 型煤巷掘进机由截割机构、装运机构、转载机构、行走机构、喷雾系统和电气控制系统等部分组成。

（1）截割机构

截割机构由截割头、减速器、电动机、导轨架、回转座、回转油缸、升降油缸和推进油缸等部件组成，如图 9—3 所示。截割头上按螺旋形布置有 30 个截齿，由 1 台 55 kW 电动机经二级行星轮减速器带动，以 56 r/min 的转速进行落煤（或破岩）。截割头、工作臂、电动机和减速器 4 个部件组成一个整体，利用推进油缸使截割部在导轨内做前后整体滑动，实现

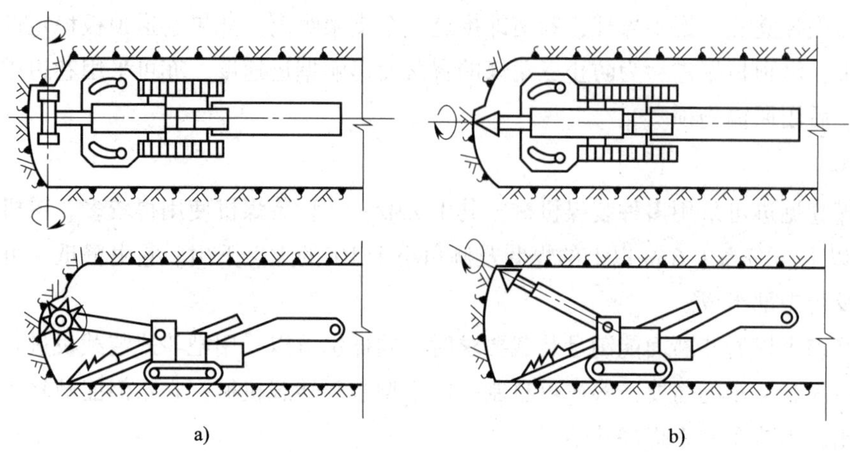

图 9—2　截割头的布置方式

a）横轴式截割机构　b）纵轴式截割机构

机体不动而截割头可自动钻进和回缩，滑动的最大行程为 500 mm。导轨架安设在回转座上，可随回转座同样转动。回转座是支撑整个截割机构的承载部件，它通过回转轴承和底座固定在主机架上，利用升降油缸和回转油缸使截割部上下和左右运动，即可切割出所需要的巷道断面形状。

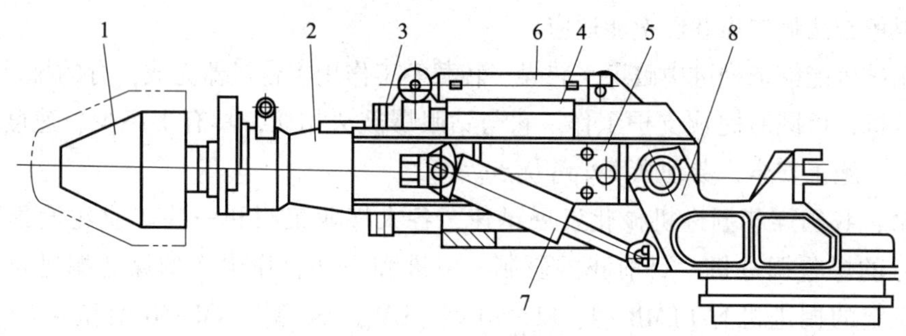

图 9—3　截割机构

1—截割头　2—工作臂　3—行走轮减速器　4—电动机　5—导轨架　6—推进油缸　7—升降油缸　8—回转座

（2）装运机构

装运机构由组合铲板、扒爪式装载机、双边链刮板输送机和装运液压马达等组成。装运机构的最大特点是装载和运输是联动的，刮板输送机的主动链由装在机头两侧的 2 台摆线液压马达驱动，通过刮板链带动刮板输送机尾链轮转动，然后传递到装载机构扒爪减速器的输入轴，扒爪减速器的输出轴带动装载部的扒爪运动，使扒爪以 30 次/min 的速度不断地扒取落煤或矸石。

（3）转载机构

为使掘进机能向不同配套的运输设备卸煤，机器后面安装了转载机构。转载机构由带式输送机、输送机转座、升降油缸和回转油缸组成。输送机转座与掘进机主机架连接，转座由水平油缸推动，可绕立轴向左右各摆动 20°，以适应不同的卸载位置。安装在转载机构后架下部的升降油缸，不仅支撑转载机构，也可调节转载机构的卸载高度，其调节范围为 730~2 160 mm。转载机构的主动滚筒用 1 台摆线式液压马达直接驱动。

（4）行走机构

行走机构为履带式，由履带板、主链轮、导向轮、托链轮、支重轮、履带架及主机架等组成。左、右履带架通过销轴与主机架连接，分别由1台内曲线大转矩马达通过花键轴直接带动链轮，再经履带板与驱动轮的啮合，实现履带的运动。操纵换向阀，可实现机器的前进、后退及左右转弯等动作。

正常情况下，掘进机行走速度为2.86 m/min，若空载调动机器时，可通过调节液压系统回路合流，将行走速度提高到5.04 m/min。

（5）喷雾系统

为了防尘和降温，该机装备了喷雾系统，包括内喷雾、外喷雾和引射喷雾器3部分。供水泵采用PB80/35型喷雾水泵，水泵输出的压力水经水门分成3条水路同时工作。

内喷雾的19个喷嘴按螺旋线布置在截割头上。截割头切割煤壁时，喷嘴也随截割头旋转，喷出的水雾渗进煤壁中，形成湿式切割，除降低煤尘外，还可大幅度降低截齿温度，防止摩擦火花，确保生产安全。喷嘴工作水压为1.5 MPa。

外喷雾布置在截割头后面的工作臂上，8个喷嘴呈马蹄形分布，喷出的水雾扩散后将截割头包围，以提高降尘效果。喷嘴工作水压为1 MPa。

引射喷雾器由喷嘴、引射风筒和底板组成，压力水由喷嘴射出时在风筒后部形成负压区，带有煤尘的空气被吸入，并随水雾一起射向前方。引射喷雾器安装在截割机构导轨架前方的两侧，喷嘴工作水压为1 MPa。

（6）液压系统

掘进机的装运、行走、转载等各机构都采用液压传动。整个液压系统由1台45 kW双输出轴电动机带动1台$CBIZ_2$063/032型和1台$CBG_1$025/025型双联齿轮泵，2台双联齿轮泵分别向截割机构、行走机构、装运机构和转载机构4个液压回路供油。液压油采用N68号普通液压油，油箱容积为700 L。

（7）电气系统

电气系统由KBJM-125/660矿用隔爆型兼安全火花型电气箱和LHJM矿用安全火花型操作箱组成。电气系统具有失压、过载、断相、短路、漏电闭锁保护和显示，以及截割功率负荷显示功能，可保证掘进机安全可靠地运转。掘进机的总功率为100 kW。

2. 其他掘进机简介

AM-50型掘进机是由奥地利引进的一种悬臂横轴式掘进机。它具有切割断面大、切割硬度高、机体外形尺寸小、结构简单、拆装方便和维护容易等特点。与ELMB型掘进机相比，它在结构设计上采用了悬臂横轴式切割机构，转载部分采用带式转载机。

EL-90型掘进机是我国自行设计和制造的半煤岩巷掘进机，该机属于悬臂纵切割方式，切割$f=6$的中等硬岩和硬煤的性能比较好，也能适应大断面巷道掘进的要求。

EM_{1A}-30型煤巷掘进机是小断面采准巷道综合机械化掘进的主要配套设备，适用于断面为6~12 m^2、岩石普氏系数$f\leqslant4$的巷道。与ELMB型掘进机相比，它的行走机构和装运机构不是液压马达传动，而是采用电动机驱动，装煤机构采用双环刮板，双环刮板装载机构由铲链、刮刀紧链装置和减速器等部件组成，对称均布在铲板两侧。每个刮板链上装有6把刮刀，刮板装载机构与中间输送机同步运转。

三、煤巷施工机械化作业线

采用掘进机掘进煤巷时，必须有一套与之相适应的机械运输设备，它们相互配置，形成一条机械化作业线，这是加快煤巷掘进速度和提高劳动生产率的根本途径。目前常用的煤巷施工机械化作业线有以下几种：

1. 掘进机—刮板输送机机械化作业线

该作业线的主要设备是煤巷掘进机和刮板输送机，是目前国内采用较多的机械化作业线。掘进机截割下来的煤（岩）通过装载机构，经带式转载机卸给其下方的刮板输送机，经刮板输送机输送，卸载到煤仓或其他运输设备上。当刮板输送机与掘进机的桥式转载机配套使用时，需要将输送带小车拆掉，换上落地车。落地车轮骑在刮板输送机槽帮两侧，随掘进机向前掘进而沿槽帮运行。掘进机向前掘进达到桥式转载机的最大搭接长度后，需要停机，接长刮板输送机。因此，该作业线虽然在机器工作时能连续运输，但由于频繁接长刮板输送机，仍然存在间断运输、劳动强度大、占用人员多的问题。该作业线主要适用于巷道坡度变化大、巷道长度较短的情况。

2. 煤巷掘进机—可伸缩双向带式输送机机械化作业线

该作业线的主要设备是煤巷掘进机和可伸缩双向带式输送机，是我国目前综掘机械化中最先进的一种，在大型煤矿的区段平巷掘进中得到了广泛使用，并取得很好的经济效果。掘进机切割下来的煤经装运机构、桥式转载机、可伸缩双向带式输送机再卸至其他运输设备上。带式输送机向外送煤的同时，在带式输送机的下输送带上能向工作面运送各种材料，使上输送带出煤和下输送带（回空输送带）进料形成一个运输系统。为减少接长输送带辅助时间，输送带可储存 100 m 的长度。掘进工作面延长带式输送机的方法如图 9—4a 所示。掘进机在工作面向前掘进到桥式转载机的最大搭接长度以后，掘进机后退，使其尾部与可伸缩带式输送机尾部连接，同时将可伸缩带式输送机的外段带式输送机尾部与中间架部分的连接装置脱开，如图 9—4b 所示。前移掘进机，将外段带式输送机机尾部拖前 12~15 m，如图 9—4c 所示，然后在预留的间隔空间中进行中间架的组装工作。

这种机械化作业线的主要特点是：可充分发挥掘进机的生产效率，截割、装载、运输生产能力大，掘进速度快，上输送带出煤，下输送带运料，输送带延长速度快（每延长 12 m 输送带仅需 30 min），并可利用伸缩输送带接长时间进行工作面永久支架安设工作，有效地利用掘进循环时间。

该机械化作业线主要适用于连续掘进的独头巷道长度大于 800 m 的情况。

3. 煤巷掘进机—梭式矿车（或仓式列车）机械化作业线

该作业线由煤巷掘进机、梭式矿车（或仓式列车）、电动机车等部分组成。掘进截割下来的煤经装载机构、带式转载机卸入梭式矿车（仓式列车），然后通过梭式矿车（或仓式列车）车厢底板上刮板输送机逐渐运向后部，直至均匀装满仓式列车，然后由电动机车将仓式列车牵引至卸载地点。

该机械化作业线不能平行作业，使掘进机效率不能充分发挥，适用于装卸地点距离较短的

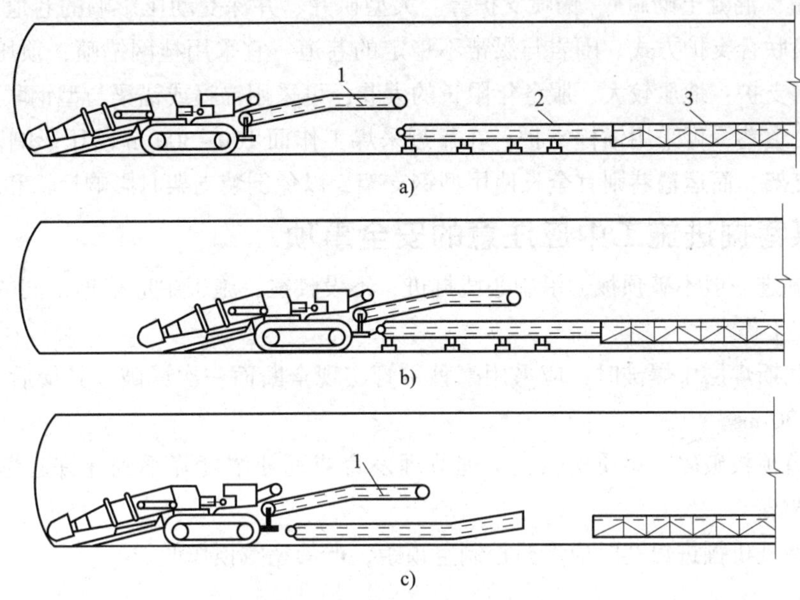

图 9—4　伸缩式带式输送机延长方法

a）输送带延长顺序Ⅰ　b）输送带延长顺序Ⅱ　c）输送带延长顺序Ⅲ

1—桥式转载机　2—外段带式输送机尾部　3—可伸缩带式输送机的中间架

巷道，井下必须有卸载站。

4. 煤巷掘进机—吊挂式带式转载机—矿车、电动机车机械化作业线

该作业线适用于采用金属永久支护、矿车运输的小断面巷道。为了提高掘进效率，减少调车次数和调车停机时间，在巷道转弯半径允许的前提下尽量先用长度较大（可容 8~10 辆矿车）的吊挂带式转载机。吊挂带式转载机一端与掘进机相连，另一端通过行走导轮吊挂在巷道顶板专设的单轨梁上，如图 9—5 所示。掘进机向前掘进，吊挂带式转载机随着一起向前移动。

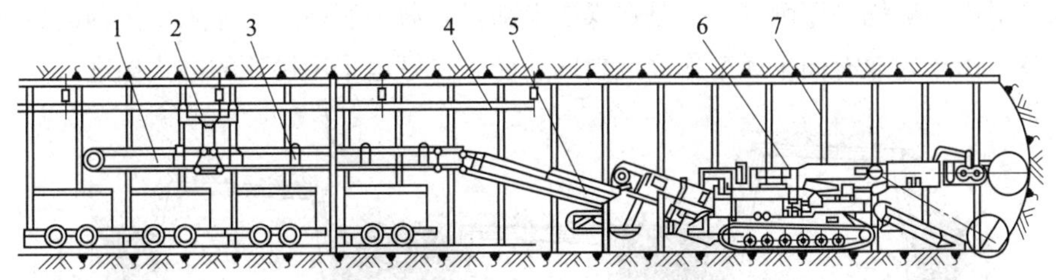

图 9—5　掘进机与吊挂带式转载机、矿车组成的机械化作业线

1—机尾部　2—吊挂小车　3—中间架　4—I140E 轨道　5—机头部　6—掘进机　7—拱形支架

该机械化作业线不能实现连续作业，掘进机工时利用率低，掘进速度与其他机械化作业线相比较低，另外，永久支架的安装质量要求比较严格，辅助工程量较大，多在输送机运煤系统未建成前采用。

四、煤巷支护

中小型矿井静压为主的巷道，可使用木支架、钢筋混凝土支架、金属支架、石材整体支护（料石砌碹、混凝土砌碹）、锚喷支护等。大型矿井、井深受动压影响的巷道，可采用锚喷支护、锚喷联合支护方式。围岩与煤帮不稳定的巷道，宜采用挂网锚喷；顶压比较大的，可采用锚梁网支护；地压较大、服务年限长的大巷，可采用锚喷或锚梁与型钢联合支护；受采动影响的轨道巷，可采用锚杆支护，在靠近采煤工作面 100~300 m 动压影响范围内架设可缩性型钢支架，而运输巷则宜全长使用型钢支架，以免倒装支架时影响运输和生产。

五、煤巷掘进施工中应注意的安全事项

1. 煤巷掘进一般不破顶板，沿中心线掘进，不设腰线，施工中应根据不同的破岩方法，做好顶板管理工作。

2. 在有瓦斯煤层中爆破时，应采用毫秒雷管实现全断面一次爆破，其最后一段延期时间不得超过 130 ms。

3. 在巷道顶板破碎、煤质松软、层理节理发育或瓦斯浓度降不到允许起爆的情况下，应采用风镐破煤。

4. 使用掘进机掘进煤巷时应严格控制空顶距，严禁超空顶作业。

第二节　半煤岩巷掘进

在掘进断面中，岩石或煤所占面积介于岩巷和煤巷之间的巷道，称为半煤岩巷。半煤岩巷的掘进方法与岩巷和煤巷的掘进方法基本相同，本节仅就半煤岩巷的施工特点加以简要叙述。

一、半煤岩巷采石位置的选择

在半煤岩巷施工中，根据采石的位置不同，一般有挑顶、卧底、挑顶兼卧底 3 种情况，如图 9—6 所示。具体采用哪种方式，要根据生产使用的要求和施工、维护的难易程度综合考虑。一般情况下，应尽可能采用卧底的方式，以保证顶板的完整性和稳定性。采区运输巷和沿煤层开掘的采区上山一般均采用卧底，只是在煤层上部具有薄层假顶时。才采用挑顶的方式。对于区段回风巷，由于它兼有向采煤工作面运料的功能，最好也采用挑顶的方式掘进。

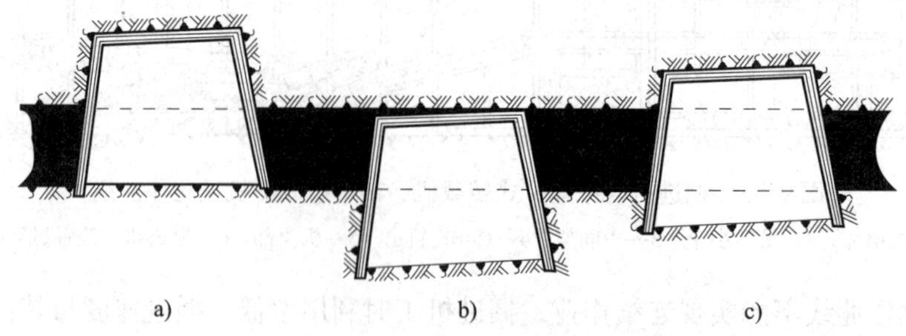

图 9—6　半煤岩巷采石位置的 3 种情况

a）挑顶　b）卧底　c）挑顶兼卧底

在实际生产过程中，由于煤层起伏变化，也为了保证巷道的顺直和有一定的坡度，在一条半煤岩巷施工中，挑顶或卧底并非是固定不变的，有时挑顶、卧底、挑顶兼卧底的 3 种方

式往往都可能出现，甚至暂离煤层进行全岩掘进的情况也是会出现的。

二、炮眼布置特点

由于煤比岩石软，掏槽眼一般都布置在煤层部分，采用斜眼掏槽，如图 9—7 所示。半煤岩巷在施工过程中，掘进所用的钻眼设备应尽量做到动力单一，最好煤岩都用煤电钻钻眼，但在煤与岩的硬度相差较大时，也可选用两种不同动力的钻眼设备。

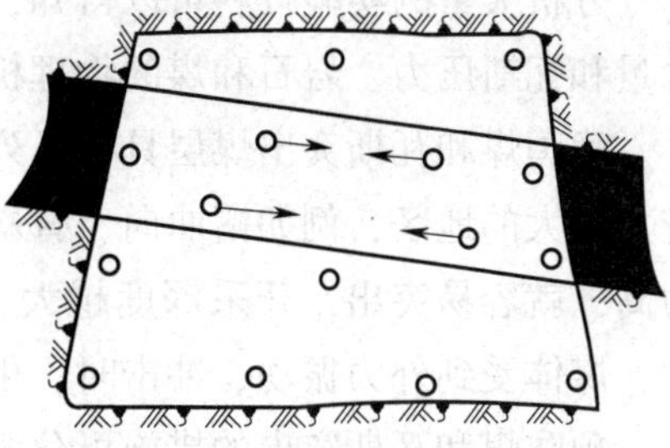

图 9—7　半煤岩巷道炮眼布置

三、施工组织特点

半煤岩巷的掘进组织方式有两种：一是煤岩不分掘分运，全断面一次掘进；二是煤岩分掘分运。第一种方式为全断面掘进，工作组织简单，巷道掘进速度快，但所出的煤灰分很高，煤的损失也大，这种施工组织方式主要适用于煤层厚度小于 0.5 m、煤质差的半煤岩巷。第二种方式，即分掘分运的施工组织方式，能保证煤的质量，克服了第一种方式的缺点，但工作组织较复杂，掘进速度慢。选择哪一种施工组织方式，应根据生产矿井的采掘平衡关系、经济效益，以及资源的利用等实际情况全面考虑。

当采用全断面一次掘进时，其掘进方法与一般煤巷相同。采用煤岩分掘分运方式时，一般采用煤层工作面超前于岩石工作面的台阶工作面施工法。当煤层厚度大于 1.2 m 时，岩石工作面可以钻垂直炮眼，这样钻眼和爆破效果较好，如图 9—8a 和图 9—8b 所示。若煤层较薄，岩石工作面的炮眼仍平行于巷道轴线方向，掘进工作的具体要求与固定分层施工法相同，如图 9—8c 和图 9—8d 所示。

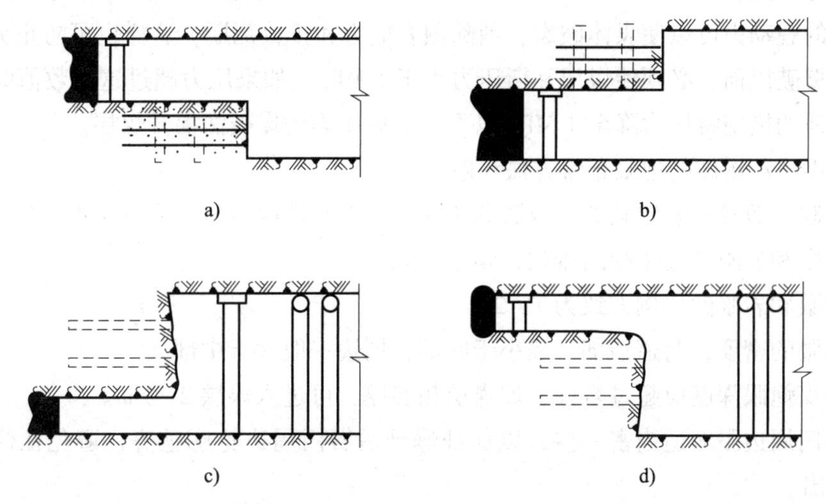

图 9—8　半煤岩巷掘进岩层中炮眼布置

第三节　有煤和瓦斯突出危险地区的巷道掘进

煤和瓦斯突出是煤矿安全生产中最严重的灾害。为了防止煤和瓦斯突出，确保安全生产，在有突出危险的矿井，必须采取合理的开采方法和巷道施工方法。

分析大量的实验资料可以得知，煤和瓦斯突出主要是由地质构造应力和矿山压力、瓦斯含量和瓦斯压力、岩石和煤的物理机械性质这几方面因素作用的结果。

我国煤和瓦斯突出煤层具有下列特征：煤和瓦斯突出往往发生在地质变化比较剧烈、地应力较大的地区，例如褶曲向、背斜的轴部和断层破碎带煤质松软、干燥且瓦斯含量多、压力高，就容易突出，开采深度越大、煤层越厚、倾角越大，突出的次数就越多，强度也越大，煤体受到外力振动、冲击时，也容易发生突出。

预防煤和瓦斯突出的措施可分为两大类，即区域性预防措施和局部预防措施。区域性预防措施主要是开采解放层。开采解放层后，突出煤层中的地应力、瓦斯压力都会发生一系列的变化：地应力降低，岩（煤）层发生移动，煤体及其围岩发生膨胀，孔隙率增加，透气性增高，瓦斯得到排放，瓦斯含量减少，压力降低。这些变化，最终解除了煤和瓦斯突出的危险。在解放层的影响范围内进行巷道施工是不存在突出危险的。

一、石门揭开突出煤层的施工方法

为了安全揭开突出煤层，根据各地区不同条件，曾采用震动爆破（单独使用或配合其他措施综合使用）、使用金属骨架、钻孔排放和水力冲孔等措施，在有煤与瓦斯突出的矿井中，都取得了一定的效果。

1. 震动爆破

震动爆破就是在石门揭穿突出危险煤层或在突出危险煤层中采掘时，用增加炮眼数量、加大装药量等措施诱导煤和瓦斯突出的特殊爆破作业。如果震动爆破未能诱导煤和瓦斯突出，则强大的震动力可以使煤体破裂，消除围岩应力和排放瓦斯，这样也可防止突出。

在震动爆破以前，必须使煤层瓦斯压力小于 1 MPa。如果压力超过这个数值时，可采用钻孔排放瓦斯的措施将压力降至 1 MPa 以下，然后用震动爆破法揭开煤层。

石门揭煤震动爆破的炮眼布置方法一般是：

（1）炮眼个数较一般爆破的炮眼数约多两个，但具体眼数应视岩柱情况而定。

（2）煤眼和岩眼要交错相间排列，顺序爆破。

（3）煤眼和岩眼的比例大致为 1∶2。

（4）炮眼的密度，巷道顶部一般小于底部，周边一般大于中部。

（5）透煤炮眼深度应超过岩柱，如煤层相当厚，可进入煤层 2～3 m。

（6）石门周边眼应适当密一些，以保证爆破后石门周边轮廓整齐，避免在修整石门周边时发生突出。

（7）岩眼眼底应距煤层 100～200 mm，不应透煤。如已透煤，则应停止钻进，并在眼底填塞 100～200 mm 长的炮泥。

采用震动爆破应注意的几个问题：

（1）必须所有炮眼一次起爆，炸开石门的全断面岩柱和煤层的全厚。如果第一次震动爆破没有全断面揭开煤层，第二次爆破工作仍应按震动爆破的有关规定进行，直到全部揭开，并过完煤门若干米以后为止。

（2）当发现工作面的岩层特别破碎、岩柱崩落和压出、地压加大、瓦斯涌出量剧增、温度迅速下降，以及产生振动、声响等异常现象时，应立即停止作业，人员撤离至安全地区。

（3）当煤层的厚度在 1 m 以下时，必须全部随岩柱一次崩开；当煤层的厚度在 1 m 以上时，至少应有 1 m 的煤层随岩柱揭出。

（4）在缓斜、倾斜煤层中沿煤层底板或顶板揭煤时，有时可能岩柱一次没有全部揭开，留有“门槛”或“门帘”。在处理它们时，要特别小心，如需打眼，应密切注意突出预兆，爆破时也要按震动爆破的规定进行。

（5）每次震动爆破都应对岩柱性质、厚度、眼数、眼深、眼位、装药量、连线方式、起爆顺序、爆破效果等做详细记录，以便总结经验和进行分析。

（6）震动爆破只准使用带食盐被筒的煤矿安全炸药，雷管事先要严格检查和分组。使用毫秒雷管时，其总延期时间不得超过 130 ms。装药后，全部炮眼必须填满炮泥，爆破网路必须周密设计，保证不发生拒爆等现象。

（7）石门揭开突出危险的煤层时，掘进工作面必须有独立的回风系统，在其进风侧的巷道中应设置两道坚固的反向风门，回风系统必须保持风流畅通无阻。

（8）为了限制突出规模，人为地降低突出强度，可在距工作面 4～5 m 的地方构筑木垛或金属栅栏。

（9）人员撤离范围，应根据突出的危险程度和通风系统而定。在有严重突出危险的石门揭开时，爆破工作应在地面进行，要专人统一指挥，井口附近也要撤离人员、切断电源和火源。爆破至少 30 min 后，由检查人员进入工作面检查，根据检查结果，确定是否恢复送电、通风等工作。

2. 使用金属骨架

金属骨架是用于石门揭穿煤层的一种超前支架，其施工方法如图 9—9 所示。当石门掘进至距煤层 2 m 时，停止掘进，在其顶部和两帮上打一排或两排直径为 70～100 mm、彼此相距 200～300 mm 的钻孔。钻孔钻透煤层并穿入顶板 300～500 mm，孔内插入直径为 50～70 mm的钢管或钢轨。钢管或钢轨的尾部固定在用锚杆支撑的钢轨环上，也可固定在其他专门支架上，然后一次揭开煤层。

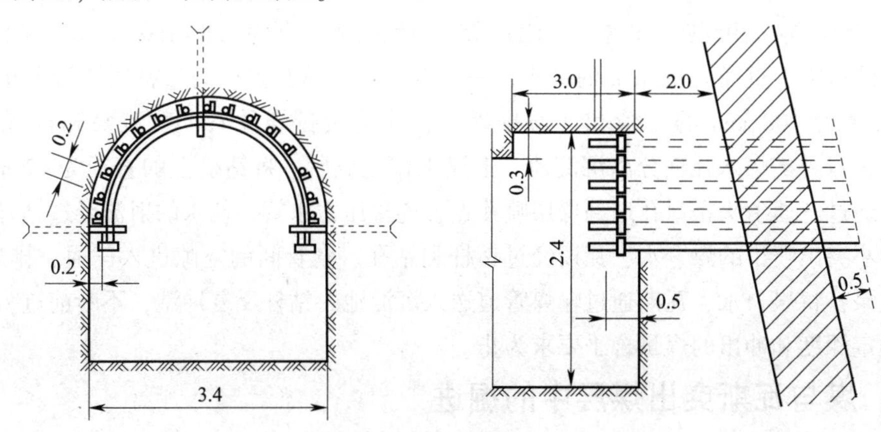

图 9—9　金属骨架

金属骨架之所以能够防止突出，一方面是由于金属骨架支撑了部分地压及煤体本身的重力，使煤体稳定性增加，另一方面是金属骨架钻孔起了排放瓦斯的作用，使瓦斯压力得到降低。

使用金属骨架时，一般配合震动爆破，一次揭开煤层。

使用经验表明，金属骨架应用于倾斜、瓦斯压力不太大的急倾斜薄煤层和中厚煤层，其效果是比较好的。在倾斜厚煤层中，因金属骨架长度过大，易于挠曲，不能有效地阻止煤体的位移，所以预防突出能力较差。

3. 钻孔排放

钻孔排放就是石门工作面掘到距煤层适当距离时停止掘进，向煤层打适当数量的排放瓦斯钻孔，在一定范围内形成卸压带，降低煤体中的瓦斯压力，缓和煤体应力，以防止煤和瓦斯突出。这一方法适用于煤层松软、透气性较好的中厚煤层。

排放瓦斯钻孔数量决定于瓦斯排放半径、排放钻孔直径和排放范围。排放钻孔数目可按下式计算：

$$N=K\frac{S_1}{S_2}$$

式中 N——石门全断面排放瓦斯钻孔的总数，个；

K——系数，视煤层的危险程度而定，一般取 1.2；

S_1——应排放瓦斯的面积（包括石门四周 1.5 m 范围应排放瓦斯面积），m^2；

S_2——钻孔可排放瓦斯面积，m^2。

排放瓦斯钻孔的数量与钻孔直径有密切关系。

4. 水力冲孔

水力冲孔是在石门岩柱未揭开之前，利用岩柱作安全屏障，向突出煤层打钻，并利用射入的高压水诱导煤和瓦斯从排煤管中进行小突出，这样在煤体内部就引起剧烈的移动，在孔洞周围形成卸压带，解除了煤体应力紧张状态，从而消除了煤和瓦斯突出的危险。这种方法用于揭开具有自喷现象的软煤层，比较安全可靠。

水力冲孔工艺流程如图 9—10 所示。当石门掘进接近煤层的顶板或底板时，保留 3~5 m 的岩柱作安全屏障。用红旗 150 型(或 TXV-75 型)钻机先打深为 0.8~1.0 m、直径为 108 mm 的岩孔，然后换上直径为 90 mm 的钻头，一直打到煤层喷孔点，而后将岩心管退出，在孔口安装直径为 108 mm 的套管和三通排煤管，并连接排煤软管、射流泵和输煤管道至 400~500 m 以外的煤水瓦斯分离沉淀池。上述工作完成后，将钻机上的直径为 42 mm 的钻头及钻杆通过三通卡头密封孔送到煤层喷孔点，连接压力水管，使水的射流经过钻杆冲击煤体，诱导小突出喷出的煤、水、瓦斯经过钻杆和钻孔、套管间的空隙进入三通、排煤软管，吸入射流泵，将煤、水、瓦斯通过输煤管道送入沉淀池。钻杆反复冲洗，不断前进，直至钻杆达到预定深度和冲出的煤量合乎要求为止。

二、煤与瓦斯突出煤层中的掘进

为了防止煤巷掘进中的煤和瓦斯突出，开采解放层，在其作用范围内掘进煤巷是安全

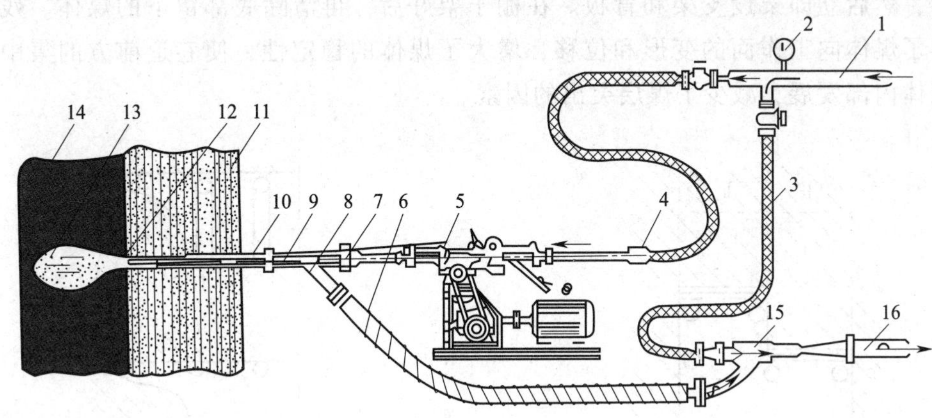

图 9—10　水力冲孔工艺流程

1—高压供水管　2—压力表　3—胶管　4—金属水管接头　5—钻机　6—排煤胶管　7—安全密封卡头　8—三通　9—钻杆　10—套管　11—安全岩柱　12—逆止钻头　13—冲孔　14—煤层　15—射流泵　16—输煤管

的。在未解放区进行煤巷掘进，施工时可采用以下安全技术措施：

1. 震动爆破和松动爆破

如果煤层顶板较稳定、煤质坚硬、透气性差，瓦斯突出的原因主要是地压作用。在这样的煤层中掘进时，可采用震动爆破措施。通过震动爆破诱导煤和瓦斯突出，或利用炸药爆破作用在工作面前方形成一个较长的卸压带，避免工作面附近煤体产生应力集中。

震动爆破的炮眼深度一般为 2.5～3.0 m，炮眼装药量控制在每米不超过 0.5 kg，采用延期时间不超过 130 ms 的毫秒雷管起爆。

煤层松动爆破的做法是在震动爆破的基础上，在煤体深部的应力集中带内，布置几个长炮眼进行爆破，利用炸药的爆炸能量破坏煤体前方的应力集中带，以便在工作面前形成较长的卸压带，防止煤和瓦斯突出的发生。这种方法也是一种诱导突出的措施。此外，深孔炸药的爆破还可以在炮眼周围形成破碎圈和松动圈，有利于缓和煤体应力集中和排放瓦斯，对防止突出也是有利的。

2. 加强煤体稳定

（1）半面掘进和留大根掘进

在有煤和瓦斯突出危险的煤层内掘进巷道时，为了防止工作面的突出，采取其他方式又有困难时，可采用半面掘进和留大根掘进施工。半面掘进如图 9—11 所示，先掘工作面的一半，用木柱和背板背牢，另一半用风镐、手镐落煤，掘进一架棚距时，停止掘进工作，将这半边的工作面也用木柱背板背牢，然后拆去后半面的背板进行掘进，掘到同样长度后，拆除临时支柱，架设棚子，这样依次掘进。采用半面掘进，主要是缩小巷道暴露面积，降低工作面前方煤体应力变化的剧烈程度，同时临时支柱还可以起支撑和信号作用，便于煤体位移，撤出人员。

留大根掘进如图 9—12 所示，先用手镐或风镐将顶部和两帮挖出能够架设一架棚子的空间，然后立即架设支架和背板。在棚子架好后，再清除底部留下的煤体。残存煤体阻碍了煤体向工作面的变形和位移，增大了煤体的稳定性，使巷道前方的集中应力带向煤体内部发展，减少了煤层突出的因素。

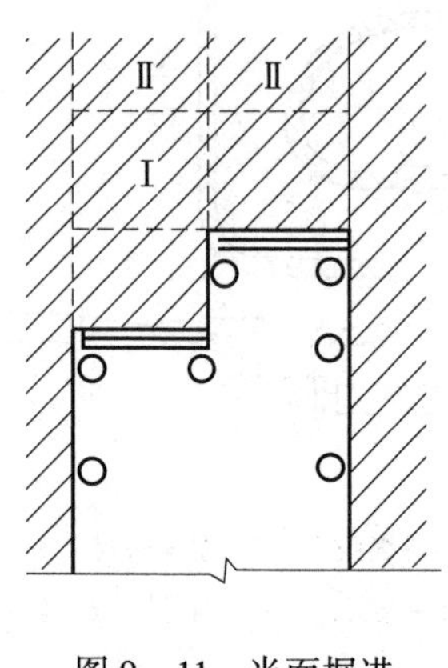

图 9—11　半面掘进

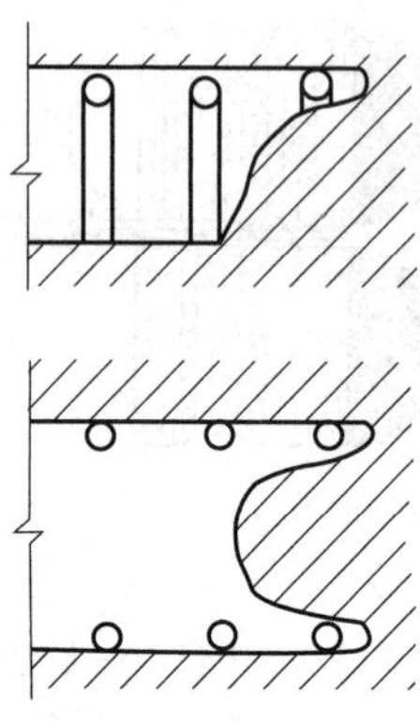

图 9—12　留大根掘进

（2）超前支架

超前支架多用于有突出危险的急倾斜煤层和缓倾斜煤层内的掘进。为了防止因工作面顶部松软煤层的垮落而诱导出瓦斯突出，可事先在工作面前方巷道顶部打上一排超前支架，如图 9—13 所示。超前支架的最小超前距离保持在 1~1.5 m，这样，掘进工作面始终在超前支架保护下进行，可避免因巷道顶部煤层部分冒落而引起突出。

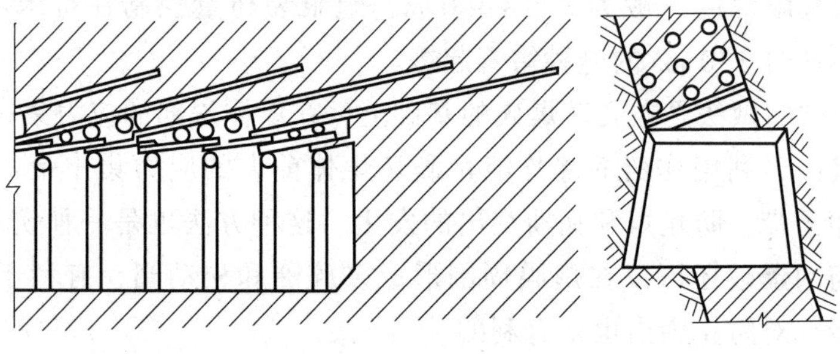

图 9—13　超前支架

3. 大直径超前钻孔

在有突出危险的煤层中掘进巷道，广泛采用大直径超前钻孔的措施。它的作法是在工作面前方保持一定数量和一定深度的大直径钻孔。这些钻孔的作用在于能够引起煤体应力重新分布，使巷道应力集中带移至煤体深处，而在钻孔周围形成卸压带，同时，又能排放钻孔周围煤体内的瓦斯，降低瓦斯压力。因此，可以预防突出的危险性。

大直径超前钻孔直径一般为 120~300 mm，孔数一般为 3~5 个，孔深为 10~15 m，最小超前距离为 5 m，其排放半径一般为 0.5~1.0 m，如图 9—14 所示。

大直径超前钻孔适用于煤层较厚、煤质较软、透气性较好的突出煤层，而瓦斯排放半径小于 0.5 m 的煤层，不宜采用大直径超前钻孔。

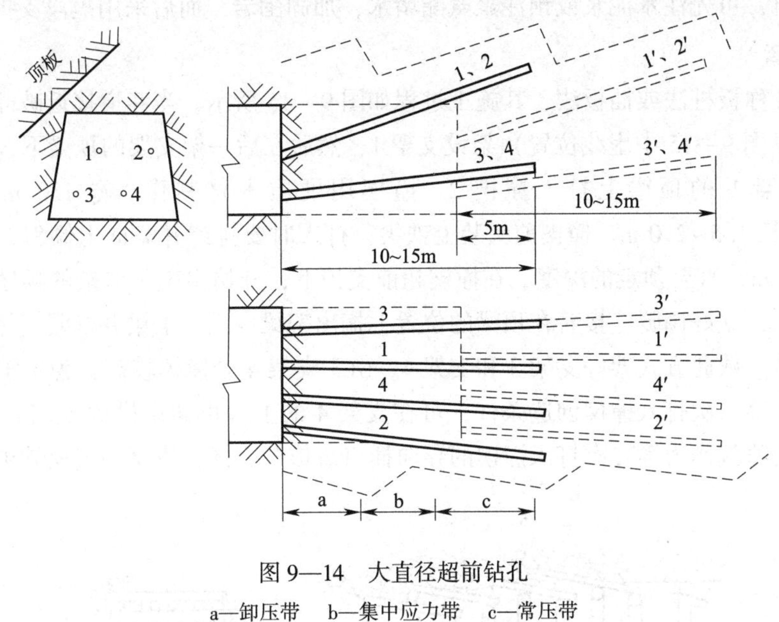

图 9—14　大直径超前钻孔

a—卸压带　b—集中应力带　c—常压带

第四节　软岩巷道掘进

抗压、抗剪切强度低，成岩胶黏程度差，受构造力影响，层理、节理发育，易风化、破碎或含有易膨胀性物质，对井巷支护影响大的岩石，统称为软岩。

松软岩层具有松、散、软、弱 4 种不同属性。所谓“松”，是指岩石结构疏松，密度小，孔隙度大；“散”是指岩石胶结程度很差或未胶结；“软”是指岩石强度很低、塑性大或含黏土矿物质；“弱”指岩层受地质构造的破坏，形成许多弱面，如节理、层理、裂隙等，破坏了原有的岩体强度。在松软岩层中施工巷道，掘进较容易，维护却极其困难，采用常规的施工方法、支护形式和支护结构往往不能奏效。因此，解决软岩支护问题便成为井巷施工的关键问题。

由于各矿区松软岩层的组成、结构和性质差异很大，迄今为止还没有一种能适应各个矿区的施工方法和支护方式。经过多年的实践和研究，已逐步摸索出一些松软岩层巷道施工的基本规律，其中最主要的是必须根据岩层性质和地压显现特点，选择合理的支护方式和结构，正确选择巷道位置和断面形状，同时加强巷道底板的管理，采用合理的掘进破岩工艺，以及对围岩进行量测监控等。如能结合工程的具体地质条件，采取相应的技术措施，就有可能顺利地在松软岩层中进行施工，并使巷道易于维护且处于稳定状态。

一、松软岩层巷道掘进方法

1. 加强支护法

在松软、破碎、含水岩层中掘进，当采用棚式支架时，可增加支架的密度，当采用石料支护时，可采用短段掘砌施工，并导出承压水，当巷道穿过含水丰富、破碎严重、具有流动性质的岩层时，可先注水泥浆或预注聚氨酯堵水，加固围岩，而后采用短段支护法施工。

2. 撞楔法

撞楔法又称板桩法或插板法，其施工过程如图 9—15 所示。当巷道接近破碎带时，应紧贴工作面（见图 9—15 中虚线位置）架设支架 1，然后在后一架支架的顶梁下，从顶板的一角依次向支架 1 的顶梁上打入撞楔 2。撞楔用硬质木材制作，宽 150 mm 左右，厚 40~50 mm，长 1.5~2.0 m。撞楔前头装上铁尖，打入时要排严并略向上倾斜，每次打入深度 100~200 mm，直至预定的深度。在撞楔超前支护下，开始出碴。清碴的顺序是：先清两侧，掏出柱窝，立好棚腿，接着在顶梁的位置上掏出架梁空间，上梁并楔紧，然后再清除巷道中部的岩碴。依此方式架好支架 3 和支架 4。由于支架 4 处撞楔较高，为了牢固地支撑撞楔前端，并为第二次打入撞楔创造条件，可在支架 4 的上方再架设横梁 5，以木楔 6 楔紧，两梁之间的间隙就作为第二次打入撞楔的导向插口。依此方式，直至通过松软破碎带。

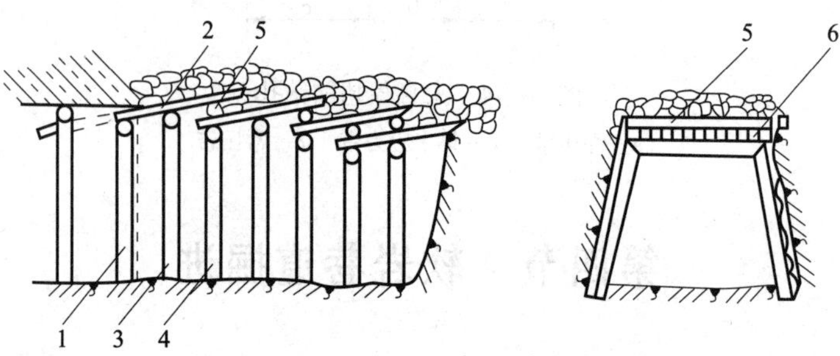

图 9—15　撞楔法通过松软破碎岩层

1、3、4—支架　2—撞楔　5—横梁　6—木楔

为使支架牢固可靠，可将支架用撑木、扒钉连成整体。如果两帮岩石亦破碎，也同样可以采用撞楔法。撞楔法施工速度慢，耗费人力、物力较多，但在缺乏特殊设备和穿过局部松软破碎带的情况下，仍是一种常用而又有效的方法。

3. 超前导硐法

此法适合于石门穿过松软的煤层或稳定性差的岩层或断层破碎带，而断面超过 8 m^2 的情况。施工过程如图 9—16 所示。首先在巷道顶部掘进导硐 1，架设木棚 2。为减少岩石暴露面，永久支护要紧跟工作面。导硐掘离碹头 2.5 m 时停止掘进，随即以两根 2.8 m 长的纵梁 3 托于导硐顶梁之下，一端搭在碹顶 5 上，另一端紧靠工作面用撑柱 4 顶紧。之后将木棚棚腿拆除（见图 9—16a），依次刷大拱部，并架设纵梁（见图 9—16b 和图 9—16c）。待拱部刷完后，开始沿巷道两帮掘进并砌墙（见图 9—16d）。待墙砌至拱基线时，在岩柱 6 上稳定碹胎。安设模板进行砌拱，随砌随拆除护顶纵梁（见图 9—16e）。拱顶合拢后，最后清除岩柱 6（见图 9—16f）。

由于围岩不稳定，掘进时只能放小炮或采用风镐破岩。砌拱时如拆除纵梁后有可能冒顶，则可不拆纵梁而将它砌入碹后。

4. 超前锚杆支护法

在非常破碎、断层多，掘进后随时都有冒落危险的地段，可采用超前锚杆支护，即沿工

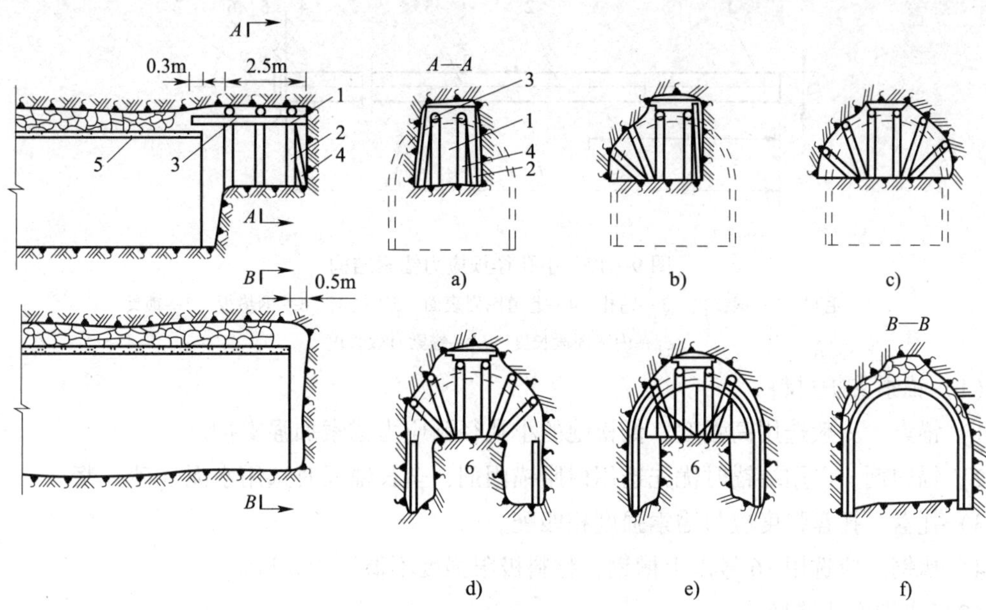

图 9—16　超前导硐边刷边支施工法

a）拆除木棚棚腿　b）刷大拱部　c）架设纵梁　d）沿巷道两帮掘进并砌墙　e）随砌随拆除护顶纵梁　f）清除岩柱

1—导硐　2—木棚　3—纵梁　4—撑柱　5—碹顶　6—岩柱

作面顶板前倾一定的角度，打入锚杆，而后在超前锚杆下掘进，随着工作面前进及时打入超前锚杆。

采用这种方法是在爆破前，将超前锚杆打入掘进前方稳定岩层内，末端支撑在拱部围岩内专为超前锚杆提供支点的径向悬吊锚杆上，或支撑在作为支护的结构锚杆上，使其有效地约束围岩在爆破后的一定时间内不发生松弛坍塌，为大断面开挖与喷锚支护创造了条件。

5. 锚索支护法

实践表明，在松软岩层掘进巷道，采用锚喷支护紧跟迎头一次成巷的施工方法取得了良好的效果。因为掘进后立即喷射混凝土，大大缩短了围岩的暴露时间，防止和减少了围岩风化、变形和位移，随后再安设锚杆、复喷混凝土。如果岩石非常破碎，掘后即冒落，可采用打超前锚杆的方法。

但在深部破碎围岩巷道、压力集中区域的巷道，以及在强膨胀、大地压的软岩巷道中，采用单一支护结构一次成巷很难成功，为提高支护强度，采用锚索支护技术，可以增加巷道支护的安全可靠性。

锚索的主要作用是将下部不稳定岩层悬吊在上部稳定岩层中，因而可按悬吊理论进行支护设计。设计指标主要有锚索支护材料、锚索的间排距、锚固长度、钻孔深度等。

由于现场地质条件复杂多变，在施工阶段应加强监测，及时反馈监测结果，以现场监测信息为依据，修改和完善设计。

小孔径（ϕ28~32 mm）锚索结构较为简单，可分为 3 部分：内锚固段、钢绞线自由段和外锚固段，如图 9—17 所示。

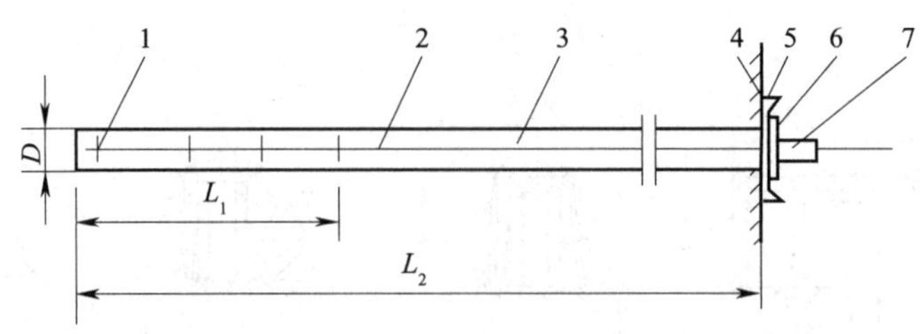

图 9—17　小孔径预应力锚索结构

1—毛刺　2—钢绞线　3—钻孔　4—巷道围岩表面　5—槽钢　6—钢垫板　7—锁具

L_1—内锚固段长度　L_2—锚索有效长度

（1）锚索支护材料

1）锚索。一般选用高强度、低松弛的小孔径预应力锚索加强支护。

2）锚固剂。采用端锚时优先选用树脂锚固剂，全长锚固时选用水泥（砂）浆。

3）托盘。托盘强度应与锚索强度相匹配。

4）槽钢。应选用 16 号以上槽钢，材料极限强度不低于 350 kPa。

（2）支护方式选择

采用联合支护，即先锚网喷支护，再进行锚索加强支护。对于拱形锚喷巷道、大断面硐室及交岔点，应采用点式锚索支护，当巷道围岩裂隙比较发育或上部为复合顶时，宜采用锚索和钢带支护。

（3）锚索支护参数的确定

1）最小锚固长度：水泥（砂）浆锚固的锚固长度大于 3.5 m，树脂锚固的锚固长度大于 1.5 m。

2）锚索长度：锚索长度为 5~10 m，根据工程条件选取。

3）锚索孔间排距按式下选取：

$$S \leqslant L/2$$

式中　L——锚索孔长度，m；

S——锚索孔间排距，m。

（4）施工工艺

锚索施工可分为地面准备、钻孔、锚固、张拉 4 个主要工序。

1）地面准备。首先检查钢绞线，截去松丝、严重锈蚀和死弯部分，然后按设计长度截断钢绞线，除去铁锈和污泥，在锚固头安装毛齿和挡圈，最后盘成圈。

2）钻孔。钻孔可采用锚杆钻机或轻型专用锚索钻机。在钻孔时要保持钻机不挪动，以免钻孔轴线不在一条直线上，给锚索安装带来困难。其工艺类似锚杆钻孔。

3）锚固。根据选用的锚固剂不同，锚固工艺也有所差别。注水泥浆与树脂胶泥工艺相似，将注浆管和排气管绑在钢绞线上（排气管绑在最上端，注浆管绑在下端），轻轻送入孔底，封孔后开始注水泥浆或树脂胶泥，直到排气管不出气或出浆为止。采用树脂药卷锚固时，按先后顺序将超快或快速树脂药卷和中速树脂药卷送入孔内，用钢绞线轻轻将树脂卷送入孔底，用搅拌连接器将钢绞线与钻机连接起来，开动钻机，边搅拌边推进，搅拌 20~30 s，将钢绞线卷入孔底，不落钻机停转等待 1~2 min，落下钻机，卸下搅拌连续器，完成锚索的内锚固。

4）张拉。锚固后再装托梁、托板、锁具，并使它们紧贴顶板，然后挂上张拉千斤顶，开泵进行张拉，观测压力读数。若千斤顶行程不够，应迅速回程，然后继续张拉。达到设计要求时，停止张拉，卸下千斤顶。若钢丝线外露长度过长，影响行人、运输时，可将其剪断。

二、松软岩层巷道施工的几个问题

1. 巷道位置

正确选择巷道位置是保证巷道处于稳定状态最关键的条件之一。选择巷道位置应着重考虑以下两个方面：

（1）岩石性质

应尽量将巷道布置在遇水膨胀量小、质地均匀、较坚硬的岩层中。在同一条巷道内，即使围岩性质只有微小的差异，巷道压力的显现也有明显的差别。

（2）支撑压力

回采动压是造成煤层底板岩石大巷破坏的主要原因。煤层开采以后，其底板岩石大巷的压力就有明显的增加。底板岩石大巷与煤层距离的大小和落煤方式有关。用风镐落煤时，岩石大巷距煤层达 20~30 m 时，基本上可不受动压的影响；用爆破落煤时，岩石大巷距煤层 40 m 以外仍然遭到破坏。

除了要避免支撑移动压力的影响外，还必须避开采场上下固定支撑压力的影响范围，应把巷道布置在应力降低区或原岩应力区内。

2. 巷道断面形状

由于松软岩层地质情况非常复杂，巷道支护不单纯受岩层的重力作用，有时周围还受到很大的膨胀压力，有时巷道的侧压比顶压大几倍，若采用常规的直墙半圆拱或三心拱形断面，往往造成巷道的破坏和失稳。因此，合理选择断面形状对维护松软岩层巷道的稳定尤为重要。

巷道断面形状应根据地压的大小和方向来选择。若地压较小，选用直墙半圆拱形是合理的；若巷道周围均受到很大的压力，则以选择圆形巷道断面为宜；若垂直方向压力特别大而水平压力较小时，则选用直立椭圆形断面或近似椭圆形断面；若水平方向压力特别大而垂直方向压力较小时，则应选用曲墙或矮墙半圆拱带底拱、高跨比小于 1 的断面，或平卧椭圆形断面。

3. 破岩方式

在松软岩层中掘进巷道，选择破岩方法最好以不破坏或少破坏巷道围岩为原则。若采用钻眼爆破破岩，也应采用光面爆破，如光爆效果不好，可只放开心炮而后用风镐或手镐刷大，或全部采用风镐掘进，这样对围岩稳定有利。

4. 支护方式和支护结构

在松软岩层中，巷道一经掘出，若不及时控制，则围岩变形发展很快，甚至围岩深处也有不同程度的位移，继而可能出现围岩碎裂、流变以致垮落。如果架设一般的梯形支架，将会出现断梁、折腿等现象。即使采用拱形料石或混凝土整体支护，也会因巨大的不均匀地压作用而导致巷道失稳和破坏。为了解决松软岩层巷道的支护问题，许多生产和科研部门已加强这方面的研究工作，并取得初步成果。他们研究的共同结论是：对于这种特殊的不良地层，其支护结构应有“先柔后刚”的特性，一般需要进行二次支护。

松软岩层的地压显现属于变形地压，初始支护应按照围岩与支架共同作用的原理，选用刚度适宜、具有一定柔性的可缩性支架。它既允许围岩产生一定量的变形移动，以发挥围岩自承能力，同时又能限制围岩发生过大的变形移动。锚喷支护是具有上述特性的支护形式，因此是一种比较理想的初始支护结构。此外，U 形金属可缩性支架也基本上符合上述要求，可用于初始支护。

二次支护的作用在于进一步提高巷道的稳定性和安全性，应采用刚度较大的支护结构。若采用锚喷支护作为初始支护时，二次支护仍可采用锚喷支护，也可砌碹。在重要工程或地压特大地段，喷射混凝土还应增加钢筋网和金属骨架，即构成锚喷网金属骨架联合支护结构，锚喷支护总厚度以 150~200 mm 为宜，锚杆长度一般根据开巷后的塑性区范围而定。在软岩巷道中，塑性区范围有时很大（一般 2~3 m，有时为 3~5 m），此时采用长短结合锚杆较好，长锚杆大于 1.8 m，短锚杆在 1 m 左右，长锚杆可以抑制塑性区的发展，而短锚杆可以积极加固松动圈的围岩，使其构成稳定的承载环。在锚杆的长距比相同的情况下，采用短而密的锚杆比长而疏的锚杆效果好。

采用料石或混凝土块砌碹作为二次支护时，因长条形料石和混凝土块在碹体中受力情况不好，在不均匀地压作用下，多数由于点接触形成应力集中而使碹体局部遭到破坏。为了克服这一弱点，应选用异形料石或异形混凝土块作为砌体材料。

料石和混凝土块砌碹结构是过去国内软岩支护常用的支护形式，只要提高施工质量，调整砌块的规格，保证壁后充填密实，或在砌块之间加入可缩性木板，均能大大提高碹体的支护效果。比利时等国在支护软岩巷道，尤其是采深较大的巷道时，常采用预制混凝土块支护，并向大型钢筋混凝土块发展，用吊装机械安装。我国少数煤矿也曾使用过这种钢筋混凝土块来支护软岩巷道，并取得了一定的成效。

应该指出，由于各矿区松围岩就要流动，此时不必采用二次支护，可从支架的结构上采取措施，使之具有一定的可缩量，以便有效地抵御变形地压，仅采用一次支护就可使巷道稳定。有的巷道围岩变形长期不能稳定，二次支护的时间不易控制，有可能初始支护就需要多次，直至巷道基本稳定之后才能进行最后一次支护（即所谓二次支护）。

5. 巷道底板管理

软岩巷道，特别是在具有膨胀性的围岩中掘进的巷道，多数是要发生底鼓的，因此安设底拱的作用是不可忽视的。分析一些软岩巷道屡遭破坏的原因，除了施工程序、巷道断面形状和巷道布置等不合理之外，很重要的原因就是底鼓。有的虽然设置了底拱，但因质量不好，等于虚设，底板仍然鼓起，巷道仍遭破坏。目前我国防止底鼓的措施一般是用砌块砌筑底拱，也有个别用锚杆加固的，但效果不好，一旦发生底鼓，锚杆翘起，很难处理。底拱的安置时间应视巷道支护方式而定。若用圆碹或近似圆碹作二次支护，则以先底拱、后墙、最后砌拱的顺序施工，一次完成。若用锚喷支护作初始支护，则可在初始支护完成一段时间，底板应力得以充分释放之后再砌筑底拱，与一次支护同时完成较好。不论采用何种底拱结构，都必须使底拱两端压在墙下，与墙连为一个整体。

6. 围岩的测量监控

在松软岩层巷道采用锚喷支护时一定要配合进行测量监控，以便及时调整支护参数。尤其对巷道围岩的收敛变形应该特别重视，可用收敛计测量巷道的收敛变形，亦可用水准仪测量顶板下沉量和底鼓量，用各种多点式位移计测量岩层内不同深度的位移，从而可以算出位移速度。这些测量数据有助于评价围岩的稳定程度，可以论证各设计参数是否合理，也是修改设计和确定二次支护时间的依据。锚杆的锚固力可用中空千斤顶式的锚杆拉力计来测量。锚杆的应力状态，可用专门设计的空心“锚杆”（它的构造是聚氯乙烯塑料管，内壁用101号胶粘贴电阻片）来测定，以检验锚杆不同深度处的受力状态，从而能推知围岩内应力重新分布的情况，进而可调整锚杆的设计参数。

对于重要工程的大断面巷道，还要进行接触应力的测量，可采用钢弦压力盒等测试元件。根据测量结果，可以了解喷层的受力状态，有助于设计喷射混凝土的厚度。

地应力特大的矿区，还应测量构造应力场，这对合理布置巷道，减轻地应力对巷道支护的破坏影响具有重要意义。理论和实践证明，巷道沿最大主应力的作用方向布置比较有利。如果巷道走向垂直最大主应力的作用方向，则巷道围岩中受力变形现象比较严重，易使巷道的稳定状态恶化，导致失稳破坏。

由上可以看出，在软岩中进行巷道施工，关键是支护问题。新奥法比较成功地解决了这一难题，可供借鉴。

新奥法是新奥地利隧道施工法的简称，1964 年由奥地利拉布谢维茨教授总结在软岩中进行隧道施工的经验之后命名创立。新奥法的主要特点是掘进后立即封闭岩面，然后在监测的基础上进行二次支护的设计与施工，并注意封底。改变了过去采用的盲目加厚拱墙和加大含钢率的做法。其要点如下：

（1）充分利用岩体强度，发挥岩体的自承能力

在掘进后，立即喷射适当厚度的混凝土，以封闭岩面，防止围岩松动、风化或膨胀，必要时加打锚杆或架设钢拱架，构成初次支护（一次支护），使围岩形成有一定承载能力的承载拱，抑制围岩的变形，但允许支护有一定程度的变形。

（2）待围岩位移速度趋于稳定后，进行二次支护

二次支护的材料、结构、规格和架设时间，是依据第一次支护后对地压、支护应力、围岩变形等实测数据的基础上确定的。二次支护为永久支护，多采用强力刚性支护，以减轻或消除岩体位移，同时应注意封底，底板不稳，必然使拱墙支护失稳。

（3）自始至终做到施工、监测、设计三结合

新奥法因其科学性及良好效果，不仅适用于隧道工程，而且同样适用于断面相对较小的煤矿软岩巷道施工。国外利用新奥法施工隧道，初始支护多采用锚喷支护，二次支护用补喷挂网，当围岩压力很大时，也有用钢骨架、钢筋混凝土整体浇灌作为永久支护的。而我国在某些软岩巷道和硐室，不论是初始支护还是二次支护，多数是采用锚喷或锚喷网，只有少数煤矿采用锚喷网钢骨架联合支护。

思考练习题

1. 何谓煤巷？煤巷掘进有何特点？
2. 常用的煤巷机械化作业线有哪几种？
3. 何谓半煤岩巷？半煤岩巷的采石位置有哪几种？
4. 松软岩层具有哪四个方面的属性？
5. 松软岩层巷道施工中应注意哪些问题？
6. 新奥法的基本思想和方法是什么？
7. 简述石门揭煤震动爆破的炮眼布置方法。
8. 沿突出煤层掘进平巷的技术措施主要有哪些？
9. 煤与瓦斯突出煤层有何特征？

参 考 文 献

[1] 宋西陀. 井巷工程. 北京：煤炭工业出版社，2004.

[2] 中国矿业大学. 井巷工程. 北京：煤炭工业出版社，2006.

[3] 唐民成. 井巷掘进与支护. 北京：冶金工业出版社，1982.

[4] 全国职业培训教学工作指导委员会煤炭专业委员会. 巷道掘进. 北京：煤炭工业出版社，2006.

[5] 陕西煤矿学校. 井巷工程. 北京：煤炭工业出版社，1983.

[6] 陈延广. 综合机械化掘进机械. 北京：中国劳动社会保障出版社，2006.

[7] 吴贤振，刘洪兴. 井巷工程. 北京：化学工业出版社. 2009.

[8] 张能虎. 掘进班（组）长. 北京：煤炭工业出版社，2003.

[9] 王明新. 掘进区（队）长. 北京：煤炭工业出版社，2003.

[10] 煤炭工业职业技能鉴定指导中心. 巷道掘砌工（技师、高级技师）. 北京：煤炭工业出版社，2008.

[11] 黄喜贵. 爆破工. 北京：煤炭工业出版社，2003.